AF249253

PALÉONTOLOGIE

ou

DESCRIPTION DES ANIMAUX FOSSILES

DE

L'ALGÉRIE

PAR A. POMEL

AVEC PLANCHES LITHOGRAPHIÉES SOUS SA DIRECTION

PAR Melle AUGUSTA POMEL

POUR SERVIR

A L'EXPLICATION DE LA CARTE GÉOLOGIQUE DE L'ALGÉRIE

EXÉCUTÉE PAR ORDRE DU GOUVERNEMENT

SOUS LA DIRECTION DE

MM. POMEL, Directeur de l'Ecole des Sciences, et POUYANNE, Ingénieur en chef des Mines

ZOOPHYTES

2ᵉ Fascicule. — ÉCHINODERMES

2ᵉ LIVRAISON

ALGER

IMPRIMERIE DE L'ASSOCIATION OUVRIÈRE, P. FONTANA ET Cⁱᵉ

RUE D'ORLÉANS, 27

1887

PALÉONTOLOGIE

ou

DESCRIPTION DES ANIMAUX FOSSILES

DE

L'ALGÉRIE

ZOOPHYTES

2ᵉ Fascicule. — ÉCHINODERMES

2ᵉ LIVRAISON

DESCRIPTION DES ESPÈCES

SOUS-ORDRE DES ATÉLOSTOMES

FAMILLE DES SPATIFORMES

TRIBU DES EUSPATANGIDÉS

BREYNIENS

SARSELLA Pom.

La diagnose en a été donnée au *Genera*, page 28. L'absence d'ampoules intérieures à la base des tubercules primaires différencie bien ce genre de *Lovenia* et on peut toujours vérifier ce caractère à la forme même du scrobicule, complet et circulaire dans *Sarsella*, au contraire interrompu dans *Lovenia* par le tubercule qui part de la marge et non du milieu de la fossette scrobiculaire.

SARSELLA MAURITANICA Pom.

Mat. Carte géologique de l'Alg., nº 1. Kef Ighoud. Pl. I, f. 6-7; Pl. II, f. 5-6.

Sarsella mauritanica Cotteau, Péron et Gauthier. *Echinides foss. de l'Algérie; étage éocène*, p. 36. Pl. I, f. 4-8.

Spatangus Hoffmanni, Nicaise. *Cat. anim. foss. Alg.* (non Goldfuss).

Longueur, 0ᵐ055 ; largeur, 0ᵐ046 ; hauteur, 0ᵐ020.

Oursin cordiforme, peu élevé, caréné sur le dos en arrière, ayant en avant un méplat un peu gibbeux, bordé par le fasciole interne, d'où descend un sillon évasé échancrant un peu le bord et se prolongeant vers la bouche. Dessous concave en avant, convexe à l'arrière.

Apex un peu excentrique en avant (2/5), à 4 pores génitaux et madréporide fortement prolongé en arrière. Pétales antérieurs très divergents en forme de lancette épointée, à zones porifères tronquées en haut par le fasciole, l'antérieure bien plus longuement. Pétales postérieurs plus allongés, oblongs, rapprochés de la carène dorsale, avec la zone porifère externe très arquée en dehors à son origine. Fasciole interne encadrant un écusson étroit, oblong, tronqué carrément à l'avant et s'étendant angulairement derrière l'apex.

Péristome sémilunaire faiblement labié, situé en avant du tiers antérieur. Périprocte grand, ovale au haut d'une troncature postérieure faiblement déprimée et subtriangulaire. Les détails de l'écusson sous-anal oblitérés laissent à peine reconnaître son pourtour réniforme. Plastron large, lisse sauf à sa partie la plus postérieure tuberculée au-devant de l'écusson sous-anal ; les interambulacres qui le bordent sont pourvus de gros tubercules scrobiculés qui diminuent de volume vers les bords et vers l'arrière.

Tubercules primaires du dos fortement scrobiculés au bas des interambulacres pairs, plus serrés dans la demi-zone des interambulacres latéraux qui touche au pétale antérieur, variables de nombre suivant la taille et probablement l'âge des sujets, de 3 à 7 en avant et de 5 à 13 sur les côtés.

Cet oursin diffère de *Sarsella sulcata* par son sillon antérieur moins développé, par son plastron moins élargi à l'arrière, par ses tubercules principaux plus inégaux, plus gros, moins nombreux, remontant moins haut. *Sarsella vicentina* (Dames *Breynia*) est moins échancré à l'avant, moins atténué en arrière, ses tubercules sont plus petits et bien plus nombreux. Parmi les espèces miocènes *Sarsella Wrighti* (*Spatangus ocellatus* Wright. quart. j. geol. soc. v. XX, Pl. XXII, fig. I ; non Defrance nec Agass.) a ses tubercules plus nombreux et ses pétales plus effilés et plus flexueux.

Terrain éocène : Kef Ighoud.

SARSELLA FICHEURI
A. Pl. XXIII, fig. 9-10.

Longueur, 0^m020 ; largeur, 0^m016 ; hauteur, 0^m004 ?

Petit oursin cordiforme très déprimé, fortement échancré en avant, atténué et tronqué en arrière. Apex excentrique en avant, à 4 pores génitaux rapprochés en trapèze. Ambulacre antérieur simple dans un sillon très évasé un peu en avant de l'apex et échancrant très largement le bord. Pétales petits lancéolés, à fleur, bien divergents, courts, ayant les sommets des zones porifères atrophiés par le passage d'un fasciole interne dont les traces sont cependant un peu vagues en dehors d'une zone pourvue de plus gros granules le long de l'ambulacre impair. Des tubercules primaires serrés, de 5 à 8 dans l'interambulacre antérieur ; autant dans le latéral, dont la demi-zone antérieure en a le plus grand nombre et même tous dans les plus jeunes. Le reste est inconnu.

Cet oursin a quelque ressemblance avec *Spatangus Omalii* Galeotti. L'un de nos fragments laisse difficilement distinguer les pétales et doit provenir d'un sujet très jeune. Dans l'autre l'atrophie du sommet des pétales est très nette et forme une zone presque unie autour de l'apex. Malgré tout l'attribution générique me paraît un peu douteuse.

Terrain cartennien : Grès de la montée de Fort-National à l'est de Tizi-Ouzou (M. Ficheur).

ECHINOSPATAGUS Breyn (non D'Orb.)

La réintégration du nom de Breynius aux *Echinocardium* ou *Amphidetus* a soulevé de la part de M. Gauthier dans les *Echinides fossiles de l'Algérie, étage éocène*, des objections qui peuvent s'appliquer avec tout autant de raison au nom d'*Echinocardium*. Ce nom en effet a été proposé en 1825 pour un groupe assez mal défini pour comprendre en première ligne le *Spatangus atropos* et seulement en se-

conde l'*Echinospatagus cordiformis* sous les noms de *E. pusilus* et
E. Sebœ. Ce n'est que plus tard et après la création du genre *Amphidetus* par Agassiz, qui l'avait le premier nettement caractérisé, que
Gray a réformé son ancien genre pour le rendre acceptable, et encore
lui attribue-t-il un fasciole péripétale, ce qui est faux, le distinguant
uniquement de *Breynia* par l'absence de gros tubercules sur le dos.
A ce point de vue ce serait *Amphidetus* qui aurait seul le droit d'être
maintenu ; mais ces trois noms me semblent pouvoir être conservés
pour les sous-genres dans lesquels le genre peut être divisé.

Le sous-genre typique est bien caractérisé par la forte dépression
de l'écusson du fasciole interne, par les zones externes de ses pétales
confluentes en croissant régulier et par la forme subtriangulaire de
ces pétales. L'ambulacre impair a des tendances à devenir subpétaloïde. De petits tubercules primaires sont épars sur les côtés des interambulacres antérieurs.

ECHINOSPATAGUS CORDIFORMIS Breyn (non D'Orb).
A. Pl. XVII, fig. 1 à 3.

Echinocardium cordatum Gray, Cat. ech. Brit. mus.
Amphidetus cordatus Ag. Cat. rais. Pl. XVI, fig. 8.
Longueur, 0^m040; largeur, 0^m035 ; hauteur, 0^m025.

Oursin subglobuleux cordiforme, à face supérieure haute, déclive
en avant, ondulée par la saillie en mamelon du haut des interambulacres ; à face inférieure plane en avant, convexe au plastron. Ambulacre impair dans un sillon profond et étalé, qui se resserre près du
bord antérieur et descend sur cette face sans passer en dessous. Pétales déprimés formant un croissant latéral très ouvert, fortement
élargis vers le fasciole interne; celui-ci, trop mal conservé pour laisser voir ses extrémités, forme un écusson large de 0,01 et long de
0,02. Une cassure exagère un peu la profondeur de sa dépression.
L'écusson sous-anal est brisé ainsi que l'angle du plastron. Péristome
fortement transverse et labié, situé derrière le quart antérieur. Pores
et tubercules peu visibles sur une surface mal conservée.

Cet oursin diffère à peine du type vivant ; il m'a paru cependant plus rétréci en arrière, plus anguleux en avant, avec des pétales plus creux, plus élargis vers le fasciole. Mais les détails de la structure du test sont trop altérés pour y laisser voir d'autres différences plus essentielles.

Terrain quaternaire (?) : cap Canastel, près d'Oran. Se trouve dans des grès entassés au pied de la falaise, m'ayant paru se rattacher aux plages quaternaires soulevées, mais qui cependant ne manquent pas d'analogie avec des grès quarzeux pliocènes qui couronnent cette falaise.

ECHINOSPATAGUS MAURITANICUS.
A Pl. XVII, fig. 4 à 7.

Echinocardium mauritanicum Pomel in Delage, Carte géol. du massif d'Alger.

Longueur, 0^m038 ; largeur, 0^m033 ; hauteur, 0^m023.

Oursin ovoïde cordiforme à face supérieure ondulée par la saillie du haut des interambulacres, déclive vers l'avant qui est fort convexe, à face inférieure presque plane à l'avant, un peu convexe et sensiblement carénée au plastron, à face postérieure tronquée à angle droit avec le plastron. Ambulacre pair en gouttière plane au fond d'un sillon limité par le fasciole interne et qui se contracte à l'avant pour descendre sur le bord sans passer au-dessous. Pétales déprimés confluents en croissant très ouvert. Apex à peine en arrière du milieu. Interambulacre impair très convexe et un peu retombant en arrière. Péristome au tiers antérieur, transverse et labié. Périprocte en auvant, rond, à bord inférieur déprimé occupé par un fasciole en croissant peu remontant ; l'écusson sous-anal lancéolé cordiforme, très aigu, à fasciole déprimé, séparé de l'anal. Fasciole interne limitant un écusson assez étroit, qui s'atténue longuement en arrière et dont la longueur est plus que double de la largeur et dépasse la moitié de la longueur du test.

Cet oursin diffère du précédent par moins d'élévation de la face supérieure, par l'écusson du fasciole interne moins large, plus atténué à l'arrière. Il se distingue de *Echinospatagus Sartorii* (Ag. sp.) par son apex plus reculé en arrière, par l'écusson interne bien plus allongé, par sa face antérieure plus gibbeuse en dessus et par son interambulacre postérieur beaucoup plus court. *Echinospatagus Deskei* (Des. sp.) est également plus allongé et son sillon plus long n'est pas contracté vers le bord antérieur. *Echinospatagus tuberculatus* (Cott. sp.) est beaucoup plus trapu, son sillon antérieur est moins contracté à l'avant, ses tubercules primaires plus nombreux et plus gros. *Echinospatagus intermedius* (Loczy sp.) a l'apex excentrique en avant, une troncature plus oblique en arrière.

Terrain pliocène : molasses du ravin de la Femme Sauvage, près d'Alger. (M. Delage).

AMPHIDETUS (car. emend.) Ag.

Type sous-générique à pétales confluant en croissant latéralement, mais dépourvu de tubercules primaires et à écusson interne élevé en une plateforme sans sillon en dessus et simplement échancré en avant par le sillon de la face antérieure. Quelques fragments semblent indiquer la présence de *Amphidetus mediterraneus* dans les plages soulevées quaternaires à Gouraya.

ECHINOCARDIUM (car. emend.) Gray.

Autre type sous-générique caractérisé par les pétales confluant angulairement et non en croissant vers le haut, par l'écusson du fasciole interne pourvu d'un faible sillon médian avec des zones porifères presque oblitérées. Des tubercules primaires se montrent au devant des interambulacres antérieurs.

ECHINOSPATAGUS (ECHINOCARDIUM) ALGIRUS.

A Pl. XVII, fig. 8 à 11.

Echinocardium algirum Pom. in Delage, Carte géol. du massif d'Alger.

Longueur, 0^m 036 ; largeur, 0^m 033 ; hauteur, 0^m 016.

Oursin semi-ovoïde convexe et un peu ondulé en dessus, non déclive, mais gibbeux en avant et aussi en arrière et plus longuement, anguleux aux bords et plat en dessous avec une légère carène au plastron qui est comme mucroné à l'arrière. Apex situé un peu en avant du milieu. Ambulacre impair sur un méplat déprimé, bordé par le fasciole interne, se transformant à l'avant en un sillon plus étroit presque superficiel, mais qui s'étale et se creuse en descendant pour émarginer le bord et s'affaiblir de nouveau en dessous. Pétales déprimés bien divergents, peu élargis vers leur contact avec le fasciole interne. Péristome au tiers antérieur presque sémilunaire, peu labié. Périprocte elliptique en travers (peut-être par suite de déformation), en forme d'auvant, à bord inférieur déprimé avec fasciole anal en croissant très court, lié au sous-anal qui forme un écusson cordiforme élargi, aigu vers le bas. Ecusson interne petit (long de 0,012, large de 0,008) un peu rétréci vers l'avant et en même temps relevé en bosse angulaire. Quelques tubercules principaux épars au bas de l'interambulacre antérieur et d'autres plus rapprochés en série en dedans de la carène du sillon ambulacraire. Petits granules serrés sur tout le reste des surfaces.

Echinocardium pennatifidum Norm., a l'apex plus en avant, l'écusson interne aussi court, mais plus étroit. Il est plus atténué en arrière, plus convexe à la marge et il est bien plus élevé ; les tubercules primaires sont moins serrés sur le bord du sillon antérieur.

Echinocardium flavescens A. Ag., a l'apex plus en arrière, l'écusson interne plus allongé, plus large, le sillon moins effacé, la face inférieure moins plane et le plastron moins élargi en arrière.

Echinocardium Peroni Cott., aussi déprimé, est bien plus petit, plus orbiculaire, plus rétréci à l'arrière ; le péristome est moins excentrique, l'écusson interne plus prolongé en avant. Le périprocte et l'écusson sous-anal sont plus étroits.

Echinocardium depressum (Ag.) Desor, est court, avec l'apex excentrique en avant ; les pétales subtriangulaires, les tubercules du sommet des interambulacres ne permettent pas de confusion.

Terrain pliocène : molasses de l'Oued Kniss, près d'Alger.

ECHINOCARDIUM NUMMULITICUM Péron et Gauthier.

Echin. foss. de l'Algérie, étage éocène, p. 31. Pl. 1, fig. 1 à 3.

Longueur, 0ᵐ026 ; largeur, 0ᵐ023 ; hauteur, 0ᵐ016.

Oursin subglobuleux polygonal, à côtés abrupts, un peu échancré en avant, tronqué en arrière, à sommet derrière l'apex qui est subcentral. Ambulacre antérieur dans un sillon peu marqué, puis se creusant à la face antérieure. Pétales lancéolés, étroits, subaigus, à peine déprimés, égaux, les antérieurs descendant jusqu'auprès du bord, à pores atrophiés vers le haut. Péristome en croissant réniforme, aux 2/5 de la longueur, labié. Périprocte grand, vertical. Face inférieure presque plane, terminée en arrière par une protubérance aiguë ; quelques tubercules principaux épars en avant et sur les côtés.

Cette espèce me paraît être d'attribution générique très douteuse, si je puis en juger par les figures. Les pétales n'ont point la forme typique et ressemblent bien plus à ceux de *Eupatagus* ; au sillon antérieur rien ne marque l'écusson interne ; le dessin montre en outre une trace de fasciole sous-anal qui entoure le talon au lieu d'être à la face postérieure au-dessus de ce talon ; il est vrai que le disque sous-anal est dit empâté par la gangue et qu'aucun fasciole n'est visible. Des tubercules primaires sont figurés sur les interambulacres latéraux, contrairement à ce que montrent les espèces typiques. De meilleurs exemplaires sont nécessaires pour éclaircir ces doutes.

Terrain éocène : Kef Ighoud (non vu).

TUBERASTER Péron et Gauthier.

Echinides foss. Alger, étage éocène, p. 46.

Oursin subcordiforme tronqué en arrière ; pétales lancéolés ; les antérieurs ont les pores oblitérés près du sommet et jusqu'au milieu pour les zones placées plus en avant ; de gros tubercules dans les interambulacres pairs descendant très bas en avant. Péristome muni en avant, de chaque côté, d'une protubérance accentuée et d'un bour-

relet ou pli ; partie postérieure ornée en dessous du périprocte d'un
écusson entouré d'un fasciole avec pores de chaque côté. La présence
d'un fasciole interne et l'absence d'un péripétale sont supposées par
les auteurs.

Ce genre ne repose que sur un seul caractère pris dans les protu-
bérances du péristome qui sont comparées à celles du genre *Gualteria*. Dans les *Gualteria* on trouve en effet de véritables bourrelets
de structure spéciale à leur surface et encadrant des fossettes dans
lesquelles sont des zygopores ; ici, rien de pareil, une simple saillie
un peu plus accentuée de l'extrémité des interambulacres antérieurs,
sans que la vestibure en soit modifiée. C'est un caractère de simple
valeur spécifique et tel péristome d'*Eupatagus cruciatus* présente un
premier degré de cette saillie, qui tient plutôt à une dépression plus
forte de l'extrémité élargie de l'ambulacre. De meilleurs exemplaires
pourront seuls décider si cet oursin se rapproche des *Echinocardium*
ou des *Eupatagus*, dont les pétales antérieurs ont aussi leurs zones
porifères plus ou moins atrophiées vers le haut.

TUBERASTER TUBERCULATUS Péron et Gauthier.

Loc. cit. Pl. III, fig. 1-4.

Longueur, $0^m 032$; largeur, $0^m 029$; hauteur, $0^m 018$.

Face supérieure très convexe carénée à l'arrière, l'inférieure plate
à bord tranchant, avec plastron en relief et à peine convexe. Sommet
central ; sillon antérieur à peine marqué, s'évasant et se creusant à
partir de la déclivité antérieure. Pétales peu divergents, longs, terminés en pointe, les postérieurs assez convergents lancéolés, un peu
infléchis au bout. Péristome au tiers antérieur. Périprocte ovale,
grand, au haut de la face postérieure, au-dessus d'un écusson entouré d'un fasciole. Les gros tubercules comme dans les *Eupatagus*,
auxquels il me paraît probable que cette espèce devra être rattachée,
lorsqu'elle sera mieux connue.

Terrain éocène : Kef Ighoud (non vu).

EUPATAGUS Ag.

L'absence de fasciole interne, la présence du péripétale, celle du sous-anal dont l'écusson est radié et la carène du plastron en partie dénudé sont les caractères les plus essentiels du genre. Les tubercules primaires n'existent que sur les interambulacres pairs et à l'intérieur du fasciole.

EUPATAGUS CRUCIATUS

Spatangus (Pseudopatagus) cruciatus Pom. *Echinides* du Kef Ighoud ; Pl. I, fig. 3-5. Pl. II, fig. 4.
Euspatangus cruciatus Péron et Gauthier. *Loc. cit.* Pl. II, fig. 4-6.
Euspatangus subrostratus Péron et Gauthier. *Loc. cit.* Pl. II, fig. 1-3.
Euspatangus hagenmulleri Péron et Gauthier. *Loc. cit.* Pl. II, fig. 7-8.
? Echinocardium dubium Péron et Gauthier. *Loc. cit.* page 34. Pl. II, fig. 9-11.

Longueur, 0^m 047 ; largeur, 0^m 038 ; hauteur, 0^m 020.
— 0 043 — 0 039 — 0 020.

Oursin ovoïde un peu déprimé, subémarginé en avant, un peu atténué et tronqué en arrière, obtusément caréné sur le dos. Face inférieure déprimée en avant, convexe et carénée à la partie postérieure. Sommet ambulacraire au tiers antérieur bien en avant du sommet de figure. Ambulacre impair dans un sillon évasé peu marqué, parfois un simple méplat. Pétales antérieurs presque étalés en croix, lancéolés oblongs à zones porifères atrophiées vers le haut, déprimées, élargies vers le bout ; les postérieurs oblongs, divergents en arrière et rapprochés de la carène dorsale, à peine plus longs que les antérieurs, obtus et fermés par une convergence brusque des derniers zygopores. Plastron pourvu de larges zones ambulacraires, presque nu dans sa moitié antérieure, tuberculé sur toute la gibbosité de la carène, dont le pourtour est lancéolé.

Péristome sémilunaire, sublabié, placé en avant du tiers antérieur.

Périprocte elliptique en travers au-dessus d'une courte dépression. Un fasciole péripétale très étroit, ovalaire très difficile à suivre en avant. Fasciole sous-anal largement cordiforme avec la pointe en bas sur la partie la plus saillante de la carène. L'écusson montre des pores ambulacraires à l'extrémité de sillons séparés par des séries rayonnantes de tubercules et les assules ambulacraires très étroits et allongés transversalement y resserrent considérablement l'interambulacre impair. Des tubercules primaires médiocres, épars, limités par le fasciole dans les interambulacres latéraux, le dépassant dans les antérieurs.

Malgré des recherches attentives et un nettoyage méticuleux de quelques exemplaires qui m'avaient paru en bon état à la surface, il ne m'avait pas été possible de distinguer le fasciole péripétale, tandis que le fasciole sous-anal était presque toujours visible, d'où j'avais conclu à son absence. Sur les observations de M. Gauthier, j'ai recherché avec de plus forts grossissements et j'ai constaté en effet des traces bien nettes d'un fasciole formé de 3 à 4 rangs de granules caractéristiques. Ce fossile est donc un *Eupatagus*.

Les déformations variées subies par les nombreux exemplaires de cette espèce relient entre elles les trois formes distinguées par M. Gauthier, et même l'*Echinocardium dubium* qu'il me paraît impossible d'attribuer à ce dernier genre et dont la conservation est du reste trop mauvaise pour autoriser cette attribution générique. Dans toutes ces formes la structure si particulière de l'extrémité des pétales postérieurs est identique, et on peut du reste voir en examinant les figures de la planche II des *Echinides de l'Algérie* que le dessinateur n'a su que traduire des nuances par son crayon ordinairement si habile.

En tenant compte de différences de même valeur, j'aurais encore pu distinguer deux ou trois formes nouvelles, l'une élargie, toujours déprimée et comme pliée en travers à la hauteur de l'apex, une autre encore trapue, élevée presque comme dans *Tuberaster* ou dans *Echinocardium nummuliticum*. Il y a en effet entre nos nombreux exem-

plaires des variations individuelles ; mais il y a surtout des déformations par compression dans des sens variés qui donnent à ce fossile
cette apparence de polymorphisme sans limite.

Terrain éocène : Kef Ighoud (abondant).

SPATANGUS Klein.

1° Espèces déprimées fortement échancrées en avant par un sillon
profond caréné sur ses bords, à écusson sous-anal transverse réniforme (sect. *Platyspatus*).

SPATANGUS TESSELATUS

A. Pl. XV, fig. 4-5; Pl. XIX, fig. 3-4.

Longueur, 0ᵐ 073 ; largeur, 0ᵐ 070 ; hauteur, 0ᵐ 025.
—   0 090   —   0 090   —   0 028.

Oursin déprimé, cordiforme, tronqué largement à l'arrière et un
peu sur les lobes du sinus ; dessus un peu plus bombé à l'arrière
subbicaréné, un peu déprimé à l'origine des pétales. Sillon évasé se
creusant et s'élargissant vers le bord qu'il échancre largement, limité par une carène obtuse très marquée, flanquée en dehors d'une
seconde qui s'atténue vers le haut. Face postérieure tronquée verticalement, très étalée, très obtuse sur les côtés ; dessous un peu ondulé
avec marge peu épaisse mais obtuse. Apex un peu excentrique en
avant (32 : 73) ; 3 pores génitaux visibles, par atrophie de celui du
madréporide très prolongé en arrière. Pétales lancéolés, étroits, subégaux, presque fermés, les antérieurs s'étendant jusqu'aux 3/4 du
rayon. Zone interporifère presque égale aux deux porifères réunies
dont l'antérieure peu arquée s'atténue insensiblement. Péristome peu
rapproché du bord, en croissant obtus, fortement labié. Périprocte
elliptique en travers au-dessus d'une dépression bordée par le fasciole
sous-anal dont l'écusson subréniforme est très étalé transversalement. Tubercules primaires inégaux, groupés sur chaque assule en
petits paquets, tantôt occupant toute son étendue, tantôt seulement
sa partie supérieure et alors en chevron ; il y en a sur tous les inter-

ambulacres. Les assules sont en retrait les uns sur les autres avec
apparence imbriquée. En dessous les tubercules des côtés sont petits
et peu serrés, à peine scrobiculés, et ceux du plastron forment des
séries rayonnantes de grosseur croissante ; ceux de l'écusson sous-
anal sont plus gros sur les bosses latérales. Avenues ambulacraires
lisses et larges.

Cette espèce paraît être très voisine de *Spatangus chitonosus*
Sism., et paraît en différer par l'arrangement des tubercules principaux et surtout par son sillon antérieur plus largement ouvert, par
sa face postérieure verticale beaucoup plus étendue en travers et par
le grand élargissement de l'écusson sous-anal. *Spatangus euglyphus*
Laube a également ses sutures très accusées, mais il est plus orbiculaire, moins fortement échancré et ses pétales paraissent plus obtus
à l'extrémité.

Terrain helvétien : calcaire à mélobésies ; Djidiouia, Riou, Lalla-
Ouda dans la basse vallée du Cheliff.

SPATANGUS SAHELIENSIS

A. Pl. XV, fig. 1-3.

Longueur, 0ᵐ 080 ; largeur, 0ᵐ 075 ; hauteur, 0ᵐ 030.

Oursin ovale cordiforme, profondément et étroitement échancré en
avant, tronqué à l'arrière ; la face supérieure est un peu gibbeuse en
avant de l'apex et médiocrement bombée sur le reste de son étendue,
avec l'interambulacre postérieur un peu plus saillant et marqué d'une
dépression longitudinale sur la suture.

Ambulacre impair presque à fleur à son origine, puis se creusant
fortement de manière à former à la marge un sinus profond à bords
abruptes et subparallèles. Le sillon est bordé d'une carène très accu-
sée en dehors de laquelle en est une autre plus obtuse, toutes deux
s'effaçant en s'élevant vers l'apex. Pétales étroitement lancéolés, un
peu déprimés, subégaux, assez longs, peu ou pas flexueux, bien
ouverts au bout ; zones porifères presque égales ensemble à l'inter-

porifère, l'antérieure de la première paire insensiblement atrophiée et presque droite vers le haut.

Le péristome et le périprocte sont brisés ou déformés dans nos exemplaires. Ce dernier paraît avoir été très ample au-dessus d'une dépression bordée par un fasciole très finement granulé et entourant un large talon. Tubercules primaires nombreux assez gros, inégaux sur chaque assule de tous les interambulacres sur lesquels ils forment des groupes subtriangulaires ou sublinéaires en séries confusément chevronées ; dans les interambulacres postérieurs les plus gros sont près de la suture médiane et près de l'angle supérieur ; dans les antérieurs où ils sont plus serrés, ils flanquent l'ambulacre pair. Du côté de l'impair ils sont plus petits, et il y en a d'autres plus petits encore sur les côtés de l'ambulacre impair vers ses parties abruptes. Ceux de dessous, sur les interambulacres pairs, sont petits, presque épars. Le plastron est relativement étroit, ses tubercules encore plus petits mais rapprochés dans toute son étendue. Les avenues ambulacraires postérieures sont larges, granulées et portent en outre quelques tubercules épars.

La forte entaille du bord antérieur, les pétales étroits, les tubercules nombreux ne permettent de confondre cette espèce avec aucune autre de moi connue.

Terrain sahélien : couches à spicules et diatomées du ravin d'Oran.

SPATANGUS EXCISUS
A. Pl. II, fig. 4 ; Pl. XVIII, fig. 3-4.
Spatangus depressus (Junior). A. Pl. XV, fig. 6.

Longueur, 0^m 100 ; largeur, 0^m 090 ; hauteur, 0^m 030.

Oursin ovale cordiforme probablement déprimé, très profondément échancré en avant par un sinus arrondi au fond et à bords presque parallèles. Le sillon de l'ambulacre impair qu'il termine s'évase en remontant, s'atténue et enfin se contracte pour se terminer en longue et étroite dépression presque superficielle bordée par une côte arrondie qui la sépare du pétale voisin. L'interambulacre postérieur est un peu convexe avec méplat ou même léger sillon sur son milieu. Pétales presque égaux, courts, lancéolés, larges, presque fermés au bout ; à zone interporifère plus large que les porifères réunies ; la zone porifère antérieure des premiers, insensiblement atrophiée sur une petite longueur, est ondulée près du sommet. Les pétales postérieurs un peu moins atténués aux deux bouts. Péristome en croissant obtus assez fortement labié. Périprocte elliptique en travers, assez grand. Fasciole sous-anal entourant le talon, réniforme très étendu en travers, très finement granulé, assez large surtout entre les deux saillies bien distantes des assules postérieurs du plastron.

Les tubercules primaires sont médiocres ; ils forment sur les interambulacres pairs postérieurs et dans leur partie supérieure, quelques séries de 3 à 5 inégaux ayant des tendances à se disposer en chevron et alternant de chaque côté de la suture médiane. Aux interambulacres antérieurs ils sont plus gros, plus nombreux et forment des séries obliques de grandeur décroissante jusqu'au bord du sillon où ils sont très petits. Sur l'interambulacre impair ils sont disposés en séries par 2 à 3 sur le méplat du milieu et sur une grande partie de sa longueur ; le reste de la surface est finement granulée. Les tubercules du dessous sont médiocres et peu serrés sur les côtés, un peu plus petits sur le plastron qu'ils couvrent en entier entre de larges avenues ambulacraires presque lisses.

J'avais provisoirement distingué sous le nom de *Spatangus depressus* de petits exemplaires à pétales plus courts, plus petits, à tubercules primaires appauvris sur le trivium et moins gros sur les interambulacres antérieurs, à sinus moins profond. Mais l'identité de structure de l'ambulacre impair me porte à les considérer comme de jeunes individus de la même espèce.

Cet oursin a quelque analogie avec le *Spatangus austriacus*, mais ses tubercules sont plus petits, moins fortement scrobiculés et ses pétales sont plus courts. La forme longuement acuminée au sommet de son aire ambulacraire impaire est très caractéristique et ne permet pas de le confondre avec le *Spatangus saheliensis*.

Terrain sahélien : Ravin d'Oran.

SPATANGUS ASPER
A. Pl. XVIII, fig. 1-2.

Longueur, 0ᵐ100 ; largeur, 0ᵐ090 ; haut ? 0ᵐ040.

Oursin ovale cordiforme échancré profondément en avant par un sinus arrondi au fond, abrupte sur les bords. Sillon de l'ambulacre impair presque à fleur au sommet se creusant et s'évasant en approchant du bord et se continuant entre deux carènes jusqu'au péristome ; l'interambulacre qui le borde est longuement atténué vers le haut mais non contracté ; les côtes qui longent le sillon sont peu saillantes. L'interambulacre impair est relevé en côte déprimée sur la suture médiane. Pétales oblongs sublancéolés, presque fermés au bout, subégaux, à zones porifères larges, l'antérieure des premiers assez longuement atrophiée mais presque droite ; la zone interporifère, presque plus étroite que les deux porifères réunies, porte quelques gros granules. Péristome médiocrement labié, transversal (déformé). Périprocte ample, presque circulaire, au sommet de la face postérieure ; fasciole sous-anal réniforme, très étalé transversalement.

Plastron étroit, tuberculé dans toute son étendue. Tubercules primaires de la face supérieure nombreux sur tous les interambulacres, inégaux, formant de nombreux chevrons sur toute la largeur de la plupart des assules, et le long de leur suture supérieure ; ceux des interambulacres antérieurs plus serrés descendant jusqu'à la marge, ceux de l'impair s'étendant presque jusqu'à l'arrière. Les petits tubercules saillant dans la granulation miliaire, donnent une apparence rugueuse ; il y en a de très développés jusque dans le haut et sur toute l'étendue de l'ambulacre impair. Les tubercules des côtés de la face inférieure sont épars, médiocres ; ceux du plastron sont petits en séries peu nombreuses, ceux de l'écusson sous-anal le sont encore bien plus et passent à l'état de granules. Les avenues ambulacraires larges et presque lisses en portent quelques-uns, surtout les externes.

Cette espèce est très voisine du *Sp. excisus*, mais elle m'a paru s'en distinguer par ses gros tubercules bien plus nombreux, par ses pétales plus longs, moins lancéolés, par son plastron bien plus étroit avec une disposition différente des assules, surtout du terminal plus allongé.

Terrain sahélien : Ravin d'Oran.

2° Espèces plus ou moins renflées, fortement échancrées en avant, à écusson sous-anal cordiforme (*Sg. Lonchophorus ?*)

SPATANGUS SIMUS
A. Pl. XXI, fig. 2-4.

Longueur, $0^m 110$; largeur, $0^m 090$; hauteur, $0^m 050$.

Oursin semi-ovoïde cordiforme, faiblement tronqué à l'arrière, assez fortement convexe en dessus, un peu plus à l'interambulacre postérieur qui est déprimé en méplat ou en faible sillon le long de la suture, plus fortement et comme gibbeux en avant sur les interambulacres antérieurs qui s'élèvent en côtes obtuses pour limiter un profond sillon ambulacraire et tombent brusquement à la face antérieure un peu en avant de la hauteur des pétales. Ce sillon ambulacraire s'efface à la partie supérieure et devient un simple méplat devant l'apex qui est excentrique en avant (4/10) ; il forme à la marge un sinus étroit et profond, arrondi au fond et se prolongeant jusqu'auprès de la bouche. Pétales grands, lancéolés, presque fermés au bout, à zone interporifère souvent en côte et plus large que les deux zones porifères réunies. La zone porifère antérieure de la première paire insensiblement atrophiée vers le haut et un peu arquée.

Péristome médiocre semi-lunaire, fortement labié, dans une dépression qui suit le sillon. Périprocte assez grand, elliptique en travers, surmontant une faible dépression bordée par le fasciole et à peine

disposé en auvent. Fasciole sous-anal (incomplet) largement cordiforme, beaucoup moins développé en travers que dans les espèces
précédentes et probablement constitué comme dans les deux suivantes.
Dessous presque plat avec une faible carène sur le plastron. Tubercules primaires peu nombreux, petits, formant sur le haut des interambulacres latéraux 2 à 3 maigres séries de chaque côté de la
suture médiane, autant à l'interambulacre impair et presque point
aux antérieurs, où l'on ne trouve que quelques sporadiques contre la
côte qui borde le sillon ; par contre le versant au sillon de cette côte
porte de nombreux secondaires jusqu'auprès de la série des zygopores.

Ce spatangue a beaucoup d'affinité pour la disposition de ses tubercules et sa gibbosité antérieure avec *Sp. Szaboï* Cott. ; mais ce dernier
est plus large, son sillon antérieur est moins profond et plus évasé,
son apex est plus excentrique en avant (3/9) et ses pétales sont bien
plus petits et plus inégaux ; voisin également des deux suivants, il en
diffère par ses pétales plus longuement lancéolés et surtout par la
gibbosité formée au-devant de l'apex par les côtes qui bordent le sillon.

Terrain pliocène : zone à *Terebratula ampula* à Dély-Ibrahim, près
d'Alger (M. Delage).

SPATANGUS VARIANS

A. Pl. XIX, fig. 5 ; Pl. XX, fig. 4-6.

Longueur, 0^m075 ; largeur, 0^m065 ; hauteur, 0^m035.
—   0 120   —   0 110   —   0 050 ?

Oursin elliptique cordiforme, presque autant atténué en avant qu'en
arrière, où il est brièvement tronqué. Sillon antérieur profond, évasé,
échancrant fortement la marge par un sinus arrondi, se rétrécissant
vers le haut pour disparaître avant le sommet, bordé de carènes
obtuses dont le versant interne est couvert de petits tubercules primaires. Face supérieure convexe plus déclive sur les côtés, un peu
déprimée aux pétales antérieurs, l'interambulacre impair un peu en
relief avec méplat le long de la suture médiane. Dessous caréné à

l'arrière, presque plat en avant avec les bords peu épais. Apex à peine excentrique en avant. Pétales presque égaux, les antérieurs lancéolés par suite de la courbure de la zone porifère antérieure au point presque médian où commence l'atrophie des pores ; les postérieurs lancéolés, oblongs, tous resserrés au bout. Zone interporifère plane, aussi large que les deux porifères réunies. Péristome semi-lunaire à lèvre brisée. Périprocte elliptique en travers, ample, en auvant au-dessus d'une faible dépression bordée par le fasciole sous-anal. Celui-ci cordiforme, entourant un talon étroit presque caréné, avec tendance des tubercules à se disposer en séries rayonnantes. Plastron étroit et comme contracté en arrière de la grande plaque formée par la première paire d'assules ; il est simplement un peu convexe en avant, puis il se carène à l'arrière du point de rayonnement des séries de tubercules : ses pièces terminales (la 2ᵉ paire) sont beaucoup plus étroites que dans les espèces typiques et sont dépourvues des petites bosses auxquelles se rattache le fasciole en se contractant, ou plutôt ces bosses sont confondues sur la suture médiane où la carène se termine angulairement. Avenues ambulacraires larges, presque lisses, avec tubercules épars au bord extérieur, et se rattachant à ceux des inter-ambulacres latéraux qui sont petits et peu serrés. Tubercules du dos réduits à deux ou trois groupes de 1 à 3 au sommet des interambulacres extérieurs et à 5 à 6 groupes confinés sur le méplat de l'inter-ambulacre impair. Je ne crois pas pouvoir en distinguer des exemplaires bien plus grands et qui n'en diffèrent que par la présence d'un plus grand nombre de séries alternantes et moins appauvries de tubercules primaires sur les interambulacres extérieurs, et par quelques autres épars en dehors de la carène du sillon antérieur et paraissant détachés des groupes serrés du bord interne de ce sillon.

Cette espèce appartient au même type que le *Sp. vimus* par la dénudation de la demi-zone interambulacraire devant les pétales antérieurs et par la forme générale du plastron et de l'écusson sous-anal. Elle s'en distingue par son sommet plus en arrière, ses pétales non

costés plus étroits, sa déclivité presque régulière en avant de l'apex.
Il ne me paraît pas possible de les confondre.

La collection de l'Ecole nationale des mines doit posséder un exemplaire de *Spatangus* de la collection de Verneuil absolument semblable au grand type du *Sp. varians*. C'est sans doute celui cité par
Desor sous le nom de *Sp. siculus* qui est tout différent. Je ne serais
pas étonné que cet oursin provînt des environs d'Alger que de Verneuil avait explorés et non des environs de Rome, comme il est indiqué.

Terrain pliocène : molasses à *Terebratula ampula* à Dély-Ibrahim
et Mustapha-Supérieur, près d'Alger (M. Delage).

SPATANGUS SUBINERMIS Pom.

A. Pl. I, fig. 1-2 ; Pl. II, fig. 1 et 3 ; Pl. XIX, fig. 1-2 ; Pl. XXI, fig. 1.

SPATANGUS (LONCHOPHORUS) SUBINERMIS Pom. *genera,* page 29.

Longueur, 0^{m}110 ; largeur, 0^{m}100 ; haut, 0^{m}060.

Oursin elliptique cordiforme fortement échancré en avant, brièvement tronqué en arrière, atténué à chaque extrémité ; face supérieure
très convexe, un peu en toit sur les côtés ; le sillon antérieur bordé de
carènes obtuses, dont le côté interne est couvert de petits tubercules
primaires rapprochés, s'effaçant brusquement en petites bosses au
voisinage du sommet où l'ambulacre est presque à fleur sur une certaine longueur. Interambulacre postérieur se relevant en bosse avec
méplat sur la suture médiane et portant deux rangées alternes de tubercules primaires dans le haut.

Pétales grands oblongs, presque égaux, resserrés au bout, les antérieurs brièvement atrophiés dans leur zone antérieure, un peu arqués
et sublancéolés dans le haut, à zone interporifère plane plus large
que les deux zones porifères réunies. Dessous un peu convexe en carène. Péristome en arrière du sillon, en arc étendu transversal, à lèvre
brisée. Périprocte en auvant elliptique en travers, ample, au-dessus
d'une dépression peu élevée, bordée par l'écusson sous-anal. Celui-ci

en cœur plus large que long, brièvement acuminé, convexe et portant des tubercules tendant à former des séries rayonnantes. Plastron caréné à l'arrière, étroit, tuberculé dans toute son étendue, contracté à la suture des 2ᵉ et 3ᵉ paires d'assules; ceux-ci étroits dépourvus de la petite bosse sur laquelle s'appuie le fasciole, dont l'angle marque la terminaison de la carène. Avenues ambulacraires larges presque lisses entre les tubercules du plastron et ceux de taille médiocre et peu serrés de la partie correspondant aux interambulacres latéraux.

Il y a quelques variations dans l'évasement du sillon antérieur; mais cela tient plutôt à des déformations accidentelles. C'est à une de ces déformations que doit être attribuée la forme du fasciole de fig. 2, Pl. I et de fig. 3, Pl. II.

Cet oursin fait certainement partie du groupe auquel appartiennent les deux espèces précédentes, *Sp. simus* et *Sp. varians* et on pourrait même hésiter à les séparer. Cependant *Sp. subinermis* diffère des deux autres par l'absence de tubercules primaires sur les côtés de la face dorsale; du premier par son apex médian, et son profil à peine gibbeux au dessus de la face antérieure, par ses pétales plats et moins lancéolés, avec des zones porifères plus étroites. Il diffère de *Sp. varians* par les carènes du sillon se terminant en faibles gibbosités, par ses pétales antérieurs plus droits dans la zone porifère antérieure, par les zones interporifères plus larges, par l'écusson sous-anal, plus étalé et plus large que long et d'une autre forme. Il est toutefois manifeste que ces trois espèces font partie du même groupe naturel, lequel ne peut être caractérisé par l'absence de gros tubercules sur les côtés du dos puisque les autres en possèdent. S'il n'y a que ce caractère pour légitimer la création du genre *Lonchophorus* Dames, ce genre est tout à fait caduc. Je ne sais si le plastron du *Sp. Monoghini*, espèce typique, est construit sur le type du *Sp. subinermis*; mais dans ce dernier sa structure est très caractéristique et suffit pour caractériser une section très nette dans ce grand genre assez peu homogène.

Terrain pliocène : molasses de Mustapha-Supérieur (Nicaise) ; route de Douéra aux Quatre-Chemins, Bled Msila (Dahra).

3° Espèces à sillon antérieur peu accusé, plus ou moins gibbeuses, à écusson sous-anal transversal réniforme.

SPATANGUS ORANENSIS
A. Pl. II, fig. 5.

Longueur, 0ᵐ080 ; largeur, 0ᵐ070 ; hauteur ?

Oursin cordiforme, déformé dans son pourtour, assez fortement échancré en avant par un sillon évasé qui se prolonge jusqu'auprès de l'apex et dont les bords sont en forme de côte arrondie, dont le versant interne et le sommet portent de petits tubercules primaires en groupes rapprochés ; l'interambulacre impair se relève aussi en côte arrondie. Pétales lancéolés subégaux, grands, presque fermés, les antérieurs à zone porifère antérieure atrophiée sur une faible longueur et un peu flexueuse. Zone interporifère plate, bien plus étroite que les deux zones porifères réunies ; celles-ci presque à fleur, très développées. Dessous inconnu.

Tubercules primaires petits assez nombreux, inégaux, formant des séries chevronnées sur les interambulacres pairs, les plus gros partant du bord du pétale dans les antérieurs et de la suture médiane dans les latéraux, ceux-ci descendant moins près de la marge que ceux des antérieurs ; sur l'interambulacre impair, ils forment des séries obliques alternes de chaque côté de la suture médiane, quelques-unes étant chevronnées ; elles sont très réduites sur les assules postérieurs.

Cette espèce est imparfaitement connue et très déformée dans ce qui en reste ; il est difficile de se prononcer sur la forme du profil qui paraît cependant avoir été peu élevé. Néanmoins je ne saurais le rapporter à aucune des espèces connues.

Terrain sahélien : couches à spicules et diatomées du ravin d'Oran.

SPATANGUS PAUPER

A. Pl. I, fig. 3-4; Pl. II, fig. 2.

Longueur, 0^m 090 ; largeur, 0^m 084 ; hauteur, 0^m 045.

Oursin semi-ovoïde cordiforme, échancré en avant par un sinus très ouvert, un peu atténué en arrière et faiblement tronqué. Face supérieure élevée, plus abrupte en avant et subgibbeuse au devant des pétales : sillon antérieur en forme de large gouttière, à bord form: une carène obtuse costiforme, qui s'atténue vers le sommet en mê.. temps que le sillon effacé au devant de l'apex ; en dessous le sillon presque obsolète jusqu'au péristome. Apex excentrique en avant ; l'interambulacre postérieur en forme de grosse côte avec méplat ou même sillon en dessus. Face postérieure très oblique en dessous. P^é tales placés dans une dépression, surtout marquée pour les antérieu grands subégaux, lancéolés, fermés et effilés au bout ; les antériei à zone porifère antérieure assez longuement atrophiée, peu flexueu: Zone interporifère large, formant les 2/3 de la largeur du pétale, peine convexe.

Péristome assez loin du bord, semi-lunaire, à peine labié. Pé procte elliptique en travers, ample, au-dessus d'une dépression peine marquée, bordée par le fasciole sous-anal. Dessous faiblem(convexe, plat devant la bouche. Plastron tuberculé partout élargi (arrière à talon tronqué entouré par le fasciole, qui limite un écuss transversal très étendu et légèrement réniforme s'appuyant sur d saillies du milieu des pièces de la 2e paire. Tubercules primaires peti: inégaux formant des groupes subtriangulaires sur les 4 à 5 assu] supérieurs des interambulacres latéraux et de l'impair ; aux antérieu il n'y en a presque qu'à la demi-zone antérieure sur le dos et le v(sant au sillon (les premiers un peu usés n'ont point été vus par le dessin teur). Il y en a quelques-uns aussi plus petits dans le sillon. La de(zone externe touchant au pétale antérieur est nue sauf un groupe 2 ou 3 à la hauteur du milieu du pétale. En dessous les tubercules .

plastron et des autres interambulacres sont assez rapprochés, assez gros et diminuent de volume vers les bords.

Cette espèce est du type du *Spatangus purpurens*, mais elle a encore quelque chose des espèces du type du *Spatangus simus* dans sa forme générale dans la dénudation du devant des pétales antérieurs ; elle en diffère par son plastron et par l'écusson sous-anal autrement organisés.

Terrain pliocène : couches inférieures à Douéra.

SPATANGUS FLAMANDI Delage.
Pl. XX, fig. 1-3.

SPATANGUS FLAMANDI Delage, *Géologie du massif d'Alger*.

Longueur, 0^m 075 ; largeur, 0^m 070 ; hauteur, 0^m 032.

Oursin largement ovale cordiforme, largement et faiblement échancré en avant et un peu tronqué en arrière ; face supérieure convexe un peu plus abrupte en avant, médiocrement élevée et à profil surbaissé dans le haut. Sillon antérieur peu profond se creusant et s'élargissant en approchant du bord, toujours très évasé, formant à la marge un sinus arrondi ; ses bords sont en carène costiforme peu marquée ; l'interambulacre impair relevé en côte déprimée, apex un peu excentrique en avant. Pétales lancéolés, les antérieurs dilatés en avant et subtriangulaires par suite de l'angle formé par la zone porifère antérieure très longuement atrophiée (presque sur les 2/3 de la longueur totale), les postérieurs, assez longuement atténués et fermés. Zone interporifère un peu en relief sur les porifères déprimées, larges et formant vers le milieu les 2/3 de la largeur du pétale. Dessous presque plat, un peu pulviné sur les bords, à peine caréné au plastron. Péristome devant le tiers antérieur, ample, arqué réniforme, fortement labié. Périprocte ample, elliptique en travers, occupant plus de 1/2 de la face postérieure au-dessus d'une faible dépression bordée par le fasciole sous-anal. Ecusson subréniforme ou presque en forme de 8 très étendu en travers, s'appuyant sur deux bosses des assules de la

2ᵉ paire bien distincts mais rapprochés. Plastron bien tuberculé, triangulaire, élargi et tronqué ou même émarginé en arrière. Avenues ambulacraires presque lisses ; une dépression au pourtour du péristome. Tubercules primaires bien développés inégaux, ceux des interambulacres latéraux en 4 à 5 groupes sur chaque demi-zone, triangulaires ou en chevron, ceux de l'interambulacre impair un peu plus petits en groupes serrés sur presque tous les assules, mais limités au méplat ; ceux des interambulacres antérieurs formant un groupe bien fourni devant la partie coudée seulement du bout du pétale, d'autres sont serrés sur le revers interne du sillon ambulacraire impair et passent assez brusquement aux petits tubercules presque miliaires qui seuls occupent la zone médiane de l'interambulacre.

Oursin du type du *Sp. purpurens* mais moins élevé, remarquable par la forme subtriangulaire des pétales antérieurs et par le groupe de tubercules qui borde en avant leur extrémité. Je ne connais aucune autre espèce qui s'en approche par ce caractère.

Terrain pliocène : Ouled-Fayet, dans le Sahel d'Alger (M. Delage).

HEMIPATAGUS Desor ou MARETIA Gray.

Le caractère le plus important de ce genre réside dans son plastron, qui est largement dénudé de radioles et presque lisse, excepté sur une très petite étendue de son extrémité postérieure. Pour le reste c'est un *Spatangus*, sauf que les gros tubercules très développés sur les interambulacres pairs font défaut sur l'impair ; ce qui du reste n'est qu'un caractère de médiocre valeur. En outre, le fasciole sous-anal paraît manquer dans les *Hemipatagus* ; tandis que sur d'autres espèces réunies sous le nom de *Maretia* il existe sans conteste. Ce nom de *Maretia* a été proposé par Gray comme sous-genre de *Spatangus*, en 1855, et celui de *Hemipatagus* comme genre spécial par Desor, en 1858. Si la différence du fasciole est jugée insuffisante, c'est le nom de Gray qui a la priorité, quoiqu'il ne lui ait pas lui-même donné une valeur générique.

HEMIPATAGUS FICHEURI

A. Pl. XXIII, fig. 7-8.

Longueur, inconnue ; largeur, 0^m 036 ; hauteur, 0^m 018.

Oursin de taille médiocre, inconnu dans sa partie antérieure ; les pétales antérieurs ont le haut de la zone porifère postérieure trop normale pour supposer un fasciole interne autour de l'apex ; les postérieurs très obliques en arrière sont très élargis à leur naissance et fortement et longuement atténués en arrière, s'arrêtant aux 3/5 du rayon. L'interambulacre impair est fortement relevé en carène contre le bord de laquelle est flanquée la partie supérieure de la zone porifère. Les interambulacres latéraux étaient en-dessus couverts de gros tubercules, dont deux rangées verticales de trois sont conservées sur la demi-zone postérieure qui est nue du côté du pétale. La face inférieure est concave avec un faible relief médian formé par le plastron. Celui-ci, en grande partie lisse, porte à l'arrière une zone en ogive finement tuberculée et ne m'ayant montré aucune trace de fasciole sous-anal. Les interambulacres latéraux bordant les avenues sont plus fortement tuberculés. Le péristome est labié, presque à l'aplomb de l'apex ; le périprocte est elliptique en travers au sommet d'une aréa déprimée descendant presque jusqu'au bord. Les tubérosités qui limitent en dehors cette aréa sont peu étendues et couvertes d'assez gros tubercules inégaux. La conservation de cette partie de notre exemplaire ne permet pas d'être tout à fait affirmatif sur l'absence du fasciole sous-anal. La situation très reculée du péristome et l'allongement des pétales postérieurs semblent différencier cette espèce de toutes les autres connues.

Terrain cartennien : grès de l'origine de la montée de Fort-National, à l'est de Tizi-Ouzou (Ficheur).

HYPSOPATAGIENS

BRISSOMORPHA Laube.

Ce genre est surtout caractérisé par sa forme ovoïde sans sillon antérieur, par la forte troncature oblique en dessous de la face postérieure rostrée en auvent, par ses pétales imparfaits à zones porifères divergentes à fleur de test, avec des pores ronds presque égaux, non conjugués; un apex fortement excentrique en avant; des traces d'un fasciole péripétale sur l'interambulacre latéral. La face inférieure est mal conservée.

Un oursin de Malte décrit et figuré par M. Wright (*Ann. Mag. Nat. Hist. 1855* et *Quart. j. geol. soc. 1864*, Pl. XXII, f. 3), d'abord sous le nom de *Pericosmus excentricus*, puis sous celui de *Prenaster excentricus*, me paraît avoir une très grande analogie avec le type de Laube et surtout avec un fossile algérien qui me paraît devoir être attribué au même genre. Dans ce cas, les pétales de ce genre pourraient parfois être logés dans des plis près du sommet et les fascioles seraient ceux des *Prenaster* : un latéral contournant tout le test, conjugué à un péripétale dimidié par l'absence de la partie antérieure. La structure des pétales ne permet pas l'attribution au genre *Prenaster* ainsi que l'a fait M. Wright.

BRISSOMORPHA WELSCHII
A. Pl. XXI, fig. 5-6; Pl. XXII, fig. 5.

Longueur, 0ᵐ 038 ; largeur, 0ᵐ 028 ; hauteur, 0ᵐ 020.

Oursin ovoïde oblong, arrondi en avant, rostré en arrière, fortement déclive à la face antérieure et sur les côtés, presque caréné et élevé vers l'interambulacre impair. Face postérieure très obliquement tronquée en dessous et rostrée en auvent. Dessous convexe. Apex très excentrique en avant du sommet de figure, un peu déprimé ;

4 pores ovariens ; madréporide linéaire très prolongé à l'arrière. Ambulacre impair dans un faible sillon ou pli qui s'efface au bord antérieur, à zygopores peu visibles. Pétales très imparfaits commençant dans un pli mais bientôt à fleur, formés de pores ronds peu inégaux, non conjugués, disposés un peu obliquement par paires qui s'espacent en s'éloignant du sommet et formant des zones divergentes, la zone antérieure de la première paire très atténuée dans le haut ; pétales antérieurs très étalés et presque transversaux, les postérieurs obliques en arrière. Il y a quelques traces d'un fasciole étroit qui paraît faire le tour du test et donne une branche montante pour un péripétale dimidié. Péristome petit en croissant s'ouvrant près du bord. Périprocte petit, rond, sous le rostre au sommet d'une aréa grande et un peu convexe, de structure inconnue ainsi que le plastron. Tubercules du dos petits, épars dans une granulation grossière, un peu plus gros aux interambulacres antérieurs, plus encore et plus espacés contre le bord de l'ambulacre impair.

Brissomorpha Fuchsii Laube est bien plus grand et non plissé au voisinage de l'apex. *Brissomorpha excentrica* (Wright Sp.) est plus élargi ; son péristome est plus grand et plus reculé du bord et le périprocte est plus ample, au moins d'après la description.

Terrain helvétien : zone à mélobésies et clypéastres à Bou-Medfa (M. Welsch).

TRACHYPATAGUS Pom., 1868, *Revue des Echin.*

C'est dans ma *Revue des Echinodermes*, page XII, que j'ai créé ce genre pour une espèce très haute et comme enflée : mais il renferme aussi des espèces moins convexes ou même déprimées. L'absence totale de sillon ambulacraire antérieur, les pétales longs et bien à fleur de test, un fasciole péripétale très bas ne limitant pas les gros tubercules, un sous-anal complet, le caractérisent nettement.

TRACHYPATAGUS TUBERCULATUS (Wright Spec.)
A. Pl. XXII, fig, 3-4.

Spatangus tuberculatus Wright, *Ech. Malta. Quart. j. geol. soc. 1864.* Pl. 22,
fig. 1.
Macropneustes Peroni Cott. *in* Locard, *Faune tertiaire de Corse.* Pl. XV, fig. 4-5.
Trachypatagus Peroni Pom. *in* Delage. *Géol. du massif d'Alger.*

Longueur, 0^m080; largeur, 0^m075; hauteur, 0^m030.
—   0 105   —   0 100   —   0 045.
—   0 140   —   0 130   —   ?

Oursin largement ovale un peu atténué, tronqué et échancré à l'arrière. Face supérieure peu convexe, mais ordinairement déprimée par
compression. Apex excentrique en avant (3/8) du sommet de figure,
à 4 pores génitaux rapprochés en trapèze avec le madréporide prolongé en arrière. Ambulacre antérieur à fleur formé de zygopores à
peine visibles. Pétales à fleur ou à peine costés, très longs, ouverts à
l'extrémité un peu resserrée et flexueuse, les antérieurs fortement étalés occupant plus des 2/3 du rayon, les postérieurs un peu plus longs,
moins divergents entre eux qu'avec les antérieurs. Zones porifères
étroites, à pores extérieurs ovales, les intérieurs ronds, conjugués entr'eux, nombreux et rapprochés, à zone interporifère étroite linéaire,
formant les 3/8 de la largeur totale. Péristome semi-lunaire largement
labié, situé aux 3/10 de la longueur, dans une dépression formée par
les trois sillons évasés du trivium, qui disparaissent avant le bord. Périprocte ample subcirculaire, à bords latéraux et inférieurs rentrants,
occupant plus de la moitié de la hauteur de la face postérieure qui est
verticale subtriangulaire. Plastron subcaréné triangulaire, largement
tronqué et subpulviné à l'arrière. Les côtés de la face antérieure pulvinés. La gangue, étant un sable grossier, a oblitéré toutes les surfaces
et n'a laissé que des traces des tubercules et des fascioles. On peut
cependant encore reconnaître que les gros tubercules du dos, peu développés du reste, ne sont pas limités par le fasciole en avant et
sur les côtés.

Les différences légères que présentent nos exemplaires de taille très différente, sont dues très probablement à des déformations dans les couches qui les renferment. Le plus grand a la taille de l'exemplaire de Corte figuré par M. Cotteau et ne saurait en être distingué. Il est fortement échancré à l'arrière. Deux autres de taille moyenne ont les pétales convexes et l'un d'eux est fortement convexe en avant, certainement par déformation. Le *Spatangus tuberculatus* Wright, *Ech. Malta*, figuré réduit à 1/2, ne paraît présenter aucune différence essentielle avec les précédents; c'est également un exemplaire déformé.

Terrain cartennien: Camp-du-Maréchal, près Tizi-Ouzou (Ficheur); Mont-Riant, Mustapha-Supérieur (Delage).

TRACHYPATAGUS ORANENSIS Pom.

A. Pl. XVI, fig. 1-6.

Longueur, 0^m 110; largeur, 0^m 100; hauteur, 0^m 70.

Oursin gibbeux, élevé, plus fortement déclive et arrondi en avant, de forme ovalaire un peu anguleuse, tronqué en arrière en un rostre peu saillant. Apex un peu excentrique en avant. Ambulacre antérieur à fleur de test sans trace de sillon ni émarginure du bord, à zygopores très petits; pétales longs un peu flexueux, à zones porifères déprimées formées de pores ovales en dehors, ronds en dedans, conjugués et à zone interporifère à fleur de test formant les 6/11 de la largeur totale; les antérieurs plus divergents, tous un peu resserrés mais ouverts à l'extrémité. Un fasciole péripétale flexueux, descendant très bas en avant. Plastron inconnu. Péristome semi-lunaire assez grand, labié. Périprocte ample, arrondi, occupant une grande partie de la face postérieure. Partie postérieure du plastron large, formant talon arrondi, entouré d'un fasciole sous-anal, réniforme, assez développé, mais qui cependant n'envahit pas l'ambulacre, dont les pores restent en dehors. Toute la surface est couverte de tubercules crénelés et perforés, peu serrés, mêlés d'autres semblables beaucoup plus petits,

au milieu d'une granulation miliaire ; sur les côtés de la face inférieure, les tubercules sont plus gros et plus serrés, plus homogènes.
Les avenues ambulacraires, inconnues près de la bouche, ont une
surface lisse fortement atténuée en arrière.

Cette espèce se distingue bien de la précédente, par sa forme très
élevée et son fasciole péripétale plus flexueux.

Terrain sahélien : couches à spicules du ravin d'Oran, toujours
en fragments.

TRACHYPATAGUS GOUINI
A. Pl. XXIII, fig. 2-3.

Longueur, 0ᵐ100 ; largeur, 0ᵐ090 ; hauteur, 0ᵐ040 ?

Grand oursin presque hémisphérique, à bord antérieur arrondi, le
postérieur inconnu, mais sans doute un peu tronqué. Face supérieure
un peu plus déclive à l'avant, un peu en toit mais sans carène à
l'arrière. Ambulacre antérieur simple, étroit, s'élargissant insensiblement vers l'avant, à zone interporifère un peu saillante en côte
déprimée ; pétales s'approchant beaucoup du bord, les antérieurs un
peu plus courts, étalés, un peu courbés vers l'avant, les postérieurs
un peu obliques en arrière, presque droits, tous à zones porifères
assez brusquement atrophiées vers le haut, un peu déprimées dans le
reste de leur étendue, de chaque côté d'une zone interporifère bombée
en côte arrondie, ressérée vers les extrémités. Fasciole péripétale
peu flexueux, descendant assez bas à l'avant. Tubercules assez mal
conservés, paraissant assez gros pour le genre. Péristome assez près
du bord (0,015).

Plus convexe que le *T. Peroni*, moins que le *T. Oranensis*, cette
espèce se distingue de ses deux congénères par ses pétales atrophiés
longuement dans le haut, plus resserrés à leur extrémité et par son
fasciole péripétale à peine flexueux. Le périprocte et le plastron sont
tout à fait inconnus et il n'y a du péristome qu'une partie du bord
antérieur ; mais il ne peut y avoir aucun doute sur l'attribution générique de ce fossile.

. Terrain pliocène : Aïn-Kouabi, à Bou-Zoudjar, près de Lourmel (M. H. Gouin).

TRACHYPATAGUS ? BREVIS

On a figuré, Pl. XVI, fig. 7, sous ce nom provisoire, la partie inférieure d'un interambulacre latéral d'un oursin remarquable par le raccourcissement des assules ambulacraires, de manière à faire presque douter de son attribution au type des *Spatangoïdes*. Ces assules ambulacraires y sont en partie conservés, mais le bord du péristome manque ; c'est tout ce qu'on peut dire de ce singulier fragment qui dénote l'existence d'une forme générique spéciale.

Terrain sahélien : zone à spicules du ravin d'Oran.

HYPSOPATAGUS Pomel.

Ce genre, établi dans la *Revue des Echinodermes*, en 1868, diffère surtout du précédent par l'existence d'un sillon ambulacraire antérieur qui rend l'oursin cordiforme et par l'absence d'un fasciole sousanal. La forme est en général massive et le test est épais. Les espèces certaines paraissent propres au terrain nummulitique.

HYPSOPATAGUS ? BAYLEI

Macropneustes Baylei Coq. *Géol. Pal. prov. de Constantine*, p. 274, Pl. XXXI, fig. 12-13.

Macropneustes Baylei Cott. Pér. Gauth. *Echinides fossiles de l'Algérie; étage éocène*, p. 53.

Longueur, 0ᵐ 073 ; largeur, 0ᵐ 064.

Oursin demi-ovoïde, cordiforme en avant, rétréci et un peu tronqué à l'arrière, obliquement convexe en dessus, le sommet ainsi que l'apex étant excentriques en avant. Face inférieure plate, déprimée devant le péristome. Ambulacre antérieur peu visible dans un sillon évasé qui échancre le bord. Pétales déprimés, allongés, à zones porifères égales, assez larges, l'une d'elles égalant la zone interporifère ; les antérieurs très étalés un peu plus courts, les postérieurs très obliques en arrière et flexueux. Péristome semi-lunaire situé au 1/4 antérieur; périprocte et fascioles inconnus. Gros tubercules médiocres, épars dans toutes les aires entre les pétales.

Cet oursin m'est inconnu en nature et me paraît d'attribution douteuse au genre *Hypsopatagus*. On ne peut savoir en effet si le fasciole sous-anal existe ou non par suite de mauvaise conservation; en outre, les pétales sont dits placés dans un sillon très évasé, ce qui n'est pas le cas des espèces typiques. Mais d'après les figures, il m'a paru que ce sillon était une simple dépression, d'autant plus que la zone porifère paraît être tuberculée. Cependant, Coquand comparant son fossile avec *Macropneutes crassus*, indique en quelque sorte sa parenté avec cette espèce qui, si elle est réellement dépourvue de fasciole sous-anal, comme les *Hypsopatagus*, ne peut cependant leur être réunie parce que les pétales sont réellement creusés en sillon; elle devrait constituer avec les autres espèces du même type un genre particulier à placer à côté même des *Macropneutes*. Cette incertitude n'est du reste que le fait d'une connaissance imparfaite de ces espèces, elle ne saurait infirmer, quoique en pense M. Gauthier et malgré son observation peu bienveillante, la différence qui existe entre les *Macropneustes* et les *Hypsopatagus*. Il est vrai qu'en citant le *Macropneustes crassus* parmi ces derniers, cet auteur ne témoigne pas qu'il en a bien saisi les caractères.

Terrain éocène: calcaires recouvrant immédiatement les couches à *Ostrea multicostata*, à Zouï, près de Khenchela.

HYPSOPATAGUS ? ARNAUDI

Macropneustes Arnaudi Coquand. *Géol. et pal. de la Prov. de Constantine.* p. 273, Pl. XXXII, fig. 13.
Macropneustes Arnaudi Cotteau, Péron et Gauthier. *Echinid. fossiles de l'Algérie*, étage éocène, p. 55.

Longueur, 0^m042; largeur, 0^m042.

Oursin subcirculaire, déprimé, un peu échancré en avant par le sillon évasé et faible de l'ambulacre impair, à peine tronqué à l'arrière. Pétales presque également divergents, subégaux, placés dans des sillons ? évasés. Zone interporifère égalant environ une des zones porifères. Apex presque central : tubercules principaux petits dans toutes les aires interambulacraires, ne s'étendant pas au delà des pétales. Fascioles, péristome et périprocte inconnus. Même remarque, au sujet de l'attribution générique, que pour l'espèce précédente dont elle semble voisine par la dépression de ses pétales, mais dont elle est bien spécifiquement distincte. Elle m'est inconnue en nature. .

Terrain éocène : Zouï.

PLAGIOBRISSUS Pom.

Ce genre, créé par L. Agassiz sous le nom déjà employé de *Plagionotus*, a depuis été réuni à *Metalia* Gray. Il a en effet de ce genre, dont *Brissus sternalis* est le type, de longs pétales plus ou moins flexueux, un grand écusson sous-anal radié et un fasciole en croissant sous le périprocte. Toutefois ses pétales ne sont pas creusés en sillon, mais situés au fond d'une simple dépression, la zone porifère postérieure de la seconde paire est semblable à sa voisine et non longuement atrophiée, et la zone interporifère porte de petits tubercules, comme le reste du test ; de gros tubercules crénelés et perforés ornent l'intérieur du fasciole péripétale, entremêlés aux autres. Le plastron est oblong, étroit, atténué en arrière, et non ovale et contracté au contact de l'écusson. Ce sont deux types génériques bien distincts, *Plagiobrissus* se rattachant par ses caractères essentiels aux *Euspatangidés*, où il constitue un type de transition aux *Brissidés* et *Metalia* faisant partie de ces derniers.

PLAGIOBRISSUS POMELI Delage. *Géologie du massif d'Alger.*
A. Pl. XXII, fig. 1-2.

Longueur, 0^m10 ; largeur, 0^m08 ; hauteur, 0^m03.

Oursin subdiscoïde, ovale, oblong, arrondi et à peine émarginé en avant, tronqué faiblement en arrière, peu convexe en dessus, le point

culminant étant devant l'apex qui est très excentrique en avant
(4 : 10); 4 pores génitaux et madréporide rejeté en arrière. Ambulacre antérieur à zygopores peu distincts, presque à fleur du test
(une cassure ne laisse pas voir si le méplat se creuse à l'avant).
Pétales logés au fond d'un sillon très évasé, avec la zone interporifère très étroite (moins du tiers de la largeur totale), mais en relief et
tuberculée comme le reste du test; les antérieurs assez étalés, un peu
rétrécis et fléchis en dehors vers l'extrémité, occupant les 2/3 du
rayon, les postérieurs d'un tiers plus longs, très divergents en arrière
et retrécissant la côte formée par l'interambulacre impair, un peu
atténués et flexueux en dehors, près de l'extrémité. Zones porifères
égales, bien conjuguées, non fermées.

Face inférieure à peine convexe, subcarénée, avec les bords arrondis. Péristome très grand, semi-lunaire, le bord antérieur à fleur de
test, le postérieur un peu arrondi, à peine labié; périprocte assez
grand, occupant une grande partie de la face postérieure, elliptique?
en travers. Plastron étroit, oblong, non contracté vers la bouche, se
rétrécissant un peu jusqu'à la bosse carénée qui précède l'écusson et
s'élargissant ensuite sensiblement au delà; étant ainsi contracté là
où il est ordinairement élargi chez les Spatiformes. Avenues ambulacraires étroites et lisses, affleurant le plastron. Ecusson sous-anal
(en partie détruit) réniforme, orné de 5 à 6 sillons rayonnants
terminés par des zygopores, bordé par un fasciole large et déprimé;
fasciole anal en croissant, confiné à la face postérieure, concentrique
au périprocte. Fasciole péripétale en quadrilatère arrondi devant,
s'atténuant en arrière avec les angles bordant les extrémités des
pétales et des côtés, à peine flexueux. De gros tubercules dorsaux
peu serrés, limités par le fasciole et occupant toute l'étendue des
aires. Les tubercules interambulacraires latéraux occupent une
grande étendue, sont plus gros et plus serrés; ceux du plastron sont
plus petits; mais ils sont tous assez peu visibles, étant masqués par
un encroûtement de bryozoaires qu'il n'a pas été possible d'enlever.

Il ne peut y avoir de doute sur l'attribution générique de cet oursin malgré que sa conservation laisse à désirer. Il diffère du *Plagiobrissus pectoralis* par sa surface supérieure moins accidentée de carènes rayonnantes, par son ambulacre antérieur beaucoup moins déprimé, son péristome plus large, plus transverse, ses tubercules autrement disposés et l'absence des impressions sur les assules en dehors du fasciole péripétale. Les *P. Holmesii* et *P. Ravenellianus* de Mc Crady, fossiles pliocènes de la Caroline, paraissent peu différer du *P. pectoralis*, puisque A. Agassiz les identifie ensemble et notre espèce doit en être distincte au même titre. *P. Loveni* Cott. s'en distingue de suite par son sillon antérieur très marqué, échancrant fortement le bord. Toutes ces espèces, vivantes et fossiles, sont de la même région du nouveau continent. Une autre espèce, vivant sur les côtes de Guinée, *P. africanus* (Verill sp.), a le péristome disposé comme notre fossile et paraît être du même type, mais les tubercules de l'intérieur du fasciole péripétale sont beaucoup plus gros et il semble, d'après la description, que son ambulacre antérieur ne soit pas différent de celui de *P. pectoralis*. Il est bien remarquable que l'on rencontre à l'époque pliocène, en Algérie, un représentant de ce curieux type que l'on a cru si longtemps confiné dans la mer des Antilles, et l'intérêt de cette découverte augmente encore en raison de la plus grande affinité de notre fossile avec le type guinéen.

Je crois même qu'il faut encore faire remonter plus haut dans les temps géologiques l'existence d'oursins de ce genre en Europe. En effet le *Brissus imbricatus* Wright, dont le nom a été tiré de l'apparence écailleuse des scrobicules des tubercules de la face inférieure qui s'observe dans la plupart des Brissiens, par l'absence du sillon antérieur, par les tubercules plus gros de l'intérieur de son fasciole péripétale et par son écusson sous-anal radié, doit être un *Plagiobrissus*. Ce *Plagiobrissus imbricatus* diffère surtout de celui que je décris par l'égalité de ses pétales non flexueux.

Etage pliocène : molasses de Dély-Brahim (M. Delage).

TRIBU DES BRISSIDÉS

—

BRISSIENS

—

MACROPNEUSTES Ag.

Les espèces typiques de ce genre, les premières citées dans le Catalogue raisonné, sont *M. Deshayesii* et *pulvinatus* qui sont pourvues d'un fasciole sous-anal et de pétales creusés en sillon. J'en ai distrait des espèces à ambulacres non creusés et dépourvues de fasciole sous-anal, sous le nom de *Hypsopatagus (Ammon)*. On avait attribué à ce même genre d'autres espèces à pétales non creusés, mais pourvues du fasciole sous-anal et en outre sans sillon antérieur. J'en ai fait le genre *Trachypatagus*. Le genre *Peripneustes* a été créé par M. Cotteau pour des espèces qui ne diffèrent des typiques que par ce que les tubercules primaires sont limités sur le dos par le fasciole péripétale et peut-être par une plus forte échancrure du bord antérieur. Dans l'esprit de plusieurs auteurs, ces *Peripneustes* devaient embrasser tous les *Macropneustes* à fasciole sous-anal, et c'est ce que M. Dames a fait pour les *Macropneustes brissoïdes*, réservant sans doute le nom d'Agassiz aux espèces qui, comme *Macropneustes crassus*, en sont dépourvues, ou le paraissent. C'est le résultat d'une confusion qui doit cesser par le retour des espèces typiques, comme *M. Deshayesii*, à leur véritable genre, dont les *Peripneustes* ne forment qu'une section, sauf à créer une coupe générique pour le type du *M. crassus*, s'il se confirme qu'il est dépourvu de fasciole sous-anal, car l'échantillon unique sur lequel a été créée l'espèce paraît mal conservé en ce point.

MACROPNEUSTES ELONGATUS Pér. et Gauth.

Echinid. foss. de l'Algérie, étage éocène, p. 49, Pl. III, fig. 5-7.

Longueur, 0ᵐ 041 ; largeur, 0ᵐ 036 ; hauteur, 0ᵐ 025.

Cette espèce m'est restée inconnue ; cordiforme allongée, assez élevée, plus déclive en avant et carénée à l'interambulacre impair. Dessous plat un peu renflé au plastron. Apex excentrique, en avant du sommet de figure. Ambulacre impair se creusant en avant et échancrant largement le bord. Pétales sublancéolés, dans des sillons peu profonds, droits, assez longs, égaux, à zone interporifère déprimée granulée, égalant l'une des zones porifères ; les antérieurs étalés ; les postérieurs très obliques en arrière. Péristome labié au tiers antérieur. Périprocte grand, ovale verticalement, ouvert au sommet de la troncature postérieure. Des tubercules plus gros que les autres, crénelés et scrobiculés, distribués sans ordre sur tous les interambulacres ; le plastron est entièrement granuleux. Traces du fasciole péripétale douteuses ; fasciole sous-anal non conservé. Les auteurs comparent cette espèce au *Macropneutes brissoïdes*, dont il différerait par sa forme plus élevée, plus carénée à la partie supérieure, par le sillon antérieur plus profond.

Etage éocène : Kef Ighoud.

MACROPNEUTES ABRUPTUS Pér. et Gauth.

Echinides fossiles de l'Algérie, étage éocène, p. 51, Pl. IV, fig. 1.

C'est avec beaucoup de doute que j'enregistre ici cette espèce établie sur un exemplaire en mauvais état et qui ressemble tellement à un de mes exemplaires déformés de *Pericosmus*, que je ne doute guère de leur identité.

Etage éocène : Kef Ighoud.

BRISSUS Klein.

Ce genre, considérablement amendé, ne doit plus comprendre que les espèces ovoïdes, à apex excentrique en avant, sans sillon pour l'ambulacre impair, qui est à fleur de test; les pétales étant bien creusés en sillons longs et flexueux. Un fasciole péripétale sinueux, un fasciole sous-anal entourant au talon un écusson non radié. Les interambulacres antérieurs portent vers le haut des tubercules un peu plus gros que les autres, mais semblables. Le périprocte est ample, occupant une grande partie de la face postérieure tronquée carrément.

Les espèces fossiles sont tertiaires, rares et en général de petite taille. L'une d'elles cependant, décrite sous le nom de *B. corsicus* par M. Cotteau (Locard, *Faune fossile de Corse*, Pl. XVI, fig. 1-2), est de grande taille; elle est remarquable par l'obliquité considérable de ses pétales postérieurs presque parallèles; mais est-elle bien un *Brissus ?* Le dessinateur ordinairement si scrupuleux, a figuré un fasciole latéral partant du bord extérieur des pétales antérieurs et se dirigeant vers le périprocte : la forte excentricité en avant de l'apex et l'absence de sillon antérieur devraient faire dans ce cas rapporter l'espèce à mon genre *Plesiaster* (qui avait reçu antérieurement de Gray le nom de *Desoria* déjà employé), dont on aurait ainsi un représentant européen de l'époque miocène.

BRISSUS GOUINI

A. Pl. XXIII, fig. 4-6.

Longueur, 0ᵐ 060 ; largeur, 0ᵐ 045 ; hauteur, 0ᵐ 022.

Oursin ovoïde oblong, arrondi en avant, tronqué faiblement en arrière. Face supérieure convexe, médiocrement déclive en avant, un peu en toit à l'arrière sans être carénée. Face inférieure presque plane, un peu déprimée autour de la bouche, à bords faiblement déclives à partir du plastron. Apex au tiers antérieur un peu déprimé, le point culminant du profil étant en arrière au tiers postérieur. Quatre pores génitaux grands très rapprochés en trapèze; le madréporide refoulé à l'arrière. Ambulacre impair à fleur de test sur un méplat, à zones porifères grêles placées dans un léger pli, séparées par une zone interporifère étroite, bordée d'une série de petits tubercules qui lui donnent l'apparence d'une faible côte. Pétales placés dans des sillons peu creusés, mais bien nets, les antérieurs plus courts, étalés, à angle droit, un peu arqués en avant, ayant les 2/3 du rayon ; les postérieurs très obliques en arrière, sensiblement flexueux, n'atteignant pas tout à fait le 1/3 postérieur, séparés par un interambulacre impair régulièrement convexe. Fasciole péripétale un peu rentrant à l'arrière, fortement remontant sur les côtés entre les pétales qu'il touche à leur extrémité, formant un fort sinus en ogive devant les pétales antérieurs et se terminant par un lobe à bords flexueux et anguleux rapproché du bord antérieur. Tout le trivium en dessus est parsemé de plus gros tubercules, dont les principaux forment une rangée irrégulière de chaque côté de l'ambulacre impair ; il y en a aussi quelques-uns au sommet des autres interambulacres.

Péristome semilunaire, labié ? situé à 0^m01 du bord. Plastron assez large en ovale allongé, à tubercules usés, ceux des ambulacres pairs séparés du plastron par d'étroites avenues lisses, épars et médiocres, plus serrés vers la marge. Périprocte ample échancrant un peu le bord supérieur (détruit au bord inférieur ainsi que le talon du plastron). Fasciole sous-anal réniforme très développé en travers.

Cette espèce très semblable au *Brissus scillæ* par son fasciole, en diffère par sa petite taille, par son ambulacre impair dont les pores sont logés dans des plis de la surface et dont la zone interporifère plus étroite est réduite à une double rangée de granules, par son apex plus rapproché du bord antérieur, par son étoile ambulacraire plus petite, à sillons plus creusés. Plus semblable par l'ambulacre impair, le *Brissus oblongus* Forbes (Wright) est plus cylindrique, son apex plus excentrique en avant, son fasciole autrement sinué à l'avant et sa bouche plus en arrière. *Brissus Cordieri*, de même taille et de même forme générale, a l'apex bien plus excentrique en avant, des pétales postérieurs plus longs ; son ambulacre antérieur ne paraît pas avoir les plis qui logent les pores. *Brissus cylindricus* a aussi son apex plus excentrique en avant, ses pétales antérieurs très arqués, les postérieurs plus obliques en arrière, plus longs, plus étroits, plus creux, le plastron plus étroit. *Brissus dilatatus* est beaucoup plus raccourci dans la région en arrière des pétales.

Terrain pliocène : Aïn-Kouabi, Bou Zoudjar (M. H. Gouin).

BRISSOMA Ag.

BRISSOPSIS Pom. Explicat. des planches d'Échinodermes (non Ag.).
BRISSOPSIS Desor *(partim in Synopsis)*.

Le genre *Brissopsis*, indiqué par Agassiz, en 1840, dans le *Cat. met. ect. neoc.* fut ensuite, en 1847, ainsi diagnosé dans le Catalogue raisonné : Forme allongée subcylindrique ; ambulacres courts et larges, convergeant à peu près au sommet du test. Un fasciole péripétale flexueux, entourant les pétales de très près. 3 à 4 pores génitaux. Un fasciole sous-anal échancré, assez distant de l'anus.... Ambulacres inférieurs très larges et nus. Diffère des *Brissus* par le sommet submédian, les ambulacres courts et larges et par l'espace considérable qui sépare l'anus de l'écusson sous-anal.

M. Desor, dans le *Synopsis*, 1858, sectionne ce type en deux genres distincts, qu'il éloigne considérablement dans la série :

1° BRISSOPSIS Ag. Oursins renflés ovoïdes ; sommet central ou excentrique en avant. Sillon impair peu accusé ; pétales inégaux, les antérieurs droits, passablement divergents ; deux fascioles, l'un péripétale entourant les ambulacres, l'autre sous-anal formant un anneau placé à la base de la face postérieure. (Le type est le *Brissus lyrifera*. La première espèce fossile citée est le *Brissopsis Duciei* Wright. On y place aussi *Brissopsis Sismondæ*).

2° TOXOBRISSUS Desor. Petits oursins en général déprimés, à sommet plus ou moins médian. Un fasciole péripétale. Caractère essentiel dans la forme et la courbure des pétales, dont les postérieurs font en quelque sorte suite aux antérieurs, de manière à former deux croissants qui se touchent par leur convexité au sommet ambulacraire. Les zones internes des pétales antérieurs se trouvent par suite en partie atrophiées près du sommet, et les pores ne sont plus que de petits trous non conjugués. Le fasciole sous-anal n'a été observé encore que dans *Toxobrissus crescenticus*. (La première espèce citée est le même *Brissopsis elegans* qui, la première, a porté le premier nom générique ; une autre espèce bien typique est le *Brissopsis crescenticus* Wright).

Dans le *Genera des Échinides*, en 1883, j'ai suivi Desor dont je n'avais pas eu l'idée de vérifier les assertions, en ce qui concerne le *Brissopsis lyrifera* ; je dois même avouer que j'avais attaché une attention d'abord distraite à l'affirmation d'identité faite par M. De Loriol *(Échin. tert. de la Suisse)* ; mais une nouvelle lecture m'a conduit à vérifier le fait de l'atrophie du sommet des zones internes porifères dans ce type vivant et j'ai pu constater qu'à cet égard c'est un vrai *Toxobrissus*. Mais comme le genre *Brissopsis* d'Agassiz repose ainsi sur de vrais *Toxobrissus* et qu'il a l'antériorité incontestable, c'est ce dernier qui doit passer en synonymie, ainsi que l'ont proposé plusieurs auteurs récents. Toutefois, parmi les espèces englobées par Desor dans son genre *Brissopsis*, il paraît y en avoir qui ne présentent pas cette longue atrophie d'une des zones porifères des pétales, et c'est l'observation de plusieurs espèces affines de ce type qui m'avait fait admettre de confiance la distinction établie par lui pour les premiers ; ce sont *Brissopsis Duciei* et *Sismondæ*, ainsi que plusieurs espèces figurées dans les planches de notre ouvrage et classées comme de vrais *Brissopsis* dans l'explication de ces planches. Je pense qu'il y a lieu de les maintenir, sous le nom de *Brissoma*, comme sous-genre au moins ainsi caractérisé :

Ovoïde, déprimé, plus ou moins cordiforme, apex submédian à 4 pores génitaux rapprochés. Un sillon antérieur peu profond, large et bien limité. Pétales antérieurs plus longs que les postérieurs, divergeant presque également entre eux, avec des zones porifères qui ne s'atrophient que très près du sommet et presque également. Péristome labié, pas très près du bord; périprocte au sommet de la face postérieure assez élevée. Fasciole péripétale très développé en avant; un fasciole sous-anal au talon du plastron.

BRISSOMA MILIANENSE

BRISSOPSIS MILIANENSIS Pom. Explic. des planches d'Échinodermes.

A. Pl. VIII, fig. 3-4.

Longueur, 0ᵐ 050 ; largeur, 0ᵐ 040 ; hauteur, ?

Oursin oblong, un peu cordiforme en avant, tronqué à l'arrière (déformé par une compression oblique). Sillon de l'ambulacre impair s'élargissant jusqu'au bord, qu'il échancre faiblement pour se prolon-- ger vers la bouche. Pétales bien divergents, assez courts, inégaux (3:2), paraissant s'atténuer vers l'apex qui est subcentral, non déprimé. Le fasciole péripétale est flexueux, très large vers l'avant et sans sinus secondaires. Péristome assez grand, semi-lunaire, labié, à une petite distance du bord; périprocte (déformé) au haut d'une face postérieure tronquée, mais déclive vers l'arrière. Fasciole sous-anal limitant un écusson transverse très-étendu (à parcours inconnu sous le périprocte). Plastron lancéolé, étroit, bien tuberculé, limité par de larges avenues ambulacraires lisses. Tubercules du dos petits, dans les rares places où ils sont conservés. Cet oursin est assez imparfaitement connu et ce n'est pas sans hésitation que je le rapporte au genre *Brissoma*. La zone antérieure des pétales antérieurs ne m'a pas paru être atrophiée comme dans les *Toxobrissus* chez lesquels le fasciole péripétale est moins élargi dans son lobe antérieur. La position du péristome est également plus antérieure que dans les espèces de ce dernier genre. La forme oblongue du *Brissoma Milianense* et la disposition de son étoile ambulacraire le distinguent des autres espèces connues.

Terrain cartennien : col des Beni-Menasser, à l'ouest de Milianah.

BRISSOMA SAHELIENSE

BRISSOPSIS SAHELIENSIS Pom. Explic. des planches d'Échinodermes.

A Pl. V, fig. 1 à 3.

Longueur, 0ᵐ075 ; largeur, 0ᵐ075 ; hauteur, 0ᵐ030.

Oursin d'assez grande taille, suborbiculaire, à pourtour anguleux, émarginé en avant. Face supérieure assez convexe et ondulée, à point culminant sur le sommet des interambulacres latéraux, un peu déclive en avant, épaissi en arrière. Apex déprimé à 4 pores génitaux rapprochés. Ambulacre antérieur à pores petits dans un sillon large dès l'origine, bien limité par de petites carènes abruptes, se resserrant un peu vers le bord qu'il émargine et se prolongeant en dessous jusqu'au péristome. Pétales bien creusés en sillons, bien limités, inégaux (3 : 2), à zone interporifère plus étroite que l'une des porifères, les antérieurs assez étalés, s'étendant jusque auprès du bord, où un sillon superficiel les continue, les postérieurs assez obliques en arrière, séparés par un interambulacre surbaissé à son origine, puis bien convexe. Fasciole péripétale subpentagonal, flexueux, un peu rentrant dans les interambulacres latéraux, droit sur le postérieur, onduleux sur les antérieurs et croisant le sillon impair près de son extrémité. Péristome très distant du bord antérieur, subréniforme, labié. Les ambulacres du trivium y convergent sous forme de sillons, très évasés et lisses ; ceux du bivium ont des avenues larges et lisses qui limitent un plastron sublancéolé, bien tuberculé. Le périprocte est déformé ; le fasciole sous-anal invisible. Cet oursin a été un peu déformé et sans doute un peu élargi par compression ; mais ses bords sont très convexes, pulvinés en dessous, les tubercules du dos sont petits, nombreux et serrés, le milieu des demi-zones interambulacraires se relève un peu en carènes bosselées.

Cette espèce rappelle un peu le *Brissoma Duciei* Wright *(sp.)*, par la disposition de son étoile ambulacraire ; mais celle-ci est plus large, ses pétales antérieurs sont plus longs et plus étalés et ses

bords sont plus fortement échancrés par les dépressions ambulacraires, qui prolongent les pétales.

Terrain sahélien : Oued-Ameria, près Lourmel.

BRISSOMA LATIPETALUM

BRISSOPSIS LATIPETALUS Pom. Explic. des planches d'Échinodermes.

A. Pl. VI, fig. 5.

Longueur, 0ᵐ070 ; largeur, 0ᵐ070 ; hauteur, ?

Oursin d'assez grande taille (un peu déformé), paraissant avoir
été suborbiculaire, échancré en avant, ambulacre antérieur à zones
porifères grêles, très distantes, placées sur les bords d'un sillon
large dès son origine, à bords bien nets et un peu abrupts, se resserrant brusquement près du bord antérieur qu'il échancre faiblement.
Apex excentrique en arrière, déprimé, à 4 pores génitaux en trapèze,
ceux du même côté presque contigus ; madréporide triangulaire,
rejeté en arrière. Pétales creusés en larges sillons bien limités, à
zone interporifère plus large que l'une des porifères, les antérieurs
étalés, droits, les postérieurs un peu obliques en arrière, sensiblement plus larges, bien plus courts (3 : 2), légèrement atténués en
arrière. Fasciole péripétale flexueux et contracté de distance en distance, croisant les sillons antérieurs très près du bord, les interambulacres couverts de petits tubercules serrés peu inégaux, sont
bossus près du sommet déprimé, sauf l'impair qui est plus surbaissé entre les pétales et ne devient bien convexe qu'au delà. Le
dessous et la face postérieure sont inconnus.

Cet oursin a une certaine analogie avec *Brissoma Sismondæ* Ag.
(sp.), par la disposition de ses pétales, mais ses pétales sont beaucoup plus longs et malgré sa déformation notre fossile devait être
beaucoup moins atténué en arrière et plus largement tronqué. *Brissoma Ducici* Wright en diffère beaucoup plus par ses pétales plus
étroits, surtout les postérieurs.

Terrain sahélien : Barrage du Sig.

BRISSOMA ROCARDI

Brissopsis ovatus Pom. Explic. des planches d'Échinodermes (non Desor).

A. Pl. V, fig. 4 à 8.

Longueur, 0^m 063 ; largeur, 0^m 055 ; hauteur, 0^m 024 ?

Oursin ovoïde, déprimé, fortement émarginé en avant, tronqué obliquement en arrière. Face supérieure ondulée assez peu renflée, à bords très convexes. Apex déprimé à 4 pores génitaux en trapèze et madréporide peu prolongé à l'arrière. Ambulacre antérieur à zones porifères grêles, placées sur les côtés d'un sillon plat bien limité par une petite carène, large dès son origine, un peu resserré vers le bord, qu'il échancre, et se prolongeant en s'étalant en dessous vers le péristome. Pétales droits, un peu rétrécis à leur origine dans des sillons larges, peu profonds, mais bien limités, à zones porifères larges, l'interporifère plus étroite que l'une d'elles ; les antérieurs peu étalés, presque en croix de St-André, avec les postérieurs plus obliques en arrière, et plus courts (3 : 2) les interambulacres antérieurs assez longuement et fortement atténués vers le haut en se déprimant vers l'apex, un peu plus fortement tuberculés sur leurs bords antérieurs, les latéraux faiblement gibbeux au sommet, le postérieur convexe avec un léger sillon sur la suture qui est lisse. Fasciole péripétale flexueux, un peu rentrant sur les interambulacres latéraux, droit sur le postérieur, très développé en avant et croisant le sillon près du bord. Péristome situé devant le 1/3 antérieur, subréniforme transverse, faiblement labié, au milieu d'une grande surface lisse qui se prolonge sur les avenues ambulacraires très larges. Plastron bien tuberculé, lancéolé triangulaire ; un fasciole sous-anal très étendu en travers, connu seulement dans la partie qui traverse le talon du plastron. Périprocte petit, arrondi, au sommet d'une aréa postérieure très déclive en arrière, pourvu de tubercules épars. Le dessous des interambulacres latéraux pourvu de tubercules peu serrés, de même grosseur que ceux du plastron.

Cette espèce a quelque ressemblance avec le *Brissoma Duciei* Wright, mais elle en diffère par ses pétales plus courts, surtout les postérieurs, par les antérieurs plus étalés, d'où résulte plus d'étendue pour le lobe antérieur de l'écusson du fasciole péripétale. *Brissoma saheliense* est beaucoup plus large, ses pétales sont également plus étroits et plus longs. Son péristome est plus éloigné du bord et les ambulacres y forment des sillons plus accusés. Par ses pétales un peu atténués vers le sommet et les grandes surfaces lisses de la face inférieure, cette espèce fait transition aux *Brissopsis*, mais elle est encore bien à sa place dans *Brissoma*.

Terrain sahélien : Ravin d'Oran (et non Lourmel comme il est dit par erreur dans l'explication des planches) ; barrage du Sig.

BRISSOMA SPECIOSUM

Brissopsis (Toxobrissus *errore typ.*) speciosus Pom. Explic. des planches de la
Paléont. algérienne.

A. Pl. VIII, fig. 1-2.

Longueur, 0ᵐ 085 ; largeur, 0ᵐ 072 ; hauteur, ?

Grand oursin ovalaire cordiforme, probablement assez convexe, mais déformé obliquement. Apex inconnu mais assez fortement excentrique en arrière. Ambulacre antérieur simple, dans un sillon large et profond, à bords déclives, se contractant au passage du fasciole avant d'échancrer médiocrement le bord et se prolongeant en s'effaçant encore jusqu'à la bouche. Pétales logés dans des sillons bien creusés, s'atténuant vers le haut, mais à zones porifères non contrastantes, à zone interporifère égalant environ une des porifères, disposés en croix, les postérieurs de 1/5 plus courts, séparés par un interambulacre qui paraît avoir été déprimé. Fasciole péripétal bien marqué, flexueux, avec un lobe antérieur (irrégulier dans notre exemplaire), assez court, anguleux. Il paraît passer assez en arrière du bord, mais cela tient à ce que la partie inférieure de ce bord a été refoulée en avant. Des tubercules plus gros forment une zone bordant le sillon antérieur. Les bosselures des assules sont assez marquées, à la partie antérieure surtout. Péristome assez rapproché du bord, semi-lunaire, labié; périprocte elliptique en travers, au sommet d'une face postérieure haute et large, un peu obliquement tronquée; fasciole sous-anal réniforme entourant le talon du plastron et le débordant largement sur les côtés. Plastron grand, triangulaire, couvert de tubercules peu serrés, séparé par de larges avenues ambulacraires lisses, de la zone semblablement tuberculée des autres interambulacres.

Cette espèce a les larges pétales de *Brissoma Sismondæ* Ag. (*sp.*), mais ses pétales sont beaucoup plus longs, surtout les postérieurs, son sillon impair est beaucoup plus profond. Ce dernier caractère le différencie de toutes les autres espèces connues. *B. Latipetalum* a aussi les pétales postérieurs relativement plus courts et bien plus larges proportionnellement. *B. Rocardi* qui a aussi ses pétales moins creux, les a plus brièvement et plus inégalement atténués au sommet et son plastron est bien moins élargi en arrière. *Brissoma Duciei* Wright (*sp.*) a son sillon antérieur plus profond, ses pétales antérieurs un peu flexueux, plus brusquement atténués au sommet, comme dans *B. Rocardi*; c'est une toute autre espèce. *B. saheliense* bien plus large a ses pétales beaucoup plus étroits.

Terrain sahélien : Oued Ameria, près de Lourmel; Ravin d'Oran.

BRISSOMA TUBERCULATUM

BRISSOPSIS TUBERCULATUS Pom. Explic. des planches d'Échinodermes.

A. Pl. VI, fig. 1-4.

Longueur, 0^m054 ; largeur, 0^m050 ; hauteur, 0^m030.

Oursin ovoïde déprimé, échancré en avant, tronqué en arrière, à bords très épais, arrondis, à face supérieure très ondulée, plus haute à l'arrière. Apex déprimé un peu excentrique en arrière, à 4 pores génitaux rapprochés avec madréporide prolongé en arrière. Ambulacre antérieur à zones porifères grêles, sur les bords d'un sillon plat bien limité par de petites carènes, large dès le sommet, un peu contracté au bord antérieur et se prolongeant jusqu'au péristome, après avoir assez fortement échancré le bord. Pétales dans des sillons peu profonds, bien délimités, disposés en croix de St-André, à zones porifères larges, l'interporifère plus étroite que l'une d'elles, les postérieurs presque moitié aussi longs seulement que les antérieurs et plus larges. Les interambulacres antérieurs fortement atténués et déprimés vers le haut, gibbeux en avant et bosselés par les saillies du milieu des assules, surtout à la face antérieure ; les latéraux gibbeux près du sommet qui verse dans la dépression ; le postérieur déprimé et se relevant à l'arrière en convexité bientôt déclive au-dessus du périprocte. Fasciole péripétale très flexueux, formant à l'avant un large lobe anguleux, qui croise le sillon à son bord. Péristome peu éloigné du bord, réniforme, labié. Périprocte elliptique vertical, au haut d'une aréa tronquée presque verticalement, déprimée, pourvue de tubercules épars. Fasciole sous-anal bien développé, subréniforme, entourant le talon du plastron, qu'il déborde. Plastron triangulaire bien tuberculé, séparé des interambulacres latéraux couverts de tubercules semblables, par des avenues ambulacraires lisses, médiocrement larges et se prolongeant très haut sur les flancs. La surface supérieure est couverte de tubercules serrés, petits, inégaux par zones, quelques-uns plus gros au bord du sillon ambulacraire impair et sur le sommet des interambulacres.

La grande inégalité des pétales et les bosselures du test distinguent bien cette espèce de ses congénères connues. Elle a bien quelque ressemblance avec *Brissoma Sismondæ* Ag. ; mais ce dernier a ses pétales beaucoup plus larges, un périprocte plus ample, une forme plus atténuée en arrière. *B. speciosum* a son sillon impair plus profond et ses pétales moins inégaux. Il n'est pas possible de confondre ensemble ces trois espèces qui appartiennent à des terrains d'âge différent.

Terrain pliocène : Bled Msila, chez les Beni Zeroual du Dahra.

BRISSOPSIS Ag.

BRISSOPSIS *(partim)* et TOXOBRISSUS Desor, *Synop. des Échinodermes.*

Ovoïde ou oblong, plus ou moins déprimé, émarginé ou échancré en avant. Apex médian ou submédian, à 4 pores génitaux rapprochés. Ambulacre impair simple, dans un sillon bien marqué. Pétales à zones porifères internes (du côté de l'axe) longuement atrophiées par réduction insensible des zygopores et, par suite, de forme plus ou moins spatulée, et se courbant plus ou moins pour figurer des croissants latéraux en contact par leur convexité à la hauteur de l'apex. Sommets des interambulacres antérieurs et postérieurs presque oblitérés. Fasciole péripétale flexueux, lobé en avant; le sous-anal entourant le talon du plastron. Péristome labié, assez éloigné du bord. Périprocte à la partie supérieure de la face postérieure tronquée. Avenues ambulacraires grandes et lisses à la face inférieure.

BRISSOPSIS LATA

TOXOBRISSUS LATUS Pom. Explic. des planches d'Échinodermes.

A Pl. VII, fig. 1-3.

Longueur, 0^{m}070 ; largeur, 0^{m}036 ; hauteur, 0^{m}025 ?

Oursin d'assez grande taille, largement elliptique, émarginé au bord antérieur, brièvement tronqué et obliquement en dessous vers l'arrière, fortement déprimé sur la ligne médiane. Apex subcentral, avec 4 pores génitaux rapprochés en trapèze. Ambulacre impair simple, dans un sillon évasé, large, s'effaçant près du bord et prolongé en dépression jusqu'à la bouche. Pétales subégaux, bien creusés aux bouts, beaucoup moins au sommet, disposés en croissants opposés très ouverts, les antérieurs un peu plus arqués en dehors, les postérieurs très obliques en arrière, séparés par une forte dépression de l'interambulacre impair; zones porifères internes, brusquement atrophiées; zone interporifère plus étroite que l'une d'elles. Les interambulacres latéraux relèvent leur sommet en bosse saillante au-dessus et en dehors de la dépression apicale. Fasciole péripétale flexueux, serrant plus ou moins les pétales et formant en avant des antérieurs un grand lobe étroit et tronqué qui s'approche du bord. Péristome assez éloigné du bord (15^{mm}), grand, réniforme, labié. Périprocte (déformé) au haut d'une aréa postérieure large, mais peu élevée. Plastron ovale lancéolé, bien tuberculé, séparé par de très larges avenues ambulacraires lisses des interambulacres latéraux semblablement tuberculés. Fasciole sous-anal entourant le talon du plastron qu'il déborde sur les côtés, formant un écusson réniforme très large, non radié, et laissant entre lui et le périprocte une dépression plus pauvre en tubercules.

La grande taille de cet oursin, la grande ouverture de ses croissants, la longue dépression de l'étoile ambulacraire qui correspond à une forte atténuation des sommets interambulacraires antérieurs et postérieur, ne permettent pas de le confondre avec aucune autre espèce connue.

Terrain sahélien : Oued-Ameria, près Lourmel.

BRISSOPSIS POUYANNEI

Toxobrissus oblongus Pom. Explic. des planches d'Échinodermes (non Ag. *sp.*).
A. Pl. VII, fig. 5-7 ; Pl. VI, fig. 6.

Longueur, 0^{m}062 ; largeur, 0^{m}050 ; hauteur, 0^{m}025.

Assez gros oursin pour le genre, ovale oblong, émarginé au bord antérieur, tronqué à l'arrière et obliquement en haut. Face supérieure faiblement déprimée, suivant l'axe. Apex subcentral à 4 pores génitaux rapprochés ; ambulacre antérieur simple, dans un sillon évasé, assez large, qui se resserre au bord antérieur et se prolonge ainsi jusqu'à la bouche. Pétales égaux, médiocrement creusés en sillon, assez courts, subspatulés, surtout les antérieurs plus divergents en dehors ; les zones porifères internes fortement atrophiées, l'interporifère égalant au moins l'une d'elles. Sommet des interambulacres antérieurs et postérieurs très atténué et effacé dans la dépression, le dernier étant peu déprimé et assez convexe, les latéraux formant gibbosité en dehors de l'apex. Fasciole péripétale droit en arrière, sinueux rentrant sur les interambulacres pairs, à lobe antérieur rétréci vers l'avant et assez court. Péristome assez éloigné du bord, labié et en croissant réniforme (un peu agrandi sur la figure). Périprocte arrondi, petit, au sommet d'une aréa déprimée à tubercules épars, visible d'en haut. Plastron lancéolé triangulaire, étroit, bien tuberculé, séparé par de très larges avenues ambulacraires lisses des interambulacres latéraux semblablement tuberculés. Fasciole sous-anal entourant le talon du plastron, le débordant latéralement et formant un écusson réniforme non radié.

Cette espèce se distingue nettement de la précédente par sa forme plus allongée, moins déprimée, par ses pétales plus courts, plus larges, par son plastron plus étroit et son périprocte visible du haut.

Terrain sahélien : Oued-Ameria, près Lourmel; Ravin d'Oran.

BRISSOPSIS DEPRESSA

Toxobrissus depressus Pom. *Loc. cit.* Explic. planche VI.
Brissopsis (*errore typ.*) depressus. Explic. planche VIII.

A. Pl. VI, fig. 7; Pl. VIII, fig. 5-7.

Longueur, 0^{m}052 ; largeur, 0^{m}042 ; haut, 0^{m}021.

Oursin de moyenne taille, subovoïde, déprimé, échancré à l'avant, tronqué à l'arrière et obliquement en haut, déprimé en dessus au voisinage de l'apex, celui-ci subcentral, à 4 pores génitaux rapprochés. Ambulacre impair simple, logé dans un sillon étroit et profond, qui devient plus superficiel au bord, qu'il émargine assez fortement pour se continuer en dessous jusqu'à la bouche. Pétales creusés en sillons peu profonds, mais bien limités, étroits, à zone interporifère plus étroite que l'une des zones porifères, dont les internes sont fortement atrophiées au sommet; les antérieurs plus arqués en dehors. Les interambulacres antérieurs convexes en côtes saillantes qui s'atténuent brusquement un peu en avant de l'apex; le postérieur brièvement déprimé, puis se relevant à l'arrière de l'étoile en convexité un peu déprimée sur la suture. Fasciole péripétale sinueux, rentrant sur les interambulacres pairs, le lobe antérieur bien avancé et non atténué en avant. Péristome subsemi-lunaire, faiblement labié, éloigné du bord (0,015); les ambulacres du trivium y aboutissant par des sillons très marqués et lisses sur toute l'étendue de la face inférieure. Périprocte petit, arrondi au sommet d'une aréa déprimée, presque lisse. Fasciole sous-anal formant un écusson réniforme transverse, non radié autour du talon du plastron qu'il déborde. Plastron étroitement triangulaire, un peu caréné, bien tuberculé, séparé par de larges avenues lisses des interambulacres latéraux semblablement tuberculés.

Cette espèce diffère de *B. Pouyannei* par ses pétales plus étroits et son sillon antérieur plus profond, de *B. lata* par ce même sillon étroit et profond, son étoile plus petite, des deux par son péristome plus éloigné du bord et ses sillons ambulacraires inférieurs.

Terrain sahélien : Oued-Ameria et Ravin d'Oran.

BRISSOPSIS BOUTYI

A. Pl. XXIV, fig. 1-4.

Longueur, 0ᵐ 054 ; largeur, 0ᵐ 042 ; hauteur, 0ᵐ 022.
—   0 024   —   0 022   —   0 015.

Oursin de moyenne taille subelliptique, un peu échancré à l'avant, tronqué verticalement à l'arrière. Apex un peu excentrique en arrière, à 4 pores génitaux rapprochés. Ambulacre impair simple, dans un sillon assez large et assez profond, moins creux et un peu contracté au bord antérieur et prolongé jusqu'à la bouche en simple dépression. Pétales assez creusés, les antérieurs plus longs et plus étalés que les postérieurs, spatulés, à zones porifères internes, longuement atrophiées, l'interporifère plus étroite que l'une d'elles dans la partie la plus large. Le sommet des interambulacres antérieurs, très convexes, s'abaisse et s'atténue brusquement près de l'apex, celui des latéraux est peu gibbeux et celui du postérieur est très réduit et déprimé, se relevant ensuite en assez forte convexité subcarénée. Fasciole péripétale sinueux sur les interambulacres latéraux, beaucoup moins sur les antérieurs, où son lobe est très large, traversant le sillon impair près du bord. Péristome à 0,01 du bord, réniforme, faiblement labié ; périprocte elliptique, vertical au sommet de la face postérieure déprimée en aréa presque lisse. Fasciole sous-anal réniforme, entourant le talon du plastron ; celui-ci convexe, lancéolé, bien tuberculé et séparé par des avenues lisses, assez larges, des interambulacres latéraux, semblablement tuberculés. Les ambulacres du trivium autour de la bouche sont un peu creusés en sillon et lisses jusqu'auprès du bord.

Cet oursin se rapproche beaucoup du *Brissopsis pulvinata* Phil. ; il en a presque le profil, mais il est plus elliptique, son sillon impair est plus large, ses pétales postérieurs plus divergents et son fasciole péripétale est beaucoup moins contracté à l'avant. *B. Nicoleti* est plus largement échancré en avant, son sillon impair est plus large en avant, ses pétales plus ovales, plus régulièrement divergents. *B. ly-rifera* est plus oblong, avec un sillon antérieur moins creux et des zones ambulacraires inférieures plus largement nues.

Terrain helvétien : calcaire à mélobésies de l'Oued Riou (Inkermann) ; Quessiba, près d'Arzew ?

BRISSOPSIS NICAISII

Eupatagus elongatus Nicaise. *Cat. Foss. alg.* (non Ag.).

A. Pl. XXIV, fig. 5-6.

Longueur, 0ᵐ 032 ; largeur, 0ᵐ 024 ; hauteur, 0ᵐ 013.

Petit oursin oblong, un peu échancré en avant, faiblement tronqué à l'arrière, médiocrement convexe en dessus, sensiblement déclive au bord antérieur. Apex subcentral ; ambulacre impair simple dans un sillon bien creusé, assez large, se contractant et s'effaçant presque vers le bord et à la face inférieure où il se prolonge jusqu'à la

bouche. Pétales bien creusés, peu inégaux, spatulés, surtout les antérieurs plus déjetés en dehors, à zones porifères internes longuement
atrophiées, les postérieurs très obliques en arrière, séparés par un
interambulacre très rétréci, mais saillant en carène ; les interambulacres antérieurs presque effacés devant l'apex. Fasciole péripétale
grêle, sinueux, oblitéré dans sa partie antérieure. Péristome semilunaire assez près du bord (0,005). Périprocte elliptique vertical, au
haut d'une face postérieure tronquée verticalement et peu élevée.
Plastron convexe mal conservé; fasciole sous-anal mal conservé ainsi
que les avenues ambulacraires inférieures.

Cet oursin a quelque analogie avec *Brissopsis crescenticus* Wright;
mais il est beaucoup plus étroit, ses pétales sont plus courts, les
antérieurs moins rejetés en dehors, la partie en arrière des pétales
est plus courte, la bouche plus rapprochée du bord.

Terrain helvétien: à 3 kil. S.-E. de Mouzaïa-Mines.

BRISSOPSIS TISSOTI

A. Pl. XXIV, fig. 7-9.

Longueur, 0^m 028 ; largeur, 0^m 026 ; hauteur, 0^m 014.

Oursin petit, brièvement oblong, bien émarginé, cordiforme à
l'avant, assez largement tronqué à l'arrière, déprimé sur la ligne
médiane, et déclive en avant dans presque toute sa longueur. Apex
central, à 4 pores génitaux très rapprochés en trapèze. L'ambulacre
impair simple, dans un large sillon évasé et profond qui s'atténue
brusquement à l'avant et en dessous vers la bouche. Pétales fortement déprimés, larges et courts, spatulés, peu inégaux, les antérieurs rejetés en dehors, les postérieurs très obliques en arrière et
resserrant l'interambulacre impair, qui, déprimé, ne se relève en
bosse convexe qu'au delà du fasciole. Les interambulacres antérieurs
forment de grosses côtes, fortement atténuées et déprimées vers
l'apex. Fasciole péripétale serrant d'assez près les ambulacres et formant à l'avant un gros lobe tronqué. Péristome peu distant du bord

(0,005), subréniforme, transverse. Lèvre ? Périprocte elliptique au sommet de la face postérieure verticale. Des traces de fasciole sous-anal. Plastron étroit, mal conservé, séparé par de larges avenues lisses des interambulacres latéraux faiblement tuberculés.

Cet oursin a une grande ressemblance avec *Brissopsis Borsoni*, mais son étoile ambulacraire est beaucoup plus petite, ses pétales plus courts, la partie de l'interambulacre impair en arrière des pétales est beaucoup moins raccourcie : le plastron est moins convexe. *Brissopsis Nicoleti* Des. est plus élargi en avant et ses pétales postérieurs sont beaucoup plus divergents. *Brissopsis Haynaldi* Pav. a ses pétales plus étroits de beaucoup et il est très obliquement tronqué en dessous à la face postérieure.

Terrain helvétien : Djebel Garribou, au sud-ouest de Batna.

BRISSOPSIS DELAGEI

A. Pl. XXIV, fig. 10-12.

Longueur, $0^m 021$; largeur, $0^m 018$; hauteur, $0^m 010$.

Petit oursin subovoïde, cordiforme, un peu rétréci à l'avant et échancré par le sillon antérieur, obliquement tronqué à l'arrière avec le talon saillant. Apex subcentral (mal conservé), ambulacre impair simple dans un sillon assez profond, évasé, s'élargissant en avant, d'où il s'atténue jusqu'à la bouche, après avoir largement échancré le bord. Pétales peu inégaux, assez larges (déformés), les antérieurs étalés, les postérieurs très obliques en arrière ; interambulacres antérieurs saillants en côtes déprimées et atrophiées avant l'apex, le postérieur très réduit et déprimé entre les pétales. Fasciole péripétale du genre, mais mal conservé, surtout en avant. Péristome assez distant du bord (0,006), réniforme, à lèvre peu saillante ; les ambulacres du trivium formant des avenues lisses, déprimées en sillons de plus en plus creusés vers la bouche. Périprocte détruit, mais devant être visible d'en haut. Plastron lancéolé, bien tuberculeux, convexe ou subcaréné, séparé par de larges avenues lisses des interambulacres latéraux, couverts de tubercules serrés, semblables à ceux du plastron. Fasciole sous-anal oblitéré.

Voisin du *Brissopsis Borsoni*, il en diffère suffisamment par son étoile ambulacraire plus petite, moins rejetée en arrière, par sa face postérieure obliquement tronquée et par son péristome plus éloigné du bord. Il diffère du *Brissopsis Tissoti* par sa bouche plus reculée et par les sillons ambulacraires, qui y aboutissent, plus profonds ; les pairs échancrant un peu le pourtour. Ses pétales postérieurs bien plus obliques le différencient suffisamment de *Brissopsis Nicoleti* Des.

Terrain cartennien : grès à clypéastres d'El-Biar (M. Delage).

BRISSOPSIS ORANENSIS

Toxobrissus oranensis Pom. Explic. des planches d'Échinodermes.

A. Pl. VII, fig. 4 ; Pl. XXIV, fig. 13-14.

Longueur, 0^{m}030 ; largeur, 0^{m}026 ; hauteur, 0^{m}012.

Petit oursin oblong, déprimé, émarginé en avant, tronqué presque verticalement à l'arrière. Apex subcentral à 4 pores génitaux rapprochés en trapèze. Ambulacre impair simple dans un sillon évasé s'élargissant en avant et s'effaçant presque vers la marge faiblement échancrée. Pétales un peu inégaux, assez larges et spatulés, les antérieurs un peu divergents, entre des interambulacres saillants en côte très atténuée et déprimée près de l'apex, les postérieurs très obliques et rapprochés dans une fosse résultant de la dépression de l'interambulacre impair, qui ne se relève qu'au delà en une bosse déprimée sur la suture médiane. Fasciole péripétale peu sinueux, serrant de près l'étoile ambulacraire, contracté en avant en un lobe court, tronqué. Péristome transverse, subréniforme, faiblement labié, assez distant du bord (0,007 dans le plus grand exemplaire), dans une dépression résultant de la confluence des sillons très marqués des ambulacres du trivium. Périprocte elliptique au sommet de la face postérieure, un peu visible d'en haut. Plastron peu convexe, étroitement lancéolé, bien tuberculé, séparé par de larges avenues lisses qui remontent sur les flancs des interambulacres latéraux, semblablement tuberculés. Fasciole sous-anal embrassant le talon, réniforme, séparé du péri- procte par une aréa déprimée presque nue. Cette espèce est assez voisine des deux précédentes; mais elle est sensiblement plus allon- gée. Son sillon antérieur est bien moins évasé, plus étroit. Les in- terambulacres sont moins gibbeux vers le haut. *Brissopsis Romuli* Des., d'après le type de la collection de Verneuil, a son étoile ambu- lacraire plus petite et son péristome plus éloigné du bord; son fasciole péripétale est beaucoup plus flexueux sur les côtés et en arrière (figuré Pl. XXIV, fig. 17).

Terrain sahélien : couches à spicules du ravin d'Oran.

BRISSOPSIS INCERTA

A. Pl. XXIV, fig. 15-16.

Longueur, 0^m028 ; largeur, 0^m021 ; hauteur, ?

Petit oursin ovalaire, tronqué en arrière, déformé et conservé seu- lement à l'état de moule intérieur. L'ambulacre antérieur simple est logé dans un sillon plat, médiocrement large, s'effaçant un peu au bord, qu'il échancre médiocrement. Pétales inégaux, les antérieurs bien divergents, droits, les postérieurs médiocrement obliques en arrière et séparés par un interambulacre à peine déprimé à son ori- gine et bien relevé en côte obtuse. La zone interporifère est plus étroite que l'une des porifères, et celles-ci présentent tous les carac- tères du genre, par l'atrophie de la partie supérieure des zones internes. Le moulage interne des pétales est très net et permet de compter les zygopores. Aucune trace de fasciole.

Cet oursin diffère des espèces de petite taille que nous venons de décrire, par sa face supérieure plutôt convexe que déprimée, et par ses pétales moins creusés et surtout les postérieurs séparés dans presque toute leur longueur par un interambulacre en relief, costi- forme et non déprimé dans l'intérieur du fasciole; les croissants formés par les pétales étaient peu marqués et Desor n'en aurait pas fait un *Toxobrissus*. C'est une espèce distincte que de meilleurs exemplaires permettront de mieux décrire plus tard.

Terrain sahélien : Azib-Zamoun (Ficheur); terre à brique du Ruisseau, près Hussein-Dey (ce dernier peut-être pliocène inférieur) (Delage).

SCHIZOBRISSUS Pom.

Grands oursins cordiformes ayant l'ambulacre antérieur dans un sillon qui se creuse en avant et échancre profondément le bord, à péristome fortement labié, s'ouvrant très près du fond du sillon, à périprocte ample sous un rostre en auvent de la face postérieure. Le dos et le plastron sont plus ou moins convexes; le fasciole péripétale très sinueux, croise le sillon très en avant; le sous-anal est très largement réniforme, presque en fer à cheval et son écusson n'est pas radié.

SCHIZOBRISSUS MAURITANICUS Pom.

A. Pl. III, fig. 1-3; Pl. IV, fig. 5-6.

Longueur, 0ᵐ 130; largeur, 0ᵐ 110; hauteur, 0ᵐ 055.

Oursin ovoïde cordiforme, très profondément échancré en avant, un peu atténué en arrière et y formant une grande saillie en auvent; les bords du sillon sont obtusément carénés, abrupts et s'effacent près de l'apex qui termine une forte saillie en mucron, très excentrique en avant (36 : 100), la partie postérieure du dos est fortement convexe, presque en carène. Pétales creusés en sillon médiocrement large, les antérieurs assez divergents et arqués en avant, ayant les 2/3 du rayon, les postérieurs plus longs, un peu arqués, très divergents en arrière. Plastron convexe, saillant en plate-forme sur les avenues très granuleuses et parsemées de tubercules, triangulaire oblong, émarginé au talon qui se termine en deux bosses arrondies, fortement tuberculé sur toute la surface, mais à tubercules petits de même que ceux des interambulacres latéraux. Péristome en croissant obtus fortement labié, s'ouvrant très près du sillon. Périprocte ample, arrondi, compris sous l'auvent du bord postérieur et au-dessus d'une assez grande aréa déprimée, bordée par le fasciole. Fasciole péripétale très sinueux, rentrant plus ou moins sur les aires interambulacraires et formant à l'avant un grand lobe carré qui dépasse l'aplomb de l'échancrure. Les tubercules du dos sont petits et serrés et grossissent un peu au haut des interambulacres antérieurs. Le fasciole sous-anal entoure le talon et remonte fort haut sur ses côtés.

Schizobrissus cruciatus Pom. (*Brissus cruciatus* Ag. = *Linthia cruciata* Des.), présente dans la forme de son étoile ambulacraire ainsi que dans la profondeur de son échancrure antérieure une grande analogie avec notre espèce algérienne; mais la région de l'apex n'est pas soulevée en mucron et forme à peine saillie; il est bien moins excentrique en avant et les pétales antérieurs sont plus longs et plus étalés. La partie postérieure du profil est moins retombante, l'ensemble du test est plus allongé et la taille est bien plus grande.

Je suis de plus en plus porté à identifier *Deakia* Pavay à ce genre, parce que la seule différence un peu importante serait dans les gros tubercules du dos, lesquels ne semblent pas être contrastants, mais n'être que des tubercules ordinaires, un peu plus gros, comme chez les *Schizobrissus*. Il faudra donc réunir sous ce chef générique les *D. cordata, ovata* et *rotundata* qui, en outre de leur taille bien moindre, ont les pétales postérieurs droits et leur apex moins excentrique en avant. Ces trois espèces déformées par la compression ne sont peut-être pas réellement distinctes.

Terrain cartennien : Ouillis (Dahra), El-Biar (Delage), Haussonvillers (Ficheur).

SCHIZOBRISSUS SAHELIENSIS
A. Pl. XXIII, fig. 1.

Oursin de grande taille cordiforme, à face supérieure assez fortement déclive à l'avant et en toit à l'arrière, mais n'ayant encore été trouvé qu'à l'état de fragments et tout-à-fait inconnu à la partie postérieure. Ambulacre antérieur partant d'un apex déprimé sous forme d'une légère gouttière plate, bordée par quelques tubercules alternant avec les zygopores, puis se creusant pour échancrer le bord antérieur par un sinus arrondi, presque aussi profond que large. Pétales longs flexueux, creusés en sillons obliques dont la marge antérieure est abrupte et la postérieure presque à fleur du test, les antérieurs étalés, les postérieurs très obliques en arrière et se coudant un peu en dehors près de l'extrémité. Fasciole péripétale très sinueux, rentrant angulairement entre les ambulacres, dessinant en avant un grand lobe trapéziforme, bien plus large que long, arrondi et très rapproché du bord en avant ; sur l'intérambulacre impair, le sinus très remontant est tronqué largement en deux angles un peu obtus. Les tubercules sont nombreux, rapprochés, médiocres ; mais vers le haut des interambulacres et surtout des antérieurs du côté du sillon, ils augmentent de volume et s'espacent un peu ; ils sont alors très nettement scrobiculés et du reste crénelés et perforés comme les autres. Tout le reste est inconnu.

Cette espèce diffère beaucoup du *Schizobrissus Mauritanicus* par son apex paraissant bien être au point culminant, mais non sur une saillie acuminée, par son sillon bien moins creusé à la marge, par ses pétales plus flexueux dont le sillon verse en arrière, par le fasciole péripétale plus large et plus court dans son lobe antérieur et donnant sur l'intérambulacre postérieur un lobule quadrangulaire, dirigé en arrière au lieu d'être rentrant. Elle est peut-être plus voisine de *Schizobrissus cruciatus* (Ag. *sp.*), mais ses pétales sont plus flexueux, les antérieurs plus étalés, son bord antérieur est bien moins fortement échancré et sa taille est moins considérable ; son apex doit être bien plus excentrique en avant. *Brissus latus* Wright *(Ech. Malta, Ann. mag. nat. hist.* 1855, Pl. V, fig. 1), est par tous ses caractères un *Schizobrissus* : l'échancrure du sillon antérieur, le fasciole péripétale lobé en avant, le sous-anal fermé et remontant de chaque côté du talon du plastron, la situation du périprocte sous le rostre en auvent de la partie postérieure. Il ressemble assez à notre espèce par le peu de profondeur de l'échancrure antérieure, mais ses pétales sont bien moins flexueux, à sillons peu ou pas déversants en arrière. Le lobe antérieur de son fasciole péripétale est moins large et plus proéminent et le côté postérieur est simplement arqué au lieu de présenter le sinus rentrant et tronqué du *S. Saheliensis.*

Linthia Locardi Tournoër (Cott. *Ech. de Corse*, Pl. XII, fig. 3-4), diffère si peu du *Brissus latus* qu'une étude ultérieure les fera sans doute réunir en une seule espèce ; plus de largeur du test en avant, des pétales plus larges dont les antérieurs plus étalés, un apex un peu moins excentrique, le lobe antérieur du fasciole péripétale plus large et moins avancé, c'est tout ce qui ressort de la comparaison des figures dont une est réduite. En tous cas, ce *Schizobrissus Locardi*, s'il est distinct, est bien différent du *Saheliensis* par les sinus de son fasciole péripétale. *Deakia rotunda* Pavay présente la même forme rentrante du fasciole péripétale sur l'interambulacre postérieur, mais ses pétales droits suffisent pour le différencier de notre espèce.

Terrain sahélien : couches à diatomées et spicules d'Oran ; Sidi Hamadi.

PERIBRISSUS Pom.

Ce genre est très remarquable par la forte excentricité en avant de son étoile ambulacraire, la brièveté de ses pétales postérieurs, la forte échancrure de son bord antérieur, son fasciole péripétale réduit à la partie postérieure et se conjuguant au marginal derrière les pétales antérieurs. Sa grande taille contraste avec celle des autres genres pourvus d'un semblable système fasciolaire.

PERIBRISSUS SAHELIENSIS

A. Pl. IV, fig. 1 à 4.

Longueur, 0^{m}110 ; largeur, 0^{m}100 ; hauteur, ?

Oursin ovale cordiforme, largement échancré en avant, tronqué en arrière, à face supérieure déclive en avant, en toit en arrière, l'inférieure presque plane ? Apex très excentrique en avant, presque au tiers antérieur, au sommet de figure. Pores inconnus. Ambulacre antérieur dans un large sillon profond et évasé, limité par des carènes obtuses, dont le versant interne a son bord couvert de tubercules crénelés et perforés, un peu scrobiculés, inégaux, dont les plus gros bordent l'ambulacre. Pétales creusés en sillons presque droits, les antérieurs assez étalés, longs, les postérieurs plus courts presque d'un tiers, divergents en arrière. Fasciole marginal très près du bord, le dépassant même en dessous dans le sillon antérieur, passant en s'infléchissant à peine entre le talon du plastron et le périprocte, le péripétale démidié, un peu flexueux entre les pétales et descendant brusquement vers le marginal. Toute la surface est régulièrement couverte de petits tubercules serrés, à scrobicules en forme de socles obliques et comme imbriqués. Péristome assez éloigné du fond de l'échancrure, qui s'y prolonge en simple méplat, en croissant obtus et fortement labié. Périprocte arrondi, au haut d'une troncature peu oblique. Plastron étendu, élargi à l'arrière, couvert de tubercules assez grands à socle oblique, séparé par des avenues ambulacraires étroites, presque lisses, des surfaces latérales couvertes de tubercules semblables, plus gros et moins serrés. L'unique exemplaire connu est comprimé, déformé ; il est de plus monstrueux par absence du pétale antérieur de droite. Le dessinateur, dans sa restauration, a rétabli l'ambulacre absent, son dessin est, pour le reste, exact.

Terrain sahélien : couches à bryozoaires du ravin d'Oran.

AGASSIZIA Valenciennes.

Ce genre comprend des oursins ovoïdes ou globuleux dont le système fasciolaire se compose d'une branche marginale contournant la base des flancs et passant même sous le bord antérieur, conjuguée à une branche montant derrière les pétales antérieurs pour, aller ensuite contourner les postérieurs. Ce caractère lui est commun avec *Prenaster*, *Anisaster* et même *Peribrissus* et *Brissomorpha*. Les pétales à fleur de ce dernier, le grand sillon antérieur du second, les éliminent immédiatement de la comparaison; des deux autres, qui ont comme lui des pétales peu creusés mais bien limités et l'ambulacre antérieur plus ou moins à fleur du test, le premier a ses pétales antérieurs formés de zones porifères normales et semblables; dans le second la zone antérieure des mêmes s'atrophie dans le haut comme dans *Spatangus* et *Brissopsis* et les assules conservent leur forme transversale; au contraire dans *Agassizia* cette zone antérieure est dans toute son étendue formée d'assules très étroits, en série grêle et linéaire et ne portant que des pores microscopiques. Ce dernier seul comprend des espèces vivantes et fossiles, les autres ne sont connus qu'à l'état fossile.

AGASSIZIA NICAISII Pom.

A. Pl. XXIV, fig, 18-20.

Longueur, 0ᵐ 030? largeur, 0ᵐ 025; hauteur, 0ᵐ 023.

Petit oursin globuleux oblong, à face supérieure élevée, subconique, assez longuement déclive en avant, brusquement abaissée en arrière; face antérieure fortement convexe, sans émarginure antérieure, la postérieure inconnue. Apex excentrique en arrière au sommet de figure (détails invisibles). Ambulacre impair simple dans un sillon bien limité, à bords parallèles, s'effaçant avant d'atteindre la marge. Pétales antérieurs divergents en avant, longs et logés dans des sillons bien marqués, dont le fond est occupé par la zone porifère

normale, et le bord antérieur par la série linéaire des assules oblitérés, dont les pores simples sont à peine visibles. Pétales postérieurs
normaux, oblongs, courts, disposés presque en croix avec les antérieurs, bien creusés de chaque côté d'un interambulacre déprimé à
son origine, puis convexe arrondi. Fasciole péripétale serrant d'assez
près les pétales, sa branche antérieure se courbant pour descendre
vers le fasciole marginal, qui en avant descend presque jusqu'au
bord et sur les flancs se relève un peu pour se diriger sous le périprocte. Face inférieure convexe; plastron grand, ovale, lancéolé,
bien tuberculé, séparé des interambulacres latéraux, semblablement
tuberculés, par des avenues ambulacraires étroites et granulées et un
peu déclives. Péristome petit, transverse, fortement labié, avec lèvre
tronquée, rapprochée du bord. Périprocte ?

Cette espèce se distingue de ses congénères par sa forme allongée,
à apex plus excentrique en arrière.

Terrain nummulitique ? : se trouvait à la collection du Service des
Mines d'Alger, mêlé à des fossiles nummulitiques des environs de
Boghari, récoltés par Nicaise.

AGASSIZIA TISSOTI

A. Pl. XXIV, fig. 21-23.

Longueur, $0^m 025$; largeur, $0^m 024$; hauteur, $0^m 020$.

Petit oursin subglobuleux, brièvement ovoïde, arrondi et entier en
avant, un peu tronqué à l'arrière. Apex un peu excentrique en arrière, à 4 pores génitaux rapprochés en trapèze. Ambulacre impair
simple, dans un sillon étroit peu profond et s'effaçant à une faible
distance. Pétales antérieurs divergents en avant, très longs, flexueux,
dans un sillon bien marqué occupé par la zone porifère normale, la
série linéaire des assules atrophiée occupant le bord du sillon avec
une simple rangée de très petits pores ; le sillon s'évase un peu à
son extrémité et tend à s'effacer. Pétales postérieurs à zones porifères
semblables entre elles, oblongs, beaucoup plus courts que les anté-

rieurs, médiocrement excavés, bien limités, disposés presque en croix avec les antérieurs. Fasciole péripétale droit sur l'interambulacre impair, tronquant les pétales postérieurs, puis fortement arqué pour descendre derrière les pétales antérieurs et bien au-dessous de leur extrémité jusqu'au marginal, qui descend en écharpe jusqu'au-dessous de la marge en avant et va former sous l'anus un sinus arrondi à mi-hauteur du bord postérieur. Péristome petit, labié, assez rapproché du bord. Périprocte rond, au haut de la troncature verticale et d'une étroite aréa presque plane. Plastron très convexe, arrondi au talon, bien tuberculé, séparé des interambulacres latéraux semblablement tuberculés par des avenues ambulacraires étroites, granuleuses.

Cette espèce rappelle *Agassizia scrobiculata* par sa forme générale, mais elle en diffère par sa face antérieure plus gibbeuse, moins déclive au sommet, par le fasciole marginal qui descend jusque sous la marge antérieure. Cet *Agassizia scrobiculata* semble intermédiaire à nos deux espèces algériennes, la précédente exagérant la déclivité du sommet de la face antérieure de la vivante. *Agassizia subrotunda* est bien plus large que *A. Tissoti*.

Terrain nummulitique : Aïn-Kellen, prov. de Constantine (Tissot).

SCHIZASTER Ag. 1847.

Ce genre est surtout caractérisé par la structure de son étoile ambulacraire, dont les pétales sont bien creusés, assez étroits et plus ou moins linéaires; les antérieurs flexueux, coudés à leur origine; les postérieurs plus ou moins raccourcis, contractés à leur naissance et comme pédiculés, ne se creusant que dans la partie élargie. L'ambulacre antérieur, avec des zygopores simples, est logé dans un large et profond sillon à parois abruptes ou surplombantes. Les interambulacres antérieurs sont très amincis et abaissés au sommet, le plus souvent dépourvus de pores génitaux, et l'apex, très réduit en longueur, verse fortement en avant entre les sommets gibbeux et tron-

quès des autres interambulacres. La présence d'un fasciole latéro-
sous-anal vient compléter cet ensemble de caractères essentiels.

Dans le plus grand nombre des espèces, les zygopores de l'ambulacre impair formés de pores ronds séparés par un granule, sont en
série simple ou, ce qui est la même chose, présentent deux rangées
de pores; mais dans l'espèce vivante, typique du genre, l'étroitesse
extrême des assules ambulacraires amène l'alternance des zygopores
qui s'échelonnent par deux, de manière à produire dans chaque zone
quatre rangées de pores (ce qu'on appelle improprement des pores
dédoublés). La paroi du sillon, dans certaines espèces, est formée
jusqu'à la marge par les assules ambulacraires, qui se plient en
dehors de la zone porifère pour remonter vers cette marge et sont
toujours reconnaissables à leur suture et au sillon partant du zygo-
pore en striant leur surface. Dans un groupe considérable d'autres
espèces, ce canal n'est formé par l'aire ambulacraire que dans sa
moitié inférieure, l'autre moitié l'étant par le bord de l'interambulacre qui se prolonge en surplomb au-dessous de la carène plus ou
moins marquée qui forme l'arête marginale de ce sillon; cette zone
porte une vestiture différente du reste et très simplifiée. Ici le sillon
impair est en général bien plus profond et l'apex plus excentrique
en arrière, toujours dépourvu des pores génitaux antérieurs; mais
cette concordance de caractères n'est pas absolue. Ces différences
d'organisation de l'ambulacre impair pourront servir à établir trois
sections nettement caractérisées qui seront d'un grand secours pour
la classification des nombreuses espèces à physionomies très homogènes de ce genre important.

Gray est le premier qui ait, en 1825, appliqué à ce genre, représenté par *Spatangus canaliferus* Lamk. un nom spécial, *OVA*, latinisé
par Leske, d'après un nom vernaculaire de Van Phelsum.

L. Agassiz, en 1836, appliqua la dénomination de *MICRASTER* au
même oursin, tandis qu'il créait le genre *SCHIZASTER* pour le *Spatangus atropos* Lamk.

Mais, en 1847, dans le Catalogue raisonné, réunissant les *Spatangus canaliferus* et *atropos* dans le même genre, il lui réserva le nom de *SCHIZASTER*, pour transporter celui de *MICRASTER* à un groupe tout différent de Spatangoïdes fossiles, auquel on peut le laisser sans enfreindre les règles de la nomenclature. Gray, en 1851, abandonne le nom de *OVA* pour adopter celui de *SCHIZASTER*, tel qu'il avait été établi dans le Catalogue raisonné d'Agassiz et Desor ; mais en 1855, reprenant l'étude du genre, il le sectionne en sous-genres et réserve le nom de *SCHIZASTER* à l'espèce pour laquelle il avait été créé dans le principe, le *Spatangus atropos* ; crée le nouveau nom de *NINA* pour le *Spatangus canaliferus* et le *Schizaster ventricosus* qu'il caractérise par un sillon impair très profond et celui de *BRISASTER* pour les *Schizaster fragilis* et *gibberulus* d'Agassiz, chez lesquels l'ambulacre impair est moins enfoncé. Nous avons fait remarquer plus haut que ce caractère ne concordait pas toujours avec des particularités plus importantes de l'organisation.

A la même date, Michelin, en érigeant en genre distinct le *Spatangus atropos*, ne s'est pas aperçu qu'il ne faisait que revenir à l'idée première d'Agassiz et qu'il n'avait qu'à lui réserver le nom de *SCHIZASTER*, ainsi que le faisait Gray, au lieu de lui consacrer un nom nouveau, *MOERA*, du reste déjà employé et que A. Agassiz a modifié en *MOIRA* ; et, en fait, par suite de la réforme proposée par ces deux auteurs, le nom princeps lui-même arrivait à disparaître de la nomenclature, si elle avait été adoptée.

Un grand nombre d'espèces fossiles des types caractérisés plus haut ayant été décrites sous la désignation générique de *Schizaster*, il serait difficile, sans augmenter encore l'imbroglio, de revenir aux lois strictes de la nomenclature synonymique conduisant à adopter les désignations de Gray, qui ont tous les droits d'antériorité, malgré qu'elles aient elles-mêmes encore à être amendées. Tous les noms devraient être, en effet, changés ; mais il est plus convenable de se ranger au sentiment de Gray, qui ne donne à ces différents groupes qu'une valeur générique et permet d'employer, suivant les convenances de chacun, le nom du genre ou du sous-genre, pour ce que l'on pourrait appeler le nom patronymique de chaque espèce.

Adoptant cette solution, je considérerai donc comme un grand genre le type **SCHIZASTER**.

Le premier sous-genre auquel reviendrait le nom princeps est le *MOIRA* à pétales resserrés et comme fistuleux, qui n'est ici cité que pour mémoire, car il est étranger aux faunes que j'ai à décrire dans ce livre.

2ᵉ sous-genre, *BRISASTER* Gray, ayant pour type *Schizaster fragilis* et peut-être *Schizaster Philippi*, que Gray rapportait à tort au genre *TRIPYLUS* à cause du nombre de ses pores génitaux, mais dont il faut distraire *Schizaster gibberulus*, type de mon genre *PARASTER*. On pourrait conserver ce nom pour toutes les espèces à sillon antérieur de profondeur variable, chez lesquelles la paroi abrupte est entièrement formée par les assules ambulacraires et dont l'un des types fossiles le mieux caractérisé est *Schizaster Parkinsoni*.

3ᵉ sous-genre, *NINA* Gray, ayant pour type *Schizaster canaliferus*, c'est-à-dire une espèce dont le sillon impair est formé en partie seulement par l'aire ambulacraire, mais dont les zones porifères de cet ambulacre ont les paires de pores dissociées en échelon et figurant quatre rangées de pores. Je ne saurais dire si les *Nina ventricosa* et *N. Jukesii* de Gray, que A. Agassiz confond en une seule espèce, ont cette même organisation d'ambulacre impair, mais j'en doute, et si ce doute se confirme, on devra les en exclure. Ce type est rare à l'état fossile.

4ᵉ sous-genre, comprendra les espèces nombreuses chez lesquelles le sillon impair a les parois verticales ou abruptes formées par l'aire ambulacraire à la base et par l'interambulacraire sous la marge, comme dans *Nina*, et dont les zygopores sont en rangée simple dans l'ambulacre impair. Il ne comprend encore, à ma connaissance, que des espèces fossiles et je ne verrais aucun inconvénient à lui appli-

-quer le nom primitif de Gray, *OVA*, malgré qu'il ait été abandonné
par son auteur.

TRIPYLUS (Phil.) Gray s'en éloigne suffisamment par son sillon
impair peu profond et évasé, en outre de ses pétales modifiés en
marsupium.

OPISSASTER Pom. n'en diffère au contraire que par l'absence de
fasciole latéro-sous-anal et la structure de son sillon impair le place
à côté de *Brisaster*; on pourrait aussi ne le considérer que comme
un simple sous-genre.

Sous-genre OVA (Gray), Pomel.

Zones ambulacraire et interambulacraire entrant ensemble dans la
formation de la paroi verticale du sillon impair; ses zygopores en
série simple.

SCHIZASTER SPECIOSUS
A. Pl. XI, fig. 1 à 7.
Longueur, 0^m085; largeur, 0^m075; hauteur, 0^m045.
—   0 090   —   0 085   —   0 050 ?

Grand oursin ovalaire ou subelliptique, bien échancré en avant, un
peu resserré et obtus à l'arrière, formant un rostre épais en surplomb
sur la troncature inférieure. Apex déprimé, à 2 pores génitaux avec
madréporide peu prolongé en arrière et situé presque aux 2/3 de la
longueur totale. Ambulacre impair à paires de pores sur un rang
dans une petite fossette avec granule, contigu au pli de la paroi du
sillon qui est large, profond, très étendu (presque les 2/3 de la longueur totale), à peine contracté au passage du fasciole, se réduisant
au bord antérieur à une échancrure évasée qui se prolonge en s'atténuant jusqu'à la bouche. La paroi du canal est à moitié formée par
les assules ambulacraires, dont les sutures sont canaliculées, et à
moitié par la marge de l'interambulacre surplombante, faiblement
tuberculée et séparée du dessus par une carène aiguë et un peu crénelée vers les sutures. Fond du sillon finement granulé, avec une
rangée de granules plus gros le long de la zone porifère.

Pétales antérieurs un peu flexueux, fortement coudés près de leur origine, moitié larges comme le sillon impair, divergeant entr'eux de 39°, atteignant les 3/5 du rayon ; les postérieurs courts, égalant les 2/3 des antérieurs, à fossette ovale, divergeant entre eux de 53°. Le fasciole péripétale est large, anguleux, serré d'assez près par les pétales et traverse le sillon impair très près de son extrémité.

Les interambulacres antérieurs sont très saillants en côte anguleuse, ayant deux carènes noduleuses rapprochées sur le dos, sauf au sommet aplati et déprimé ; la face versant au sillon impair plus étroite et plus inclinée que celle versant au pétale. Interambulacres latéraux relevés en bosse et largement tronqués au sommet pour construire, avec le sommet semblable des postérieurs, la fosse apiciale, très développée ; l'interambulacre impair convexe avec deux petites carènes suturales divergentes, retombant en arrière en un rostre épais très obtus.

Péristome en croissant réniforme, pourvu d'une lèvre calleuse, épaisse et saillante au-dessous de la dépression formée par la confluence des ambulacres creusés du trivium. Périprocte circulaire, assez grand, placé sous la saillie postérieure au-dessus d'une aréa déprimée, très rétrécie vers le bas et bordée par le fasciole latéro-sous-anal. Celui-ci descend en écharpe du voisinage du tiers inférieur des pétales antérieurs et se fait remarquer par son extrême réduction ; car il ne comprend parfois qu'une ou deux rangées de granules spéciaux, qu'il est alors assez difficile de suivre au milieu des autres. Plastron ovale lancéolé, presque plat, bien tuberculé, bordé par des avenues ambulacraires lisses, étroites et déclives, ainsi que les interambulacres latéraux semblablement tuberculés. Tubercules du dos plus petits, très serrés, homogènes ; le prolongement des pétales antérieurs étant marqué par une zone déprimée, fortement granulée et sans tubercules.

Cette espèce est du même type que *Schizaster Saheliensis*, dont la description suit et lorsqu'elle est jeune et à carène postérieure plus marquée, elle s'en rapproche encore bien plus, mais son fasciole latéral très réduit, sa forme plus allongée, moins étalée, moins déprimée en avant, la font toujours reconnaitre.

Terrain pliocène : couches inférieures et moyennes, Aïn-Kouabi, Bou-Zoudjar (nord de Lourmel) ; barrage du Sig ; Bled Msila (Dahra) ; barrage de Chéragas (Delage). Cette espèce a été aussi recueillie à Millas, près de Perpignan, par Massot, mon ancien collègue au Sénat.

SCHIZASTER SAHELIENSIS
A Pl. XII, fig. 1 à 5.

Longueur, 0ᵐ078 ; largeur, 0ᵐ065 ; hauteur, 0ᵐ040.
— 0 047 — 0 042 — 0 022.

Grand oursin subelliptique, échancré en avant, un peu atténué en arrière et y formant un rostre très obtus, peu saillant au dessus de la troncature, un peu oblique en dessous. Apex déprimé, excentrique en arrière, aux 3/5 de la longueur, à 2 pores génitaux avec madréporide peu prolongé en arrière. Ambulacre impair à pores rapprochés par paires, les extérieurs un peu plus gros, séparés par un très petit granule, disposés en une seule rangée contiguë au pli des assules ambulacraires qui se relèvent pour former la moitié inférieure de la paroi abrupte du sillon ; celui-ci plus de deux fois plus large que les pétales, bien creusé, manifestement contracté à l'avant, au passage du fasciole, puis formant un canal plus étroit et presque superficiel qui s'étend jusqu'à la bouche après avoir échancré la face antérieure.

Pétales antérieurs peu flexueux, brièvement coudés près de leur origine, bien creusés, divergeant entr'eux de 50° à 54° et dépassant très peu la moitié du rayon ; les postérieurs oblongs, presque moitié longs comme les antérieurs, divergeant entr'eux de 45°. Le fasciole péripétale bien développé, anguleux, serrant de près les pétales, coupant le sillon impair vers sa contraction, près de son extrémité.

Interambulacres antérieurs étroits, saillants, en côte anguleuse, portant deux carènes peu saillantes, un peu noduleuses, assez rapprochées, s'interrompant sur la partie du sommet déprimée ; la face versant au sillon est beaucoup plus étroite et plus déclive que celle versant au pétale, et elle se prolonge en surplomb au delà de l'arète pour former la paroi supérieure presque lisse du sillon. Interambulacres latéraux tronqués au sommet en dedans d'une faible gibbosité ; le postérieur semblablement tronqué pour compléter la dépression apiciale, puis relevé en carène saillante qui s'efface au haut du rostre assez fortement arrondi. Péristome en croissant réniforme, rapproché du bord dans une dépression formée par les sillons assez marqués des pétales du trivium, portant une lèvre étroitement calleuse et proéminente. Périprocte circulaire sous le rostre et au-dessus d'une aréa déprimée, faiblement tuberculée, presque pentagonale, le côté plus étroit au-dessus du talon et bordé par le fasciole latéro-sous-anal ; celui-ci bien marqué quoique étroit, s'insère sur une ligne en relief, descendant en écharpe de l'angle fasciolaire situé derrière le 1/3 inférieur des pétales antérieurs. Plastron grand, presque plat, ovale lancéolé, un peu contracté en avant, bien en relief par suite de la déclivité des avenues ambulacraires, lisses, assez larges, qui le séparent des interambulacres latéraux. Tubercules du dessous serrés, presque semblables au plastron et sur les côtés et assez gros ; ceux du dessus également très serrés, bien plus petits, homogènes. Radioles du dessous grêles, terminés en large spatule et couchés en avant.

Terrain sahélien : environs d'Oran ; Aïn-Ameria, près de Lourmel.

SCHIZASTER SAHELIENSIS var. DILATATUS

A. Pl. X, fig. 4 à 8 ; Pl. XXV, fig. 1.

Longueur, 0ᵐ060 ; largeur, 0ᵐ060 ; hauteur, ?
    —   0 090   —   0 085   —   ?

Oursin plus élargi que le type, subcirculaire, ayant la même structure d'ambulacre antérieur et de sillon impair, mais ce sillon est beaucoup plus large, quelquefois à bords parallèles, d'autres fois un peu élargi à partir de son origine, puis brusquement contracté près de l'extrémité, ou bien encore, dans un petit exemplaire, très élargi à son origine et se resserrant presque immédiatement jusqu'à son extrémité. Dans ce dernier, le pourtour est notablement atténué vers l'avant, et les lobes du sinus beaucoup plus étroits. Les pétales sont, en général, plus courts; leur divergence varie, peut-être par suite de la déformation de nos exemplaires; les postérieurs sont presque ovales. Les interambulacres antérieurs sont plus étroits et leurs deux carènes supérieures sont presque confondues. La partie calleuse de la lèvre du péristome est aussi étroite. Les fascioles sont également semblables, et comme nos exemplaires proviennent des mêmes gisements qui nous ont fourni les types, nous ne pouvons voir dans ces différences que des variations individuelles ou d'ordre tératologique.

Terrain sahélien : environs d'Oran.

SCHIZASTER SAHELIENSIS var. ATTENUATUS

A. Pl. X, fig. 3.

Longueur, 0ᵐ 060; largeur, 0ᵐ 045 ; hauteur, ?

Oursin de petite taille, subcordiforme, longuement atténué en arrière, simplement émarginé en avant. L'ambulacre impair et son sillon sont conformés comme dans *Schizaster saheliensis* typique. Les fascioles aussi sont semblables, sauf une anomalie à la partie antérieure du péripétale. Mais les pétales antérieurs sont plus étroits, beaucoup plus courts, plus serrés contre le sillon impair, leur angle de divergence étant seulement de 30°; les postérieurs plus étalés, très petits, presque ovales et au moins aussi courts que dans la variété *dilatatus*. Les interambulacres antérieurs sont plus étroits entre les sillons et la double carène du dessus est moins évidente. La face inférieure n'est pas conservée. Malgré ces différences importantes, j'ai des scrupules pour ériger ce type en espèce distincte et me borne à le considérer comme une variété individuelle, du moins jusqu'à la rencontre de matériaux d'étude plus complets.

Terrain sahélien : Aïn-Ameria, près de Lourmel.

Le type de l'espèce a un peu la physionomie du *Schizaster Scillæ*, dont nous figurons (A. Pl. XXVIII, fig. 6-8) le moulage distribué par Agassiz sous le nom de *Schizaster eurynotus* et le n° P. 86, pour terme de comparaison ; mais il en diffère par ses interambulacres anté-rieurs non pincés en carène saillante, par son extrémité supérieure plus épaisse, bien moins acuminée, par son apex moins en arrière et enfin par la structure de la paroi du sillon, qui dans le *Schizaster Scillæ* paraît entièrement formée par l'ambulacre sous la carène marginale moins marquée.

SCHIZASTER BARBARUS

A. Pl. X, fig. 1-2 ; A. Pl. XXV, fig. 2-5

Longueur, 0ᵐ 075 ; largeur, 0ᵐ 066 ; hauteur, 0ᵐ 040.
—   0 050   —   0 046   —   0 035 ?

Grand oursin ovale cordiforme, assez épais à l'arrière, déclive en avant dans presque toute sa longueur, un peu atténué en arrière et tronqué presque verticalement sous un rostre épais, peu saillant.

Apex assez déprimé à 2 pores génitaux, excentrique en arrière (aux 2/5). Ambulacre impair formé de paires de pores serrées sur une seule rangée au pied de la paroi verticale du sillon, bien séparés par un granule étendu mais peu saillant. Sillon profond, large, se rétré-cissant en avant et s'atténuant en une simple gouttière vers la bouche ; sa paroi abrupte et même creusée en surplomb est formée moitié par les assules ambulacraires assez courts et moitié par une marge tron-quée, rentrante sous l'arête interne des interambulacres. Pétales bien creusés, les antérieurs bien coudés près du sommet, puis droits et à peine défléchis au bout, courts, divergents entr'eux de 46° ; les posté-rieurs à fossette ovale, à peine moitié longs comme les antérieurs. Fasciole péripétale serrant de près les pétales et croisant le sillon impair près de son extrémité. Interambulacres antérieurs étroits et bien saillants entre les sillons, en côte anguleuse dont les crêtes sont confluentes en une seule carène plus ou moins aiguë et fléchie vers le sommet; les latéraux assez en relief, contractés et longuement tronqués à leur sommet, le postérieur épais, obtusément caréné, puis arrondi et bien retombant en arrière.

Péristome médiocre, assez en arrière (au 1/5), en croissant obtus mais à lèvre inconnue, presque à fleur de test. Périprocte ovale sous le rostre, surmontant une aréa assez haute, peu déprimée, étroite, très atténuée vers le bas et tronquée un peu au-dessus du bord du plastron. Celui-ci ovale lancéolé, atténué en arrière, à talon arrondi, bordé d'avenues lisses, bien déclives qui le mettent bien en relief, surtout à l'arrière. Fasciole latéro-sous-anal grêle, en écharpe sur les flancs jusqu'à hauteur de l'anus, d'où il descend brusquement pour encadrer l'aréa sous-anale. (L'exemplaire de Pl. X est déformé, surtout à l'arrière et a été restauré par le dessinateur; celui de Pl. XXV est en bon état).

Cette espèce paraît avoir de l'analogie avec *Schizaster leithanus*; mais elle est moins élargie, ses pétales ne sont pas flexueux et ils sont un peu plus courts.

Terrain helvétien : couches à mélobésies, au flanc sud du Tessala et aux environs d'Orléansville.

SCHIZASTER CAVERNOSUS

A. Pl. XXV, fig. 6-8.

Longueur, 0ᵐ 072 ; largeur, 0ᵐ 068 ; hauteur, 0ᵐ 040.
— 0 039 — 0 036 — 0 023.

Grand oursin à pourtour presque en losange, longuement atténué en avant et largement échancré, plus brièvement atténué à l'arrière et un peu tronqué; à face supérieure brièvement retombante en arrière et déclive en avant dans tout le reste de son étendue, médiocrement épaisse à l'arrière, amincie à l'avant, la plus grande largeur

étant à la hauteur de l'apex et la plus grande hauteur à un centimètre de l'extrémité postérieure, disposée en rostre peu saillant.

Apex un peu déprimé, à deux pores génitaux, excentriqué en
arrière (3/5). Ambulacre antérieur formé de paires de pores serrées,
en série unique le long du pli des assules ambulacraires ; les pores
sont petits, séparés par un granule et il en part une strie qui remonte
jusqu'à la suture interambulacraire et paraît même se poursuivre sur
le fond du sillon. Celui-ci est très ample, très profond dès son origine, un peu resserré vers l'avant qu'il échancre fortement et au-dessous duquel il se prolonge en gouttière jusqu'à la bouche. Ses parois
verticales sont creusées en surplomb, formées dans la moitié supérieure par une assez large bande de l'interambulacre rentrante sous
la marge, presque lisse et costulée sur les sutures. Ce sillon a 0,012
de large et autant de profondeur à une faible distance de son
origine.

Pétales fortement coudés assez loin de leur naissance, puis presque droits, courts, serrés contre le sillon impair, beaucoup moins
creusés que lui, divergeant entr'eux de 33° ; les postérieurs à fossette
ovale, n'ayant guère plus du 1/3 de la longueur des antérieurs.
Fasciole péripétale serrant de près les pétales, allant croiser le sillon
impair près du bord.

Interambulacres antérieurs très étroits, saillants, en côte obtusément carénée entre les sillons ; les latéraux assez longuement contractés et peu gibbeux au sommet ; l'impair assez épais, caréné en
toit, puis obtusément à sa partie postérieure retombante.

Péristome assez éloigné du bord, en croissant à lèvre brisée, faiblement déprimé au pourtour. Périprocte au sommet de la face postérieure, sous un faible rostre (dans un jeune il est à fleur,) au-dessus
d'une aréa mal conservée. Plastron un peu convexe, ample, lancéolé
angulairement, rétréci en arrière vers les 2/5 ; talon un peu arrondi et
pulviné et un peu proéminent en arrière. Fasciole latéro-sous-anal
mal conservé, naissant vers le milieu des pétales antérieurs.

On arrivera peut-être à reconnaître que ce *Schizaster* n'est qu'une monstruosité du *S. barbarus*, analogue à celle signalée pour le *S. saheliensis* sous le nom de *dilatatus*. Une simple comparaison des figures suffira du reste pour ne laisser aucun doute sur la convenance de les distinguer au moins provisoirement.

Terrain helvétien : Environs d'Orléansville ; Djebel Garibou.

SCHIZASTER CURTUS

A. Pl. XIV, fig. 5 à 8.

Longueur, 0^m 045 ; largeur, 0^m 045 ; hauteur, 0^m 037.

Oursin de taille médiocre, à pourtour anguleux, presque hexagonal, aussi large que long, échancré en avant, à face supérieure très déclive en avant, élevée en arrière avec le point culminant derrière la troncature du sommet de l'intcrambulacre impair, puis s'abaissant ensuite pour former une faible saillie au-dessus d'une troncature de la face postérieure qui regarde obliquement en haut et fait dépasser le talon en arrière ; face inférieure assez fortement convexe.

Apex très excentrique en arrière, à 2 pores génitaux et madréporide peu développé en arrière des pores ocellaires. Ambulacre impair formé de zygopores nombreux et rapprochés, unisériés, à pores subégaux bien séparés en deux rangées bien régulières. Il est placé dans un profond et large sillon à peine contracté avant son extrémité, au passage du fasciole, puis devenant superficiel à la marge pour se prolonger jusqu'au péristome. Sa paroi abrupte est formée vers le bas par les assules ambulacraires et vers le haut par une marge fortement rentrante et un peu bosselée de l'interambulacre au-dessous de sa carène interne.

Pétales antérieurs assez coudés à leur origine rétrécie, puis presque droits, faisant entr'eux un angle de 42', moitié larges comme le sillon impair, courts (dépassant à peine la moitié de l'ambulacre impair), les postérieurs petits, assez divergents, presque ovales. Fasciole péripétale étroit, un peu sinueux, croisant le sillon impair un peu en arrière de son extrémité. Interambulacres antérieurs étroits entre les sillons, relevés en côte anguleuse avec une forte carène obtuse qui serre le sillon de près (la figure est défectueuse en cela, la 2ᵉ carène étant obsolète); les latéraux saillants en petites gibbosités et faiblement tronqués au sommet; l'impair relevé en carène aiguë qui s'abaisse et s'arrondit à l'arrière.

Péristome semi-lunaire, labié, un peu éloigné du bord, peu déprimé sur les côtés par la confluence des ambulacres du trivium. Périprocte arrondi sous le rostre et au sommet d'une aréa non déprimée, du reste mal conservée. Plastron un peu convexe, lancéolé, séparé par d'étroites avenues lisses et déclives des interambulacres, convexes et saillants en dehors. Le fasciole latéral n'a laissé que des traces de son existence.

Cette espèce a quelque analogie avec les *Schizaster Studeri* et *Bellardi*, mais elle est plus déclive, plus haute, son sillon impair est plus large que dans le premier et ses pétales plus étroits que dans le second.

? Terrain cartennien : Djebel Bohey, près de Zurich (lambeau tertiaire d'âge incertain) ; autre exemplaire assez fruste et un peu incertain des grès cartenniens d'El-Biar (Delage).

SCHIZASTER LETOURNEUXI

A. Pl. XXVI, fig. 1-6.

Longueur, 0ᵐ 050 ; largeur, 0ᵐ 040 ; hauteur, 0ᵐ 028 ?

Oursin de taille médiocre, ovalaire, cordiforme, assez fortement échancré en avant, atténué en arrière, à face supérieure paraissant avoir été déclive en avant à partir de l'origine de l'interambulacre impair qui est fortement caréné et retombe un peu en arrière, sans former de rostre sensible; côté postérieur assez étroitement tronqué et probablement presque d'aplomb (déformé dans nos exemplaires).

Apex très peu excentrique en arrière, à deux pores génitaux. Ambulacre impair formé de paires de pores simples rapprochées en une rangée unique en dedans du pli des assules, qui remontent pour former la partie inférieure d'un sillon profond, large, un peu contracté au passage du fasciole, puis atténué, échancrant le bord et se prolongeant jusqu'à la bouche.

Pétales antérieurs bien coudés à l'origine, droits au-delà, claviformes, faisant entr'eux un angle de 56°, descendant assez près du bord, déprimé et un peu contracté dans leur prolongement; les postérieurs bien développés, très obliques en arrière, ayant plus de la moitié de la longueur des antérieurs. Fasciole péripétale bien développé, serrant de près les pétales, croisant le sillon assez près de son extrémité.

Interambulacres antérieurs étroits et saillants en côte anguleuse avec deux faibles carènes un peu noduleuses, qui confluent en une seule avant le sommet; à déclivité latérale large vers le pétale et faible, étroite et abrupte du côté du sillon dont il forme la paroi supérieure par une zone rentrante sous le bord, noduleuse et striée par une sorte de décurrence des sillons de l'ambulacre. Interambulacres latéraux contractés au sommet et en assez forte saillie tronquée pour former la fosse apicale; le postérieur aigu et caréné, fortement saillant dès son origine.

Péristome en croissant réniforme, presque couvert par une lèvre arrondie, étroitement calleuse au bord, placé assez loin derrière l'échancrure antérieure du bord et formant une dépression qui prolonge la partie creusée de l'extrémité des ambulacres pairs du trivium. Périprocte petit, ovalaire, sous l'extrémité de la carène à peine rostrée au sommet d'une aréa étroite à peine déprimée et descendant presque jusqu'au talon, où elle s'arrondit. Cette aréa paraît avoir été presque verticale, mais elle est déformée dans nos exemplaires. Fasciole latéro-sous-anal bien marqué, restant très haut sur les flancs jusqu'à la hauteur du périprocte, sous lequel il borde l'aréa. Plastron lancéolé subtriangulaire, arrondi à l'arrière, bordé d'avenues lisses assez larges et déclives qui le mettent en relief.

Cette espèce est remarquable dans son groupe par le peu d'excentricité de l'apex et la forte et longue carène de sa partie postérieure. L'exemplaire dont nous figurons le profil a la partie postérieure prolongée en talon très saillant, par suite de déformation dans le gisement.

Terrain cartennien : grès à 8 k. à l'Est de Dra-el-Mizan (Ville); Tiklat (Ficheur).

SCHIZASTER BOCCHUS
A. Pl. XXVI, fig. 7-10.

Longueur, 0^{m}047 ; largeur, 0^{m}040 ; hauteur, 0^{m}030.

Petit oursin cordiforme, étroitement échancré en avant, presque acuminé en arrière, probablement déclive en avant dans la plus grande partie de la face supérieure.

Apex très excentrique en arrière (au 1/3 environ), à 2 pores génitaux. Ambulacre impair formé de paires de pores rapprochées, simples, en série unique longeant le pli des assules qui remontent de là jusqu'au milieu de la paroi abrupte d'un sillon large et profond se contractant un peu au passage du fasciole, échancrant bien le bord et se prolongeant en s'atténuant jusqu'à la bouche. Pétales antérieurs bien coudés à leur origine, puis à peine flexueux ou même droits, relativement assez courts, paraissant presque parallèles dans un des exemplaires, mais par déformation dans la gangue, et divergeant entr'eux de 50° dans un autre un peu moins déformé par compression oblique. Les postérieurs très petits, presque arrondis dans leur fossette. Fasciole péripétale assez large, serrant de près les ambulacres.

Interambulacres extérieurs étroits, saillants, en côte anguleuse entre les sillons, relevés en carène aiguë un peu noduleuse, formée par la confluence des deux carènes ordinaires; la déclivité versant au pétale assez forte, élargie en avant, celle versant au sillon impair très étroite, presque abrupte, bien tuberculée, prolongée sous la carène en une zone verticale ou un peu en surplomb, presque unie, qui forme paroi de la partie supérieure du sillon et porte des stries plus ou moins marquées, qui sont comme une décurrence des sutures des assules ambulacraires. Les interambulacres latéraux contractés au sommet et comme tronqués pour verser à l'apex ; le postérieur également tronqué, puis relevé en carène peu saillante, bientôt obtuse et s'inclinant en s'arrondissant en arrière pour former un léger rostre surplombant la face postérieure.

Péristome assez grand, réniforme, situé un peu en arrière de l'échancrure, presque à fleur (sans dépression des ambulacres du trivium) à lèvre arrondie, étroitement bordée calleuse, très étalée. Périprocte ovale sous le rostre, au sommet d'une aréa étroite, très rétrécie, tronquée au-dessus du talon du plastron et à peine déprimée. Fasciole latéro-sous-anal assez large, restant haut sur les flancs et retombant brusquement à la face postérieure pour encadrer l'aréa sous-anale. Plastron lancéolé, arrondi en arrière, presque plat, bordé par des avenues lisses, assez larges et bien déclives pour le mettre en relief. Tubercules du genre, petits et serrés en dessus, plus gros en dessous.

Cette espèce est remarquable par sa petite taille, la forte excentricité de son apex, l'étroitesse de ses interambulacres antérieurs, le développement qu'ils prennent dans l'intérieur du sillon, au-dessous de la carène marginale. Je ne connais d'autre espèce à laquelle elle puisse être comparée que le *Schizaster Bellardi*, qui est beaucoup plus gibbeux en dessus et plus élevé, dont l'apex est moins excentrique, les pétales postérieurs plus grands, les interambulacres antérieurs autrement construits et plus épais. Malgré l'imparfaite conservation de nos exemplaires et les doutes qu'ils peuvent laisser sur la forme d'ensemble, les détails de la structure n'en peuvent laisser aucun sur la légitimité de l'espèce.

Terrain helvétien : zone à clypéastres aux environs de Nemours (Pouyanne).

SCHIZASTER BOGUD

A. Pl. XXVI, fig. 11-14.

Longueur, 0^m 031 ; largeur, 0^m 033 ; hauteur, 0^{m}020.
 — 0 028 — 0 028 — ?
 — 0 025 — 0 025 — 0 018

Petit oursin à pourtour polygonal subelliptique, aussi large que long, assez étroitement échancré au bord antérieur, déclive en avant dans presque toute sa face supérieure, assez épais et arrondi sur les côtés, tronqué en arrière un peu obliquement en haut.

Apex excentrique en arrière (environ au 1/3), avec deux pores génitaux. Ambulacre impair formé de paires de pores assez rapprochées, en une seule série, le long du pli des assules qui remontent faiblement sur les parois du sillon ; les pores subégaux bien séparés et assez grands dans chaque paire. Sillon très large, peu profond, se contractant beaucoup vers le bord antérieur en un canal étroit et peu profond, qui s'étend jusqu'à la bouche. Pétales faiblement coudés à leur origine, puis droits, s'élargissant vers le bout, divergents sous l'angle de 64° ; les postérieurs très petits à fossette presque ovale et bien divergents. Fasciole péripétale serrant l'étoile ambulacraire, mal conservé dans ses détails.

Interambulacres antérieurs étroits et fortement relevés en côte anguleuse entre les sillons, avec une carène simple, obtuse sur le dos, une déclivité forte et s'élargissant en avant du côté du pétale, étroite et presque abrupte du côté du sillon impair et se creusant en se prolongeant en dessous sans former de carène marginale bien nette, pour constituer la partie supérieure de la paroi en surplomb de ce sillon ; les latéraux pincés et saillants au sommet tronqué en dedans ; le postérieur faiblement tronqué, puis relevé en carène peu aiguë, s'arrondissant ensuite et s'abaissant pour former un léger rostre obtus. Péristome en croissant obtus, dans une dépression étroite, formée par le creusement du bout des ambulacres, à lèvre très étroitement bordée, non étalée. Périprocte ovale sous le rostre, surmontant une aréa bien creusée, subelliptique, descendant jusqu'auprès du talon qui est saillant en arrière. Plastron largement lancéolé, un peu atténué en arrière, bien délimité par les avenues lisses et déclives qui le mettent en relief. Fasciole latéro-sous-anal descendant brusquement en arrière pour encadrer l'aréa sous-anale.

Cette espèce est voisine du *Schizaster Bocchus*, mais son aréa sous-anale, la saillie du talon qui le surmonte, le raccourcissement du test, la carène obsolète du bord du sillon interne, la distinguent suffisamment.

Terrain cartennien : Ras-el-Abiod, à l'Est de Cherchell (M. Schopin).

SCHIZASTER CHRISTOLI
A. Pl. XXVII, fig, 4-8.

Longueur, 0ᵐ 042 ; largeur, 0ᵐ 036 ; hauteur, 0ᵐ 026.

Petit oursin cordiforme, étroitement échancré en avant, rétréci en arrière, proclive en avant dans presque toute sa longueur, bien convexe sur les côtés, tronqué étroitement et presque verticalement en arrière, avec un léger rostre surplombant, qui prolonge la forte carène de l'interambulacre impair.

Apex assez excentrique en arrière (aux 2/5), à deux pores génitaux, petit Ambulacre antérieur formé de paires de petits pores rapprochées, serrées en une série unique dans le pli des assules ambulacraires qui remontent pour former la base de la paroi d'un sillon impair très profond, médiocrement large, en surplomb, resserré au passage du fasciole près de son extrémité, continué à la face antérieure par un canal plus étroit, peu profond, qui se prolonge jusque vers la bouche.

Pétales antérieurs brièvement coudés à leur origine, puis presque droits, bien creusés, étroits, courts, peu divergents (32°) et serrés contre le sillon impair ; les postérieurs très courts, à fossette presque ovale, assez étalés. Le fasciole péripétale ne présente rien de particulier.

Interambulacres antérieurs très étroits entre les sillons et fortement saillants en côte anguleuse, pincée en carène, avec déclivité étroite et forte vers le pétale, presque immédiatement abrupte vers le sillon impair, sous le bord duquel l'aire interambulacraire se prolonge pour constituer la partie supérieure surplombante de la paroi, sans y former une zone distincte de ce bord; les fonds des parois des sillons antérieurs, pairs et impairs, se trouvent ainsi presque contigus; interambulacres latéraux très contractés au sommet gibbeux et fortement tronqué du côté de l'apex; le postérieur presque immédiatement relevé en carène aiguë, qui s'arque postérieurement et ne devient obtus qu'à l'extrémité du rostre en faisant une légère saillie en arrière.

Péristome en croissant obtus, situé un peu en arrière de l'échancrure, dans une faible dépression des extrémités des ambulacres du trivium, à lèvre arrondie, étroitement calleuse, à peine étalée. Périprocte ovale sous le rostre, au-dessus d'une aréa déprimée en petite fosse se rétrécissant en s'approchant du bord inférieur. Plastron lancéolé, un peu rétréci et tronqué à l'arrière, bien limité par les avenues ambulacraires lisses et déclives. Fasciole latéro-sous-anal descendant brusquement vers l'arrière des flancs pour encadrer l'aréa sous-anale.

Cette espèce se distingue de *Schizaster Bocchus* et *Bogud*, dont elle présente un peu l'aspect et la petite taille, par la forme pincée des interambulacres antérieurs, qui est extrêmement remarquable et ne permet de la confondre avec aucune autre espèce connue. Elle forme évidemment transition aux groupes suivants par l'absence de ligne en arête pour limiter sur l'interambulacre le bord du sillon impair dont il forme cependant une partie assez étendue.

Terrain cartennien : grès à clypéastres d'El-Biar et de Chéragas (Delage).

SCHIZASTER ROCARDI
A. Pl. XXVII, fig. 1-3.

Longueur, 0ᵐ040; largeur, 0ᵐ040; hauteur, 0ᵐ030.

Oursin d'assez petite taille subcordiforme, aussi large que long, un peu ovalaire, étroitement échancré en avant, un peu atténué, mais à peine rostré et tronqué en arrière, à face supérieure assez élevée en arrière, déclive en avant.

Apex à deux pores génitaux, excentrique en arrière (2/5). Ambulacre antérieur formé de paires de pores simples, unisériées en dedans du pli des assules ambulacraires avec stries remontant jusqu'à la suture interambulacraire. Le sillon est profond, court, assez large, se contractant près du bord antérieur; sa paroi verticale fortement creusée est formée à moitié par une marge tronquée de l'interambulacre, étroite, rentrante sous l'arête qui le borde. Pétales antérieurs courts, bien coudés à leur origine, puis presque droits, divergeant entr'eux de 46°. Les postérieurs plus obliques en arrière, oblongs, ayant les 3/5 de la longueur des antérieurs. Fasciole péripétale ne montrant que des traces de son existence.

Interambulacres antérieurs très étroits entre les sillons, fortement comprimés en mince côte carénée, très saillante, un peu couchée sur le sillon, brusquement coudée et abaissée vers l'extrémité supérieure; les latéraux contractés et un peu bossus au sommet; le postérieur saillant en carène qui paraît simplement s'atténuer à l'extrémité postérieure peu ou pas rostrée.

Péristome assez en arrière du bord, dans une dépression peu sensible des extrémités ambulacraires, en croissant obtus, à lèvre marginée-calleuse peu saillante. Périprocte ovale? à la partie supérieure de la face postérieure, au-dessus d'une aréa peu déprimée, mal conservée sur nos exemplaires. Plastron lancéolé, un peu convexe, bien limité par des avenues lisses dont la déclivité le met en relief.

Nous n'avons de cette espèce que des exemplaires en assez mauvais état de conservation, dont un seul est à peine déformé et a été restauré à l'aide des autres dans sa carène de l'interambulacre impair; il diffère des autres petites espèces que nous décrivons, par ses pétales antérieurs larges et courts, ses interambulacres antérieurs très minces et comme pincés, comme dans *Schizaster Christoli*, mais pourvu d'une forte carène marginale du côté du sillon impair; il est bien moins rostré en arrière et moins allongé.

Terrain éocène ? Zaouïa de Si Mohamed ben Aouda, sur la rive droite de l'Oued Mina.

Sous-genre NINA Gray.

L'aire ambulacraire impaire entre en partie seulement dans la formation du canal antérieur ; les interambulacres y participent également. Les pores de cet ambulacre alternent par paires, de manière à former quatre rangées de pores simples au lieu de deux; ils sont autrement dit en série dédoublée. Pour les fossiles dont les pores seraient encroûtés, l'extrême étroitesse des assules ambulacraires suffirait pour faire reconnaître ce sous-genre. C'est M. Wright qui le premier a signalé cette structure des zones porifères, en 1855.

SCHIZASTER MAURUS

A. Pl. XII, fig. 1-9; Pl. XXVIII, fig. 5; Pl. XXIX, fig. 4.

Longueur, 0ᵐ070; largeur, 0ᵐ060; hauteur, 0ᵐ038.
—   0 055   —   0 050   —   0 032

Assez grand oursin ovoïde cordiforme, sensiblement atténué et bien échancré en avant, retréci et subrostré en arrière, dont la partie inférieure est obliquement tronquée, à face supérieure proclive en avant dans la plus grande étendue; la plus grande hauteur égalant seulement moitié de la longueur et tombant à mi-distance de l'apex et du rostre.

Apex excentrique en arrière (au 1/3) à 2 pores génitaux. Ambulacre impair à zones porifères échelonnées par deux paires très serrées dans une grande partie de sa longueur, sauf aux extrémités, où elles redeviennent simples (partie figurée dans la planche XII). Les pores d'une paire sont placés alternativement vis-à-vis l'intervalle des pores des paires voisines. Chaque zone est serrée en dedans et contre le pli des assules qui remontent jusqu'à la marge du sillon, obtusément caréné et en surplomb. Ce sillon est profond, presque également large, sauf au passage du fasciole où il se contracte avant l'échancrure forte mais plus étroite du bord, au delà de laquelle il s'atténue jusque vers le péristome.

Pétales antérieurs longs, obliquement coudés à leur naissance, puis insensiblement élargis et un peu fléchis en dehors à leur extrémité, divergeant entr'eux de 35° environ; les postérieurs n'ayant que les 2/5 de la longueur des précédents, ovales oblongs, brièvement contractés à leur origine. Fasciole péripétale très large au-devant des pétales antérieurs et très sinueux pour serrer de près l'étoile ambulacraire. Interambulacres antérieurs étroits entre les sillons, relevés en carène saillante mais obtuse et portant des traces de la confluence des deux arêtes, à côté extérieur plan et déclive vers le pétale, le côté intérieur presque arrondi et formant une bande étroite dans le sillon. Interambulacres latéraux contractés mais peu gibbeux au sommet qui verse vers l'apex, le postérieur bien tronqué à l'origine, se relevant en carène obtuse, qui s'efface à la partie postérieure, où la ligne de profil s'arque assez fortement pour retomber en rostre obtus.

Péristome rapproché du bord en croissant obtus, dans une faible et courte dépression de l'extrémité des ambulacres du trivium, à lèvre proéminente, assez fortement bordée, calleuse. Périprocte ovale s'ouvrant sous le rostre, au haut d'une aréa assez étroite, un peu déprimée, rétrécie et tronquée au-dessus du talon. Fasciole latéro-sous-anal s'embranchant presque à la hauteur du milieu du pétale et tombant brusquement à l'arrière pour circonscrire l'aréa. Plastron bien développé, presque plan, ovale lancéolé, rétréci et presque tronqué en talon noduleux, bien limité en relief par des avenues lisses et déclives, assez larges, le séparant des interambulacres latéraux très fuyants vers le haut et pulvinés.

Cet oursin est très voisin du *Nina canaliferus*, dont il a l'ambulacre antérieur, mais avec cette différence que les paires de pores au lieu d'être tout-à-fait dissociées chevauchent simplement entr'elles : il en diffère en outre par ce que l'apex est plus excentrique en arrière, les pétales plus longs, moins divergents, le dessous plus plat et le plastron plus élargi au milieu ; la partie postérieure est moins élevée par rapport à la longueur et le rostre postérieur est plus marqué, plus surplombant. Il est souvent déformé dans ses gisements, mais toujours bien reconnaissable.

Terrain pliocène inférieur : Aïn-Kouabi, Bou-Zoudjar ; Bled Msila, au Dahra ; Mustapha-Supérieur, Oued Kniss, Ouled Fayet (Delage), aux environs d'Alger.

SCHIZASTER VICINALIS Ag. ?

Schizaster vicinalis Féron et Gauthier, *Echinides fossiles de l'Algérie*, étage éocène. P. 56, Pl. V, fig. 1-4.

Longueur, 0^m 050 ; largeur, 0^m 048 ; hauteur, 0^m 030.

Assez grand oursin subcirculaire, échancré en avant, tronqué en arrière, longuement déclive en avant à sa face supérieure, qui est fortement carénée à la partie postérieure et saillante en rostre à l'arrière. Apex très excentrique en arrière (aux 2/5), petit, déprimé, à 2 pores génitaux. Ambulacre impair dans un sillon profond à parois excavées, se rétrécissant un peu à la partie antérieure et restant bien marqué jusqu'au péristome. Zones porifères appliquées en partie contre les parois, comprenant de chaque côté trois rangées de paires de pores au milieu du sillon ; deux seulement vont jusque près du sommet, la troisième, l'interne, ne compte que quelques paires, l'externe s'étend le plus loin en avant. Pores petits, disposés obliquement dans chaque paire, où ils sont séparés par un granule, l'espace interporifère égalant l'une des zones porifères.

Pétales antérieurs longs, rapprochés, quoique assez divergents (de 73° d'après la figure), les postérieurs courts n'atteignant guère que la moitié de la longueur des antérieurs.

Péristome près du bord, large, à lèvre saillante étroitement calleuse, l'extrémité des ambulacres se déprimant sensiblement à son approche. Périprocte ovale sous le rostre qui surplombe la face postérieure ; quelques nodosités couvrent le bord inférieur. Interambulacres très saillants près du sommet, les antérieurs resserrés entre les sillons et fortement carénés en dessus. Fasciole péripétale très sinueux suivant de près les ambulacres en s'élargissant un peu à leur extrémité ; il forme un angle sortant entre les deux ambulacres postérieurs et en avant il croise le sillon assez loin du bord ; le latéral s'en détache au tiers de la longueur des pétales antérieurs, de là il passe sous le périprocte en faisant un sinus.

Rapproché du *Sc. rimosus*, il s'en distingue surtout par la largeur de son sillon impair. Très voisin du *Schizaster canaliferus* à cause de la disposition multiple des rangées de pores dans l'ambulacre antérieur, il en diffère par sa forme plus rétrécie en arrière, plus élargie en avant et moins allongée. Un exemplaire de Biarritz du *S. vicinalis* est seulement plus petit et manque de la troisième rangée de pores, ce qui est attribué à la différence de taille ; du reste il est absolument semblable.

Etage éocène : Kef Ighoud.

OBSERVATIONS. — N'ayant à ma disposition aucun exemplaire de cette remarquable espèce, la description qui précède est extraite du livre de MM. Cotteau, Péron et Gauthier. Sa détermination me laisse quelques doutes ; le *Sch. vicinalis*, que je connais, étant plus atténué à l'arrière, à pétales plus droits, moins inégaux et à sillon impair bien plus étroit, quoique beaucoup plus large que dans *Sch. rimo-*

sus. Mais ce sont peut-être là des différences plutôt apparentes qui pourraient être dues à une déformation dans le gisement.

La structure de l'ambulacre impair est tellement différente de celle de *Sch. canaliferus*, qu'elle me laisse encore plus de doute, surtout pour la rangée de pores qui touche à la suture avec l'interambulacre, dont je ne connais aucun autre exemple dans ce genre et dans les genres voisins. Malheureusement je ne possède pas les éléments de cette vérification. Il serait cependant intéressant de s'assurer si cet oursin est bien un représentant du sous-genre *Nina* et s'il est bien identique au *Sc. vicinalis*, car ce serait la seule espèce du Kef-Ighoud retrouvée ailleurs que dans ce singulier gisement.

Sous-genre BRISASTER Gray.

Sillon ambulacraire antérieur entièrement constitué par l'aire ambulacraire jusqu'à son arête marginale. Zone porifère simple, unisériée.

SCHIZASTER MAC-CARTHYI Pom.

Mat. Carte Géol. Algérie. — Echinides du Kef-Ighoud. Page 21. Pl. I, fig. 8-9; Pl. II, fig. 7-9.

Longueur, 0^m060 ; largeur, 0^m055 ; haut, 0^m035.

Oursin de moyenne taille, cordiforme arrondi, assez étroitement échancré en avant, atténué et un peu rostré en arrière au-dessus de la troncature peu oblique de la face postérieure, à face supérieure déclive en avant dans une grande étendue, ce qui donne un profil subtriangulaire, dont le point culminant est au milieu de l'inter-ambulacre impair, saillant en carène obtuse.

Apex petit, médiocrement déprimé, à deux pores génitaux, excentrique en arrière (au 2/5). Ambulacre impair formé de paires de pores arrondis, obliquement placés, bien séparés en deux rangs réguliers ; elles sont unisériées, longeant le bord interne du pli des assules ambulacraires dont la partie remontante porte un sillon plus accusé que dans les autres espèces (où il existe presque toujours) et qui, partant du pore externe, va se terminer au bord de la suture interambulacraire par une fossette arrondie, analogue à celle des sphérides. Il en résulte une apparence de trois rangées de pores ; mais la rangée marginale est certainement imperforée et les autres sont formées de pores simples et non de paires de pores séparés par un granule. En fait il n'y a qu'une rangée de zygopores. Le sillon est assez large, médiocrement profond, excavé dans sa paroi verticale, brièvement atténué vers le haut, un peu contracté près de son extrémité et prolongé jusqu'à la bouche en un canal peu profond et étroit.

Pétales antérieurs assez longs, presque droits, atténués et brusquement coudés près de l'apex, divergeant entr'eux de 76° ; les postérieurs obovés ou oblongs, moitié longs comme les antérieurs et peu divergents. (30°). Fasciole du genre, mais trop oblitéré dans ses détails, surtout à l'avant dans nos exemplaires, pour en décrire les détails.

Interambulacres antérieurs assez fortement resserrés entre les sillons et saillants en grosse côte obtusément carénée, assez arrondie et déclive du côté du pétale, très étroite du côté du sillon impair, arrondie en bourrelet et terminée en carène au bord même. Les latéraux sont fortement contractés vers le sommet, un peu gibbeux et tronqué ; le postérieur est en côte saillante, de plus en plus obtusément carénée à l'arrière. Les jeunes ont le sillon impair moins profond et les trois rangées de pores et fossettes plus rapprochées ; le haut des interambulacres est également bien plus en relief.

Péristome rapproché du bord, transverse, arqué, à la rencontre des avenues ambulacraires du trivium sensiblement déprimées, à lèvre peu saillante, étroitement bordée calleuse. Périprocte ovale sous le rostre, au-dessus d'une aréa concave étroite ne descendant pas au-dessous du milieu de la face postérieure et bordée par le fasciole latéro-sous-anal très net. Plastron un peu convexe lancéolé, sensiblement rétréci dans sa partie postérieure, arrondi et pulviné au talon, bordé latéralement d'avenues lisses en talus assez étroit dessinant bien son relief.

Cet oursin ressemble beaucoup à *Schizaster vicinalis*, mais il est beaucoup moins contracté à l'arrière; ses pétales sont plus inégaux, les antérieurs bien plus longs et le sillon antérieur plus large; il me semble suffisamment distinct, mais il me paraît bien moins différer du *Schizaster vicinalis* des *Échinides fossiles de l'Algérie*, de MM. Péron et Gauthier. Je ne vois pas de différence dans le profil, ni dans la forme assez particulière du plastron; les pétales paraissent un peu plus longs et plus flexueux, le sillon antérieur est également plus large, la face postérieure est moins creusée sous le rostre, d'après la figure qui en a été publiée; mais ce sont là de légères différences à côté de celles déjà signalées de l'ambulacre impair. Toutefois la rangée de fossettes marginales et les deux rangées de pores de notre fossile simulent tellement bien les trois rangées de paires de pores du dessin, que j'ai de la peine à ne pas douter de quelque illusion dans l'interprétation de cette structure, si différente de celle des vrais *Nina*. J'ai constaté positivement sur mes sujets l'imperforation des fossettes marginales et la simplicité des deux rangées de pores, qui ne sont pas des zygopores à granule, dont l'illusion aurait pu être donnée par quelque grain de sable. Mais la description de M. Gauthier est tellement explicite, que je dois résister à la tentation de les réunir en une seule espèce.

Terrain éocène : Kef Ighoud.

SCHIZASTER MESLEI Péron et Gauthier.

Echinides foss. de l'Algérie; Et. éocène, p. 63. Pl. IV, fig. 4-9.

Periaster obesus Coquand, *Géol et pal. de la prov. de Constantine* (non Desor).

Longueur, $0^m 039$; largeur, $0^m 036$; hauteur, $0^m 028$.
— 0 025 — 0 023 — 0 018.

Petit oursin ovalaire presque arrondi, moins en arrière qu'en avant, où il est assez échancré. Face supérieure élevée en arrière, déclive en avant; face postérieure tronquée verticalement sans apparence de rostre.

Apex excentrique en arrière (1/3) à deux pores génitaux avec deux autres presque obsolètes. Ambulacre impair formé dans chaque zone d'une série simple de paires de pores serrés, séparés par un granule, au pied du bord abrupt d'un sillon profond et large un peu rétréci en avant. Pétales antérieurs médiocrement longs, flexueux, divergeant entr'eux de 70° ; les postérieurs ovales moitié longs comme les antérieurs, assez divergents. Fasciole du genre serrant d'assez près les pétales.

Les interambulacres font saillie près du sommet, les antérieurs ne paraissent pas nettement carénés.

Péristome presque à fleur, assez éloigné du bord, largement ouvert en croissant, avec lèvre saillante mais non aiguë. Périprocte ovale au sommet de la face postérieure droite. Fasciole latéro-sous-anal naissant vers le milieu de la longueur des pétales antérieurs. Le plastron paraît petit, lancéolé et dépourvu des lignes saillantes qui le séparent des avenues lisses ambulacraires.

Je n'ai point eu d'exemplaire de cette espèce à ma disposition et j'ai extrait ce qui précède de la description de M. Gauthier, qui rapproche son espèce du *Sc. Mokattanensis* de Lor. dont l'apex est presque central.

Terrain éocène : Zouï, Aïn-Ougrab, Djelaïl.

SCHIZASTER CONCINNUS Péron et Gauthier.

Echinides fossiles de l'Algérie, étage éocène, p. 61, Pl. IV, fig. 2-3.

Longueur, 0^m040 ; largeur, 0^m037 ; hauteur, 0^m025.

Cet oursin, dont je n'ai pas eu non plus d'exemplaire à ma disposition, me paraît ne différer essentiellement du précédent que par son apex subcentral, moins d'élévation de la face supérieure et la troncature oblique de la face postérieure qui fait saillir le talon du plastron ; toutes différences qui pourraient bien n'être dues qu'à une compression oblique de l'arrière à l'avant, ce que je ne puis du reste vérifier.

Terrain éocène : Aïn-Ougrab, Zouï (Constantine).

SCHIZASTER NICAISEI

A. Pl. XVII, fig. 9-10.

Hemiaster obesus Nicaise, *Cat. foss. Alg.* p. 83 (non Desor).

Petit oursin subglobuleux à pourtour subelliptique anguleux, un peu échancré en avant, tronqué en arrière, à face supérieure élevée à l'arrière, déclive vers l'avant. Apex déprimé, subcentral à 2 grands pores génitaux, ambulacre impair formé d'une série simple de paires de pores peu serrés, séparés par un granule, disposés obliquement, placés sur les côtés du fond plat d'un sillon peu profond, sensiblement atténué au sommet, un peu contracté près du bord à paroi verticale ou un peu excavée, formée entièrement jusqu'à la marge par les assules ambulacraires. Pétales presque aussi creux que le sillon impair, un peu coudés près de leur naissance puis élargis et droits, divergeant entr'eux de 75°, assez longs; les postérieurs très obliques en arrière, oblongs, ayant les 2/3 de la longueur des antérieurs. Fasciole large, serrant de près les pétales, croisant l'ambulacre impair assez en arrière du bord.

Intercambulacres antérieurs saillants en côte obtuse, un peu noduleuse, très atténuée à l'avant et infléchie; les latéraux contractés et peu gibbeux au sommet, l'impair peu épais en carène aiguë, devenant de plus en plus obtuse en s'abaissant vers l'arrière.

Péristome labié, assez éloigné du bord, mal conservé dans nos exemplaires. Périprocte ovale, au sommet de la face postérieure tronquée presque verticalement, surplombant une aréa un peu déprimée qui s'étend jusqu'au-dessus du talon. Plastron un peu convexe comme toute la face inférieure, étroitement lancéolé, tronqué à l'arrière, limité nettement par des avenues lisses médiocrement déclives. Fasciole latéro-sous-anal partant presque du bas des pétales, se dirigeant presque horizontalement à l'arrière pour descendre brusquement encadrer l'aréa sous-anale.

Cette espèce est remarquable par le peu de profondeur de son sillon impair et la disposition peu serrée de ses paires de pores, et à ce point de vue elle est presque aberrante dans le genre. C'est l'espèce cataloguée par Nicaise sous le nom de *Hemiaster obesus*. Mais elle diffère de celle ainsi nommée par Coquand et qui porte maintenant le nom de *Schizaster Meslei* par son apex plus central et son sillon antérieur bien plus étroit et à pores plus espacés ; elle est semblablement tronquée en arrière. Elle diffère de *Schizaster concinnus*, qui a l'apex presque central, par la même étroitesse du sillon impair, la troncature verticale du bord postérieur et la forme générale plus étroite.

La différence est peut-être moindre avec *Hemiaster obesus* Des.; mais ce dernier est plus globuleux, ses pétales postérieurs plus courts, plus divergents, et les bords du canal impair ne sont pas abruptes, mais évasés quoique profonds. Cet *Hemiaster obesus* est un *Paraster* s'il possède un fasciole latéral.

Terrain nummulitique : voisinage d'Aïn-Seba, au sud de Boghari (Nicaise).

SCHIZASTER SUBCENTRALIS

A Pl. XIV, fig. 1 à 4.

Longueur, 0^m060 ; largeur, 0^m053 ; hauteur, 0^m032.

Oursin de moyenne taille cordiforme, large en avant et peu échancré, rétréci en arrière et nettement tronqué presque verticalement en arrière, sans apparence de rostre ; face supérieure peu élevée, un peu déclive à l'avant et épaisse au bord, un peu en toit à l'arrière, le point le plus élevé étant un peu en arrière de l'apex.

Apex médiocre, déprimé, peu excentrique en arrière, 26/60. Ambulacre antérieur formé de paires unisériées de petits pores logés dans une fossette un peu obliquement et séparés par un étroit granule, d'où part un sillon sutural qui monte jusqu'à l'interambulacre pour se terminer à une fossette à sphéride ; ils bordent intérieurement le pli des assules ambulacraires ; le sillon est médiocrement profond, bien abrupte, long, à bords presque parallèles, légèrement rapprochés au passage du fasciole et se continuant en canal atténué jusqu'à la bouche. Pétales antérieurs assez fortement coudés près du sommet, puis droits, longs, divergeant entr'eux de 70°. Les postérieurs oblongs, longs (2/3 des antérieurs), très obliques en arrière, divergeant entre eux de 36°. Fasciole péripétale très élargi en contournant le bout des pétales, remontant très haut entr'eux sur les côtés et croisant le sillon impair assez près du bord antérieur.

Interambulacres antérieurs saillants en côte arrondie, épaisse entre les sillons, n'ayant que des rudiments d'arêtes et brusquement atténués très près du sommet; les latéraux assez contractés mais peu gibbeux au sommet; le postérieur un peu relevé en carène aiguë, puis obtuse au delà du fasciole et arrondie à l'extrémité.

Péristome assez éloigné du bord, en croissant obtus assez étendu, à lèvre étroitement bordée calleuse, non étalée. Les extrémités des pétales du trivium se creusant un peu en gouttière sur ses côtés. Périprocte ovale (il a été figuré arrondi d'après un sujet déformé) au sommet de la face postérieure et au-dessus d'une aréa faiblement déprimée, rétrécie et largement tronquée au voisinage du bord inférieur. Plastron assez étroitement lancéolé, tronqué à l'arrière, bordé d'avenues lisses en talus qui le mettent en relief. Fasciole latéro-sous-anal s'embranchant au tiers inférieur du pétale, restant très haut sur les flancs et tombant brusquement à l'arrière pour encadrer l'aréa sous-anale.

Cet oursin rappelle beaucoup par son apex submédian et ses longs pétales le *Schizaster Parkinsoni* Ag., mais son sillon antérieur est plus large, plus creusé; son bord antérieur est plus épais et le côté postérieur est nettement tronqué même en dessus, ce sont des espèces bien distinctes.

Terrain cartennien : Oued Mehaba, aux Gourayas de Cherchell avec des polypiers astréens; un exemplaire détérioré semble indiquer sa présence dans les grès d'El-Biar.

13

SCHIZASTER CRUCIATUS
A. Pl. XXVII, fig. 11-13.

Longueur, 0ᵐ045 ; largeur, 0ᵐ 045 ; hauteur, 0ᵐ 025.
— 0 050 — 0 053 — 0 020.
(Ce dernier est évidemment comprimé et élargi).

Oursin de taille moyenne suborbiculaire, émarginé en avant, tronqué en arrière, presque également épais, convexe en dessus, brièvement et fortement déclive au bord antérieur, à face postérieure un peu obliquement tronquée en dessous. Apex un peu excentrique en arrière (aux 4/10), petit, à peine déprimé, à 4 pores génitaux dont les antérieurs bien plus petits contigus aux autres. Ambulacre impair formé de paires unisériées de petits pores très serrés, séparés par un petit granule, logés en dedans du pli des assules ambulacraires dont la partie remontante pour former la paroi du sillon est courte et creusée de forts sillons qui partent des pores pour se terminer à l'interambulacre (peut-être par une fossette à sphéride, ce que l'état de nos échantillons ne peut que laisser soupçonner). Le sillon est donc peu profond, à fond plat, à paroi abrupte ; il est médiocrement large, puis s'atténue en s'évasant à la face antérieure qui est simplement émarginée. Pétales presque en croix, bien creusés, droits, très brièvement coudés au sommet, les postérieurs obovés, moitié longs comme les antérieurs. Fasciole péripétale trop imparfaitement conservé pour être décrit. Interambulacres antérieurs assez saillants en côte obtuse entre les sillons ; les latéraux bien contractés au sommet, mais à peine gibbeux ; le postérieur peu saillant, mais bien caréné jusqu'à l'extrémité postérieure.

Péristome assez éloigné du bord antérieur (au 1/4) en croissant obtus, à lèvre arrondie, étroitement bordée calleuse, non étalée. Les ambulacres se creusent en gouttière à son voisinage. Périprocte arrondi, sous un léger rostre qui prolonge la carène postérieure et au-dessus d'une courte aréa, mal conservée dans nos exemplaires. Plastron lancéolé, presque plan et de niveau avec la face inférieure, bordé d'avenues lisses, peu ou pas déclives. Le fasciole latéro-sous-anal est très détérioré, mais il en reste suffisamment pour constater sa naissance derrière le tiers inférieur des pétales et sa disposition en écharpe sur les flancs.

Cet oursin est un de ceux qui présentent peut-être le maximum de dégradation du type générique par son sillon très peu creusé, à paroi verticale très peu élevée, par la disposition en croix de ses pétales. Mais c'est bien encore un *Schizaster* par la structure de ce sillon et par son fasciole latéral. Il se distingue de *Sch. subcentralis*, par sa brièveté, ses pétales en croix, son bord antérieur plus épais et presque un peu gibbeux. Un fragment incomplet semble indiquer un sujet de grande taille à sillon plus creusé.

Terrain cartennien : Chéragas (Delage). Environs de Ténès ; El-Biar? (Delage).

SCHIZASTER FICHEURI Delage
(Géologie du massif d'Alger.)
A. Pl. XXVIII, fig. 1-4 ; Pl. XXIX, fig. 5.

Longueur, 0ᵐ 030; largeur, 0ᵐ 056 ; hauteur, 0ᵐ 030.
— 0 048 — 0 044 — 0 025.

Oursin de moyenne taille cordiforme arrondi, presque aussi large que long, médiocrement échancré en avant, atténué en arrière et terminé en un rostre surplombant la face postérieure tronquée ; face supérieure déclive en avant, peu élevée en arrière, où le sommet est sur le milieu de la carène de l'interambulacre impair.

Apex peu déprimé, excentrique en arrière (aux 2/5), à deux pores génitaux normaux et peut-être deux autres obsolètes antérieurs. Ambulacre impair formé de paires unisériées de pores ronds séparés par un petit granule, obliquement disposées au pied de la paroi abrupte du sillon, cannelée par les stries qui montent des pores extérieurs jusqu'à la suture interambulacraire ; le sillon est peu profond, large, un peu resserré au passage du fasciole et se prolonge jusqu'à la bouche en une simple gouttière rétrécie. Pétales antérieurs brièvement coudés près de leur origine, puis droits ou presque droits, étroits, assez longs, divergeant entr'eux de 40°, les postérieurs n'ayant que les 2/5 de la longueur des antérieurs, ovales ou oblongs et presque aussi peu divergents. Fasciole péripétale serrant de très près les pétales, élargi au contour de leur extrémité, croisant le sillon impair à une certaine distance du bord.

Interambulacres antérieurs assez étroits et relevés en côte carénée, qui s'étale avant de s'effacer au sommet, le côté extérieur très déclive vers le pétale, l'interne arrondi en bourrelet qui surplombe le sillon ; les latéraux contractés et médiocrement gibbeux au sommet tronqué ; l'impair relevé en carène qui se prolonge en retombant en cercle jusqu'au bout du rostre, où elle est un peu plus obtuse.

Péristome un peu en arrière du bord, dans une dépression peu étendue formée par les gouttières bien marquées des ambulacres du trivium, en croissant obtus recouvert par une lèvre (calleuse?). Périprocte ovale sous le rostre de la carène, au-dessus d'une aréa étroite, déprimée, descendant assez bas et rétrécie vers le talon. Fasciole latéro-sous-anal s'embranchant presque vers la moitié de la longueur du pétale et descendant en écharpe pour aller border l'aréa sous-anale. Plastron presque plat, ovale lancéolé, tronqué à l'arrière, bordé par des avenues lisses bien déclives qui le mettent en relief. La saillie du rostre au-dessus du talon du plastron est peu prononcée dans les sujets non déformés ; elle le paraît davantage dans d'autres exemplaires qui ont été comme étirés ; mais elle ne l'est qu'à un degré bien inférieur à ce qui se voit dans *Schizaster Desorii*, dont l'ambulacre impair présente une structure analogue, sauf dans son étroitesse et sa longueur.

Cet oursin présente une certaine ressemblance avec *Schizaster Scillæ*, d'après le moule P. 86, dans son profil et même son pourtour ; mais il en diffère par l'excentricité moins grande de son apex (2/5 au lieu du 1/3), par la région de l'apex plus élevée, plus gibbeuse, par

ses interambulacres antérieurs beaucoup plus saillants et pincés en
carène aiguë, par son plastron plus large et moins rétréci en arrière,
par son aréa postérieure moins élevée. Le fasciole latéral prend
naissance encore plus haut derrière le pétale antérieur, dans le *S.
Scillæ*; malheureusement je ne connais pas les pores de l'ambulacre
impair de ce dernier. Ce *Schizaster Scillæ* a donné lieu à bien des
confusions et il est utile de spécifier que c'est le moulage P. 86, dont
il est ici question, le même que nous figurons Pl. XXVIII, fig. 6 à 8.

Terrain cartennien : El-Biar; Haussonvillers (Ficheur); baie de
Tazouan, chez les Traras.

SCHIZASTER PHRYNUS

A. Pl. XXIX, fig. 6 à 8.

Schizaster scillæ Nicaise, *loc. cit.* (non Ag. et Des.).
Schizaster eurynotus Wright ? *Ech. Malt.* 1855, p. 262 (non Agass.).

Longueur, 0ᵐ090; largeur, 0ᵐ080; hauteur, 0ᵐ040.

Grand oursin cordiforme, assez fortement échancré à l'avant,
élargi vers le milieu sur les côtés, atténué à l'arrière et se terminant
par un rostre obtus surplombant la troncature de la face postérieure
oblique en dessous; face supérieure largement déclive en avant.

Apex déprimé, médiocre, à 4 pores génitaux (du moins dans un de
nos exemplaires), excentrique en arrière (2/5). Ambulacre antérieur
formé de paires de pores obliques nombreuses, en série simple à
pores petits, séparés par un granule saillant, placées dans le pli des
assules ambulacraires, qui remontent jusqu'à la suture interambulacraire en formant un abrupt cannelé verticalement, par les stries
qui partent des pores extérieurs. Le sillon est large presque dès son
origine, se rétrécissant un peu à l'avant, peu profond, très granulé à
son plafond, à parois abruptes ou excavées sous la marge carénée
formée par le bord de l'interambulacre ; à la face inférieure, le sillon
se réduit à une gouttière atténuée vers le péristome. Pétales antérieurs coudés en dehors de leur naissance, longs, droits, puis un peu

flexueux à l'extrémité, divergeant entr'eux de 55°; les postérieurs flexueux, ayant les 2/5 de la longueur des antérieurs et assez divergents. Fasciole très marqué, un peu déprimé, serrant de près les pétales et formant un lobe assez saillant au croisement du sillon impair.

Interambulacres antérieurs assez saillants entre les sillons, en forme de côte large en avant, atténuée et relevée en carène vers le sommet qui s'infléchit et s'efface contre l'apex; le versant au pétale est régulièrement déclive, celui vers le sillon est en bourrelet noduleux, terminé par une faible arête au bord; les latéraux contractés, assez gibbeux et tronqués au sommet; le postérieur assez saillant en carène qui devient obtuse à mesure que la ligne de profil s'incurve en arrière pour former le rostre.

Péristome assez éloigné du bord, presque à fleur de test, en croissant obtus, à lèvre très courte, très étroitement bordée calleuse, non étalée. Périprocte ovale sous le rostre qui surplombe une aréa déprimée assez étroite, rétrécie vers le bas et tronquée à une assez grande distance au-dessus du talon. Fasciole latéro-sous-anal se branchant très haut derrière le pétale antérieur, descendant en écharpe sur les flancs et s'abaissant fortement à hauteur de l'anus pour circonscrire l'aréa sous-anale. Plastron grand, ovale, peu resserré à l'avant, presque plat, tronqué, arrondi à l'arrière, bordé d'avenues lisses, étroites, qui par leur déclivité le mettent en relief.

Cet oursin a souvent été pris pour le *Schizaster Scillæ* ou *eurynotus* d'Agassiz. Il diffère du type représenté par le moulage P. 86, dans la collection de Neuchâtel, par son apex aux 2/5 et non au 1/3, ses pétales postérieurs plus courts, flexueux, ses pétales antérieurs plus divergents, plus flexueux, son sillon impair moins profond et ses interambulacres antérieurs plus larges, plus déprimés et non comprimés et relevés en carène saillante. Le rostre paraît plus proéminent au-dessus d'une face postérieure plus oblique. Le *Schizaster eurynotus* de M. Wright, d'après sa description, a la même position de l'apex, les mêmes pétales et paraît se rapporter à notre espèce.

Elle se retrouvera peut-être aussi parmi les nombreux oursins signalés comme appartenant à *Sch. Scillæ*, sans autre motif souvent que leur gisement miocène.

Terrain helvétien : calcaire à mélobésies d'Orléansville et de l'Oued Riou, près Inkermann.

SCHIZASTER NUMIDICUS

A. Pl. XXVIII, fig. 9-10; XXIX, fig. 1 à 3.

Longueur 0ᵐ054 ; largeur, 0ᵐ050 ; hauteur, 0ᵐ032.
—   0 035   —   0 035   —   0 024

Oursin de moyenne taille cordiforme, arrondi, assez étroitement échancré en avant, atténué brièvement en arrière en un rostre presque aigu, moins marqué dans les jeunes, à face supérieure élevée en arrière, longuement proclive vers l'avant, dont le bord reste encore assez épais ; le point culminant du profil est vers le milieu de l'interambulacre impair.

Apex petit, déprimé, à 2 pores génitaux (seuls ?), excentrique en arrière (aux 2/5). Ambulacre impair formé dans chaque zone d'une seule série de paires de pores séparés par un granule, placées au pied de la paroi abrupte et même excavée et cannelée par les stries partant des pores, d'un sillon peu profond, large presque dès son origine et se rétrécissant vers l'avant, qu'il échancre d'un sinus arrondi, puis presque effacé vers la bouche. Le bord caréné du sillon est formé par le bord sutural de l'interambulacre. Pétales bien coudés près de leur origine, puis insensiblement élargis et droits, divergeant entr'eux de 40° : les postérieurs presque ovales, moitié longs comme les antérieurs, assez obliques en arrière. Fasciole du genre, serrant de près les pétales, lobé en avant. Interambulacres antérieurs assez étroits entre les sillons, soulevés en côte anguleuse carénée, rétrécie vers le haut et atténuée infléchie au sommet ; le côté du pétale est assez fortement déclive ; le côté du sillon est plus abrupte, arrondi en bourrelet et se termine en arête au bord même du sillon qu'elle surplombe ; les latéraux contractés au sommet, médiocrement gibbeux ; l'impair assez épais, fortement caréné en forme de toit, à carène devenant obtuse à mesure que la ligne du profil se courbe et s'abaisse pour former le rostre.

Péristome dans une dépression en croix très marquée, à l'extrémité des ambulacres du trivium, en forme de croissant obtus, avec une lèvre étroitement bordée calleuse et un peu étalée. Périprocte ovale sous le rostre, au-dessus d'une aréa déprimée, étroite, sub-triangulaire, étroitement tronquée bien au-dessus du talon. Fasciole latéro-sous-anal naissant assez haut derrière le pétale antérieur et ne s'arquant en écharpe qu'auprès de la face postérieure pour descendre et border l'aréa sous-anale. Plastron ovale lancéolé, arrondi sur les côtés, tronqué à l'arrière, bordé d'avenues lisses déclives qui le mettent en relief.

Un jeune exemplaire est moins rostré en arrière, son sillon impair est plutôt élargi vers l'avant, les pétales antérieurs sont plus divergents (54°) et le fasciole péripétale à lobe antérieur moins marqué.

Cet oursin pourrait n'être qu'une forte variété du précédent, toujours plus petite, à sillon impair plus creux, à pétales non flexueux, les antérieurs plus courts, à rostre beaucoup moins saillant en arrière.

Terrain helvétien : Djebel Garibou ; Djebel Ouled Soltan en face Seganna.

OPISSASTER Pom.

L'ambulacre antérieur dans un sillon à bord abrupte ou même excavé dans le haut et strié par le pli qui remonte des pores externes jusqu'à la suture interambulacraire ; les pores génitaux réduits ordinairement aux deux postérieurs ; les pétales plus ou moins inégaux dont les antérieurs sont arqués près de leur origine ; des tubercules homogènes, rapprochés, à socle oblique ; ce sont autant de caractères essentiels qui sont communs à ce genre et au genre *Schizaster*, dont il ne diffère que par l'absence du fasciole latéro-sous-anal, ce qui lui donne le régime fasciolaire des *Hemiaster*. J'ai dit plus haut qu'on pourrait à la rigueur n'en faire qu'un sous-genre de *Schizaster* en donnant plus d'ampleur à ce genre princeps.

Ce genre paraît avoir fait son apparition à l'époque crétacée supérieure par des espèces énumérées comme *Schizaster (Schiz. atavus* Arn.), et j'ai fait remarquer qu'il faudrait lui réunir certains *Hemiaster* des auteurs dont les sillons antérieurs et les pétales ont une structure conforme (*H. excavatus* Arnaud); mais je reste encore dépourvu des matériaux nécessaires pour opérer cette réforme.

J'avais cru que *Schizaster amplus* Desor (*Sp. lacunosus* Goldfuss) devait entrer dans le même genre, mais d'après M. Questedt il n'aurait pas de fasciole péripétale et il faudrait en faire un autre genre.

OPISSASTER INSIGNIS
A. Pl. XXX, fig. 1 à 3.

Longueur, 0ᵐ 100 ; largeur, 0ᵐ 100 ; hauteur, 0ᵐ 050.

Grand oursin suborbiculaire, épais, émarginé en avant, tronqué et un peu atténué en arrière. Apex à peine excentrique en arrière à 2 pores génitaux. Ambulacre antérieur simple, logé dans un sillon abrupte qui s'efface en avant et échancre faiblement la marge. Pétales fortement excavés, très inégaux, les antérieurs très longs (4/5 du rayon), assez étalés, flexueux, défléchis un peu en dehors, près de l'extrémité, les postérieurs obliques en arrière, presque droits, courts (1/2 du rayon), séparés par un interambulacre en forme de côte convexe. Interambulacres antérieurs très élevés au-dessus du sillon impair, mais se contractant et s'abaissant brusquement vers l'apex comme si leur sommet était tronqué. Fasciole péripétale remontant sur les interambulacres pairs, en sinus arrondi et ample sur les latéraux et anguleux sur les antérieurs. Dessous un peu convexe; plastron largement lancéolé, bien tuberculé, tronqué à l'arrière, séparé

par des avenues ambulacraires lisses peu étendues des interambulacres latéraux plus grossièrement tuberculés. Péristome bien labié,
en croissant réniforme, assez éloigné du bord (0,030), s'ouvrant dans
une dépression formée par la confluence des sillons ambulacraires
larges et évasés.

Cette espèce a quelque ressemblance avec celles du genre *Brissoma*
et je lui avais assigné cette place avant d'avoir nettoyé son sillon
antérieur; c'est bien un sillon de *Schizaster*. Il ne paraît y avoir eu
que 2 pores génitaux. Les pétales antérieurs se coudent au sommet
pour confluer vers l'apex : comme en outre il n'y a aucune trace de
fasciole latéral en des points où il devrait se montrer, c'est au genre
Opissaster, quelque différente que soit sa physionomie, qu'il faut attribuer cette espèce, qui rappelle du reste un peu *Schizaster cruciatus* Il y a toutefois quelques réserves à faire à cause de la conservation imparfaite de la partie postérieure du plastron et de la région
anale.

Hemiaster Cotteaui Wright, me paraît être un *Opissaster* voisin
du nôtre, mais ses pétales sont beaucoup plus courts et plus inégaux
et sa taille est bien moindre.

Terrain helvétien : calcaire à mélobésies d'Orléansville.

OPISSASTER POLYGONALIS Pom.

A. Pl. IX, fig. 1 à 5.

Longueur, 0^{m}045 ; largeur, 0^{m}045 ; hauteur, 0^{m}025.

Oursin de taille médiocre, ovalaire polygonal, un peu échancré en
avant, un peu atténué et tronqué un peu en surplomb en arrière. Face
supérieure assez convexe, déclive en avant dans une grande partie
de son étendue, le point culminant étant derrière les ambulacres.
Apex un peu excentrique en arrière, à deux pores génitaux. Ambulacre impair simple dans un sillon profond assez étroit, se contractant et s'atténuant un peu à l'avant et échancrant nettement mais
peu profondément le bord. Pétales bien creusés, courts, très inégaux,

les antérieurs un peu flexueux, bien coudés à leur naissance, très
obliques en avant et séparés du sillon impair par un interambulacre
étroit et relevé en carène; les postérieurs presque obovés rapprochés,
séparés par un interambulacre relevé fortement en carène, qui se
prolonge en s'abaissant jusqu'au-dessus du périprocte. Fasciole péripétale bien développé, flexueux, serrant d'assez près les pétales; pas
de latéro-anal. Péristome assez éloigné du bord (0,010), en croissant
bien labié, dans une dépression bien marquée des ambulacres du
trivium. Périprocte petit, arrondi, placé sous la légère saillie du bord
supérieur, surmontant une aréa déprimée presque dépourvue de
tubercules. Plastron lancéolé, tronqué à l'arrière, bien tuberculé,
séparé par des avenues lisses assez larges, déclives, des interambulacres latéraux plus grossièrement tuberculés. Toute la surface est
recouverte de tubercules rapprochés, à socle oblique, homogènes
quoique inégaux, et laissant libre une zone qui s'étend au delà des
pétales jusqu'au bord inférieur. Les radioles du dessous sont spatulés, couchés en avant, comme dans *Schizaster*.

Cette espèce diffère tellement de la précédente par sa petite taille,
l'inégalité de ses pétales et la petitesse de son étoile ambulacraire,
qu'il n'est pas nécessaire de poursuivre la comparaison.

Terrain sahélien: couches à spicules des environs d'Oran.

OPISSASTER DECLIVIS

A. Pl. IX, fig, 6-8.

Longueur, 0ᵐ 035 ; largeur, 0ᵐ 030 ; hauteur, 0ᵐ 018.

Petit oursin subovalaire, un peu cordiforme, assez épais et à face
supérieure déclive en avant, à face antérieure très convexe, la postérieure un peu tronquée en auvent. Apex excentrique en arrière à 2
pores génitaux. Ambulacre antérieur dans un sillon profond, étroit,
se resserrant en avant en même temps qu'il devient moins profond,
puis s'évase un peu et se prolonge, après avoir fortement émarginé
le bord, par une simple dépression jusqu'à la bouche. Pétales bien

creusés, très inégaux, petits, les antérieurs assez divergents, presque droits, les postérieurs ovales, séparés par un interambulacre en carène. Fasciole péripétale serrant de près les ambulacres, sans latéro-sous-anal. Péristome distant du bord, en croissant, bien labié, ·dans une dépression formée par la confluence des sillons .ambulacraires du trivium. Périprocte petit, au sommet d'une face postérieure un peu rostrée, surmontant une aréa déprimée, moins tuberculée et atténuée vers le bas. Plastron largement lancéolé, bien tuberculé, arrondi en arrière, bien limité par la déclivité des avenues ambulacraires lisses, le séparant des interambulacres latéraux à tubercules plus gros et plus serrés.

Cette espèce se distingue de *O. polygonalis* par l'excentricité de son apex, sa forme rostrée et élevée en arrière, son aréa sous-anale plus haute et atténuée vers le bas, et surtout par la petitesse de son étoile ambulacraire.

Terrain pliocène : Bled-M'sila au Dahra (Beni Zeroual).

TRACHYASTER Pom.

On peut définir ce genre un *Hemiaster* dont le madréporide est prolongé en arrière des plaques génitales et des ocellaires postérieures et non confiné au centre de l'apex, et dont les tubercules au lieu d'être scrobiculés sont insérés sur un socle oblique et en général plus rapprochés. L'étoile ambulacraire est inégale, l'apex a 4 pores génitaux, l'ambulacre impair simple (pores rapprochés, séparés par un granule) est dans un sillon très marqué et les pétales sont plus ou moins creusés. Ce genre est destiné à s'enrichir de la plupart des *Hemiaster* tertiaires quand on connaîtra mieux leur apex, car la structure des tubercules me paraît identique dans beaucoup.

TRACHYASTER GLOBULUS Pom.

A. Pl. IX, fig. 9-13.

Longueur, 0^m 030; largeur, 0^m 030; hauteur, 0^m 023.

Petit oursin globuleux un peu cuboïde, émarginé devant, un peu tronqué verticalement derrière, à face supérieure élevée, déclive en avant dans presque toute sa longueur. Apex excentrique en arrière, à 4 pores génitaux rapprochés en trapèze avec le madréporide prolongé entre les pores ocellaires postérieurs. Ambulacre impair simple, logé dans un sillon étroit, peu profond, mais bien limité, qui s'efface en avant et n'est plus marqué à la face antérieure que par une légère dépression qui se prolonge jusqu'à la bouche; les zygopores à granules y sont régulièrement espacés jusqu'au fasciole et s'oblitèrent au delà. Pétales peu creusés, les antérieurs obliques en avant, bien plus courts que le sillon impair, les postérieurs bien plus courts encore, presque ovales, assez divergents. Fasciole péripétale subcirculaire anguleux, contigu à l'extrémité des pétales. Péristome en croissant labié, situé au 1/4 antérieur. Périprocte petit, elliptique verticalement, s'ouvrant sous le sommet de la face postérieure, épaisse et convexe et à l'extrémité d'un étroit et profond sillon, s'atténuant vers le bas et oblitéré au talon. Plastron court, lancéolé, très épais et arrondi à l'arrière, bordé de larges avenues ambulacraires lisses. Le sommet des interambulacres porte des tubercules qui vont grossissant à partir du fasciole. Les tubercules des flancs sont plus ou moins serrés et laissent des zones lisses dans le prolongement des pétales.

Cette espèce ne peut être confondue avec aucune autre.

Terrain sahélien : couches à spicules des environs d'Oran.

TRIBU DES PYCNASTÉRIDÉS

Cette tribu commence la série des *Spatiformes progonastérides* caractérisée par son madréporide inclus dans le cercle des pièces apiciales, génitales et ocellaires, au lieu de sortir de leur cadre vers l'arrière ainsi que cela se voit dans les *Spatangides*. C'est la seule de la série qui soit un peu représentée dans nos terrains tertiaires ; car le groupe est presque en entier spécial aux terrains crétacés.

PYCNASTÉRIENS

—

L'apex compacte et les pétales creusés en sillon sont les caractères essentiels de cette sous-tribu qui, jusqu'à ce jour, n'est représentée à l'époque tertiaire en Algérie que par un seul genre :

PERICOSMUS Ag.

Une forme conoïde, l'ambulacre impair dans un sillon très marqué échancrant le pourtour, le plastron non gibbeux en arrière sous la marge, deux fascioles, l'un péripétale et l'autre marginal ; tels sont les caractères les plus marquants de ce genre. Son madréporide est ordinairement très petit et la plaque génitale qui le porte est le plus souvent imperforée. Il peut en être de même aussi de la plaque antérieure de gauche, ce qui réduit alors à deux les pores ovariens et par conséquent les ovaires, ainsi que Desor l'avait depuis longtemps constaté pour *P. latus*.

Je crois me rappeler avoir observé les 4 pores ovariens au complet dans un *Pericosmus Edwardsi* de la Superga ; mais ne retrouvant pas mon exemplaire, je n'oserais l'affirmer. En tout cas ce n'est pas, à mon avis, ce nombre variable des pores génitaux qui peut fournir un caractère générique de quelque valeur. J'en faisais abstraction lorsque je disais dans ma monographie des *Échinides du Kef Ighoud* que l'espèce dont la description va suivre avait un apex de *Micraster* ; je n'avais en vue que les rapports de position du madréporide et ma rédaction a eu le tort de n'être pas assez explicite à cet égard.

PERICOSMUS NICAISII Pom.

Echinides du Kef Ighoud, p. 22, Pl. I, fig. 1; Pl. II, fig. 1-2.

Pericosmus Nicaisii Cott. Pér. Gauth. *Loc. cit.* p. 66, Pl. V, fig. 5-7.

Longueur, $0^m 060$; largeur, $0^m 057$; hauteur, $0^m 028$.
—   0 053   —   0 050   —   0 023.

Oursin ovale cordiforme, échancré en avant, tronqué en arrière. Face supérieure subconoïde, à sommet presque central, plus déclive en avant qu'en arrière; face inférieure presque plane. Apex un peu déprimé, à 3 pores génitaux, ceux du côté gauche très rapprochés, à madréporide très petit. Ambulacre antérieur à zygopores peu visibles dans un sillon évasé qui se creuse et s'élargit vers la marge. Les assules ambulacraires y sont larges et les zygopores devaient être assez distants sauf près du sommet.

Pétales assez courts, peu creusés mais bien limités, les antérieurs divergeant entr'eux de 103°, d'un quart, au moins, plus longs que les postérieurs qui divergent entr'eux de 68° seulement et ont de 4 à 5 zygopores de moins dans chaque zone. Interambulacres soulevés au sommet en petites bosses, surtout marquées aux antérieurs; le postérieur plus convexe et descendant en courbe régulière jusqu'à l'extrémité qui surplombe en arrière. Plastron presque plan, finement tuberculé, assez fortement émarginé et bigibbeux au talon, bordé d'avenues lisses presque à fleur. Les tubercules des autres interambulacres sont un peu moins petits, plus épars en dessous, aussi petits et moins serrés dans une granulation milière en dessus.

Péristome peu saillant mais fortement labié, en croissant assez rapproché du bord. Périprocte grand, elliptique en travers, au sommet d'une aréa étalée, assez oblique en dessous et déprimée en son milieu. Fasciole péripétale en partie oblitéré, mais paraissant peu sinueux entre les pétales dont il contourne les sommets; le marginal très grêle s'appuyant sur une légère bosse de chaque assule à 5 millimètres de la marge.

Cette espèce paraît intermédiaire aux *P. latus* et *Edwardsi*, elle diffère de celui-ci par ses pétales bien moins creusés, de celui-là par ses pétales plus courts et par le sillon antérieur plus profond, surtout à la marge. Elle a une grande analogie avec *P. spatangoïdes*; mais ses pétales sont plus courts et son sillon antérieur est plus large, son péristome beaucoup plus couvert par la lèvre. *P. Montisvialensis* est plus fortement atténué à l'arrière ; ses pétales sont plus inégaux et les antérieurs beaucoup plus divergents.

Terrain éocène : Kef Ighoud.

PERICOSMUS SUBÆQUIPETALUS Pom.

Echinides du Kef Ighoud, p. 24, Pl. I, fig. 2 ; Pl. II, fig. 3.

Linthia bisulca? Cott. Pér. Gauth. *Loc. cit.* p. 65, Pl. VI, fig. 1.

Longueur, 0^m054 ; largeur, 0^m052 ; hauteur, 0^m028.
—   0 044   —   0 043   —   0 024

Cette espèce est très voisine de la précédente et n'en est peut-être qu'une forte variété ; cependant comme sa forme se reproduit sur trois exemplaires de taille différente, il y a quelque probabilité pour qu'elle soit spéciale ; ce que de nouveaux matériaux pourront seuls faire reconnaître. Elle en diffère par son profil plus élevé et comme gibbeux vers le sommet qui est plus en avant, plus fortement déclive et arrondi au côté antérieur. L'apex étant au sommet de figure est excentrique en avant, aux 2/5, au lieu d'être médian. Les pétales antérieurs sont plus divergents, 111° au lieu de 103°, et les postérieurs au contraire moins, 62° au lieu de 68°. Ces derniers sont à peine plus courts et n'ont qu'un ou deux zygopores de moins dans chaque zone. Le plastron est plus convexe, à peine émarginé à l'arrière et terminé par des gibbosités à peine marquées. La forme du sillon antérieur, la profondeur des pétales et leur forme légèrement atténuée vers le bout, la position et la grandeur du périprocte concordent parfaitement avec la précédente espèce ; mais la comparaison ne peut s'étendre sur les fascioles effacés, dont il ne reste que quelques traces du marginal, ni sur les tubercules totalement oblitérés. Il ne paraît pas que les différences puissent être attribuées à des accidents de déformation. Cette espèce ressemble encore plus que la précédente au *P. spatangoïdes* par son apex excentrique en avant, son profil antérieur arrondi et l'égalité de ses pétales; mais elle en diffère par ses pétales plus courts, son péristome très resserré, par la forte saillie de sa lèvre.

Ce n'est qu'avec la plus grande réserve que j'exprime un avis sur l'identité avec le fossile ci-dessus décrit du *Linthia bisulca* de M. Gauthier, dont l'exemplaire unique est, du reste, à peu près indéterminable, d'après l'auteur lui-même.

Terrain éocène : Kef Ighoud.

PERICOSMUS FICHEURI

A. Pl. XXX, fig. 4-5.

Longueur, 0^m 075 ; largeur, 0^m 072 ; hauteur, 0^m 035.

Oursin de taille assez grande, cordiforme, tronqué à l'arrière, presque aussi large que long, à face supérieure élevée, gibbeuse à l'avant, la ligne antérieure du profil presque abrupte et arrondie, la ligne supérieure largement déclive vers l'arrière. Faces inférieure et postérieure inconnues. Apex excentrique en avant (3/7) à 2 grands pores génitaux et peut-être deux autres antérieurs bien plus petits, ce que son état de conservation ne permet pas d'affirmer. Ambulacre antérieur à zygopores non visibles dans un sillon qui s'élargit et se creuse vers la marge qu'il échancre assez fortement. Pétales assez courts, égaux entr'eux, médiocrement creusés, mais bien limités, les antérieurs très étalés, divergeant entr'eux de 118°, les postérieurs de 60° seulement. Zone porifère large, régulière, la zone interporifère du double plus étroite, presque linéaire. Interambulacres antérieurs formant de chaque côté du sillon une côte arrondie qui s'efface presque vers le haut, en constituant, ainsi que le sommet des latéraux, de faibles gibbosités autour de l'apex ; l'interambulacre impair est au contraire un peu déprimé, mais peut-être par suite de déformation. Péristome assez grand, situé à 0ᵐ01 en arrière de l'échancrure qui se prolonge jusqu'à lui en un canal superficiel. Fascioles et tubercules presque oblitérés.

Cette espèce est sans aucun doute un *Pericosmus*, malgré qu'on ne puisse le justifier par l'observation de ses fascioles; son sillon antérieur, son sommet apical et ses ambulacres sont typiques du genre; elle est en quelque sorte intermédiaire aux *P. Peroni* et *P. Orbignyi* Cott., ayant le profil un peu moins abrupte et gibbeux en avant que dans le premier, mais bien plus que dans le second. Elle diffère des deux par ses pétales égaux et son sillon antérieur plus creux. *P. Edwardsi* est beaucoup plus petit, plus conoïde, déclive en avant, ses pétales sont plus profonds au contraire de l'ambulacre antérieur. *P. latus*, en outre de son profil plus abaissé vers l'avant, a son sillon antérieur bien plus superficiel. (Je ne pense pas que le *Schizaster Grateloupi* Sism., d'après le moule T. 40, puisse être confondu avec le *P. latus* et je doute beaucoup, en raison de la forme du talon de son plastron, que ce soit une espèce de ce genre; j'y verrais plutôt un *Brissoma*, tel me paraît du reste avoir été le sentiment de M. Wright dans son second mémoire).

Terrain cartennien : Camp-du-Maréchal (M. Ficheur).

PERICOSMUS ICOSII

A. Pl. XXX, fig. 6-7.

Longueur, 0ᵐ047 ; largeur, 0ᵐ040 ; hauteur, ?

Oursin de taille médiocre, cordiforme, ovale assez allongé, tronqué en arrière. Face supérieure conoïde surbaissée. Apex un peu excentrique en avant (20/47), petit, déprimé (2 pores génitaux?). Ambulacre antérieur dans un sillon très profond, mais au milieu d'une dépression très évasée qui s'élargit en avant et bilobe assez fortement la marge.

Pétales droits, presque en croix de St-André, un peu inégaux, assez peu creusés, mais bien limités, courts, les antérieurs égalant

moitié du rayon et les postérieurs environ le tiers. Les interambulacres sont légèrement gibbeux autour de l'apex. Péristome en croissant s'ouvrant à 8 millimètres du fond de l'échancrure, à lèvre peu
saillante. Plastron pourvu de petits tubercules assez rapprochés, un
peu convexe au milieu, ne formant pas de talon proéminent à l'arrière, et restant dans le plan général de la face inférieure. Périprocte
déformé. Fascioles oblitérés.

L'unique exemplaire de cette espèce est déformé par compression
un peu oblique et ne peut donner une idée de son profil; par ses
pétales courts et peu enfoncés, par l'évasement de la région antérieure des ambulacres, il diffère assez des espèces connues du genre
pour en être distingué; mais d'autres exemplaires mieux conservés
sont nécessaires pour en donner une description complète et compa-
rative.

Terrain cartennien : Bouzaréa (M. Delage).

FAMILLE DES LAMPADIFORMES

TRIBU DES CARATOMIDÉS

CARATOMIENS

HAIMEA Desor

Oursin à forme de Fibulaire, mais édenté, globuleux ou oblong,
avec le périprocte inférieur près du péristome, ayant aussi une
grande analogie avec les *Echinoneus*, mais différant de ces derniers
par ses ambulacres non homogènes d'un pôle à l'autre, les pores
s'atténuant vers la marge ou en dessous pour constituer des ambulacres subpétalés, comme dans les *Caratomus* ; tandis que dans les
Echinoneus et les *Pyrina*, les pores forment une série régulière et
uniforme dans toute l'étendue de la zone. Le type du genre présente

en outre un péristome remarquable par sa forme pentagonale, très
anguleuse, peut-être par suite de détérioration. On ignore d'où pro-
venait l'unique exemplaire connu.

HAIMEA DELAGEI Pom.

B. Pl. IX *bis*, fig. 1 à 3.

Haimea Delagei Pom. *in* Delage, *Géologie du massif d'Alger*.

Longueur, 0^m015; largeur, 0^m010 ; hauteur, 0.^m007.

Petit oursin oblong, à profil arqué, convexe en dessus, concave en
dessous, comme dans certains *Echinoneus*, à face supérieure convexe, l'inférieure probablement concave, pulvinée sur les bords bien
arrondis. Apex excentrique en avant (2/5), petit, presque à fleur,
pourvu de 4 pores génitaux disposés presque en carré régulier. Ambulacres semblables entr'eux, relevés en fortes côtes convexes, insensiblement élargies vers la marge qu'elles dépassent pour s'effacer,
du moins en partie, au voisinage de la bouche. Les zones porifères
sont formées de paires de petits pores ronds, égaux, rapprochés en
série simple dans des sillons très marqués; vers la marge ces pores
se rapetissent, leurs paires sont de plus en plus obliques, les plus
rapprochées du péristome au nombre de 2 à 3 sont réduites à un seul
pore et la dernière redevient normale mais très petite. Toute cette
partie inférieure est écrasée et déformée dans notre unique sujet et
présente de fortes difficultés à son étude. Le péristome doit avoir été
encore plus excentrique en avant que ne l'est l'apex, et sa forme probablement arrondie ou elliptique n'a certainement pas été pentagonale et il n'y a aucune trace d'angle ou de sinus à son pourtour. Le
périprocte, également un peu déformé, est placé entre la bouche et le
bord postérieur dont il occupe environ le 1/3 de l'intervalle, étant bien
plus petit, allongé, lagéniforme suivant l'axe, le côté atténué en
avant. Il est difficile d'apprécier si ces deux orifices étaient déprimés
à leur bord. Tout le test est couvert de tubercules homogènes peu
serrés, étroitement scrobiculés et ne paraissant avoir été ni crénelés

ni perforés, ce qu'il est cependant difficile d'affirmer; il y en a cinq rangées verticales sur la partie la plus large des ambulacres; sur les interambulacres ils ont une tendance à se sérier horizontalement.

Haimea Caillaudi en diffère considérablement par sa plus grande taille, sa forme globuleuse beaucoup plus courte, ses pétales moins saillants en côte, son périprocte beaucoup plus court, arrondi, et surtout par son péristome pentagonal paraissant avoir été fortement entaillé vers les ambulacres. Cette dernière différence est d'une importance telle que si elle était confirmée, elle justifierait la création d'un genre spécial pour l'espèce algérienne; malheureusement je ne connais du *H. Caillaudi* que le moule en plâtre de la collection de Neuchâtel, V 47, qui est assez fruste, et je ne vois que difficilement comment le péristome pourrait en être ramené à celui de *H. Delagei*. J'y vois plutôt une disposition qui rappelle un peu celle des vrais *Conoclypus* ou des *Ovoclypus* qui ferait naître des doutes sur le classement de cet oursin dans la série des *Atélostomes*, tandis que notre fossile algérien s'y range incontestablement.

Il me paraît plus probable que ce dernier avoisine de très près un oursin fossile de Malte qui a été décrit et figuré par M. Wright sous le nom d'*Amblypygus melitensis* (*Quart. journ. Geol. soc.* 1864, Pl. XXI. fig. 3 *a b c*). Ce n'est point un *Amblypygus* puisque les ambulacres sont formés de paires de petits pores ronds et ne sont pas pétalés. Mais l'auteur disant expressément que ces pores sont plus espacés à la face supérieure que sur les côtés et à la face inférieure, seul caractère qui différencie notre genre des *Echinoneus*, on ne peut méconnaître son affinité avec le fossile algérien. Le péristome est arrondi, moins excentrique en avant, le périprocte est elliptique subanguleux, allongé suivant l'axe entre la bouche et le pourtour et il est beaucoup plus ample. Le test est beaucoup plus grand, bien plus large, moins costé; c'est certainement une espèce différente. Mais on ne saurait méconnaître la conformité générique, et peut-être y aurait-il lieu de créer pour ces deux *Haimea* (*Delagei* et *melitensis*) un nom spécial : *PSEUDOHAIMEA*, qui rappellerait leur affinité apparente avec l'espèce typique.

Terrain cartennien : El-Biar (M. Delage).

TRIBU DES ECHINOBRISSIDÉS

—

PSEUDOPYGAULIENS

Je crois devoir ériger en sous-tribu un type générique singulier qui est pétalé et n'a pas de floscèle autour du péristome, mais qui diffère des *Echinobrissidés* par son ambulacre antérieur simple et joue dans cette tribu le même rôle que *Sphelatus*, *Asterostoma* et *Claviaster* dans celle des *Caratomidés*, et que *Coryllus* et *Archiacia* dans celle des *Echinanthidés*.

Peut-être y aurait-il convenance à réunir tous ces types à ambulacres hétérogènes en une sous-famille distincte à placer entre les *Echinonéides* et les *Cassidulides*; mais il me paraît que les analogies sont plus grandes avec ces derniers, et comme les types génériques sont encore bien peu nombreux, je les laisse répartis provisoirement dans les trois tribus qui forment la sous-famille des *Cassidulides*.

PSEUDOPYGAULUS Coquand.

Petalaster Cotteau *Echin. nouv.* 2ᵉ série, p. 39.

Petits oursins ovalaires déprimés, à apex en bouton excentrique en avant avec 4 pores génitaux, touchant au madréporide. Ambulacres dissemblables, l'antérieur simple, à zygopores formés de deux petits pores ronds, contigus; les pairs bien pétalés, à zones assez larges et striés par les sillons de conjugaison. Péristome transversal elliptique sans floscèle. Périprocte submarginal, visible du dessous, subtriangulaire transverse.

PSEUDOPYGAULUS TRIGERI Coq.

Catopygus Trigeri Coq., *Géol. et paléont. Constantine*, p. 274.
Pseudopygaulus Trigeri Coq., *Loc. cit.* Pl. XXXI, fig. 14-16.— Cott. Pér. Gauth.
  Loc. cit. p. 71, Pl. VI, fig. 2-7.

Longueur, 0ᵐ022 ; largeur, 0ᵐ018 ; hauteur, 0ᵐ011.

Petit oursin ovalaire, faiblement rostré à l'arrière, assez déprimé en dessus, épais, arrondi sur les bords, presque plat en dessous, un peu ondulé en arrière. Apex très excentrique en avant, petit, à madréporide en bouton, à 4 pores génitaux. Ambulacre impair à fleur de test, étroit, formé de deux rangées de zygopores simples, continus et semblables de l'apex au péristome ; ambulacres pairs bien pétalés, lancéolés, presque fermés, à zones porifères larges, à pores inégaux, les externes allongés, bien conjugués et obliquement disposés ; les pétales postérieurs plus longs que les antérieurs et très obliques en arrière. Péristome un peu excentrique en avant, ovale transversal, à bord entier, placé dans une faible dépression, sans trace de floscèle. Périprocte médiocre, subtriangulaire, s'ouvrant au bas de la face postérieure.

Terrain éocène : Zouï, à l'Est de Khenchela.

PSEUDOPYGAULUS BUCCALIS Pér. et Gauth.

Echinides fossiles (éocènes) de l'Algérie, p. 73, Pl. VI, fig. 8-11.

Longueur 0ᵐ020 ; largeur, 0ᵐ017 ; hauteur, 0ᵐ010.

Cette espèce, d'après les auteurs, différerait de la précédente uniquement par sa forme plus élargie, moins élevée, arrondie et non rostrée en arrière, par ses pétales presque égaux, par son péristome plus étendu en travers et accuminé à chaque extrémité, enfin par une taille bien moindre. A part cela elle présente la même physionomie et peut-être n'en est-elle qu'une forte variété, car elle a été recueillie dans le même gisement.

Terrain éocène : Zouï.

PSEUDOPYGAULUS MARESII Cott.

Petalaster Maresii Cott., *Ech. nouv.* 2ᵉ série, p. 41, Pl. V, fig. 6-12.
Pseudopygaulus Maresii Cott. Pér. Gauth. *Loc. cit.* p. 71 et 75.

Longueur, 0ᵐ023 ; largeur, 0ᵐ0225 ; hauteur, 0ᵐ010.

Espèce encore plus large que la précédente, circulaire subpentagonale, fortement déclive et très amincie à l'arrière, ayant ses pétales inégaux comme *P. Trigeri*. Le péristome est mal conservé, il
est indiqué comme subpentagonal, mais cela me paraît très douteux.

Tout le reste est semblable, et si ces trois espèces sont réellement
distinctes entr'elles, ce que de nouveaux matériaux pourront seuls
faire reconnaître, le genre a été d'une homogénéité bien remarquable.

Terrain éocène : Environs du Kef, près de la frontière algérienne.

TRIBU DES ÉCHINANTHIDÉS

—

ECHINANTHIENS

—

ECHINANTHUS Desor (Breyn.).

Ce nom de genre créé par Breynius a été réintégré par Desor pour
des oursins confondus avec les *Pygorhynchus*, et qui en diffèrent surtout par la forme du périprocte, non transversal mais allongé suivant l'axe et ordinairement placé au-dessus d'un sillon remontant
du bas. Ce périprocte n'est en général visible que de l'arrière, étant
assez haut placé au-dessus de la marge ; les pétales sont lancéolés,
tendant à se fermer au bout ; le péristome est pentagonal régulier,
pourvu d'un floscèle avec bourrelets bien distincts et saillants en
petites bosses. Le dessous est concave.

C'est à tort que l'on a appliqué ce nom de *Echinanthus* aux *Clypeaster* en suite d'une confusion introduite par Leske dans la nomenclature.

ECHINANTHUS BADINSKII Pom.

Kef Ighoud, p. 24, Pl. II, fig. 10; Pl. III, fig. 3.

ECHINANTUS BADINSKII, Cott. Pér. Gauth. *Loc. cit.* p. 75, Pl. VII, fig. 1-3.

Longueur, $0^m 033$; largeur, $0^m 027$; hauteur, $0^m 020$
—   0 031   —   0 027   —   0 019.

Petit oursin ovale, à face supérieure convexe déprimée, subrostrée et émarginée à l'arrière; épais sur les côtés, concave en dessous avec les bords fortement pulvinés, ondulé par une dépression marquée au passage des ambulacres pairs. Apex au sommet de figure vers le 1/3 antérieur, petit, à 4 pores génitaux et madréporide en bouton au centre. Ambulacres pétaloïdes, à fleur de test, sublancéolés linéaires, tronqués au bout, à pores bien conjugués, dont les zones égalent environ la zone interporifère, les antérieurs pairs un peu plus courts que les trois autres, égaux entr'eux et s'arrêtant avant la chute du bord, qu'atteint seul l'impair. Péristome excentrique en avant, pentagonal, avec phyllodes assez développés et de forts bourrelets en mamelons saillants. Périprocte petit, elliptique suivant l'axe, placé sous un faible rostre de la partie supérieure et terminant un sillon vertical qui s'élargit un peu vers le bas en émarginant le pourtour. Le bord postérieur étant vertical et non oblique, ainsi que je l'avais indiqué d'après un exemplaire déformé, le périprocte n'est visible que par la face postérieure dont il occupe environ le milieu de la hauteur à 8 millimètres du bord inférieur. Tubercules scrobiculés petits et rapprochés.

M. Gauthier qui a pu étudier des exemplaires mieux conservés et d'après lesquels j'ai pu rectifier ma description primitive et la compléter, indique les analogies de cette espèce avec *E. Œsteri* de Loriol ; elle en diffère par son périprocte plus allongé et placé plus haut, et par ses ambulacres plus développés. Elle diffère encore plus de *E. Wrighti* Cot. par la présence du sillon sous-anal, par sa forme plus allongée et plus rétrécie à l'avant.

Terrain éocène : Kef Ighoud.

16

PLESIOLAMPAS Pom.

J'ai employé ce nom dans mon *Genera des Echinides* pour un groupe de petits oursins qui le plus souvent ont été classés dans le genre *Echinolampas*, parce que le périprocte n'est visible que du dessous comme dans ce dernier genre. Mais ce périprocte le plus souvent arrondi (et non transversal comme je l'ai indiqué par inadvertance), est placé sous un rostre qui surmonte la véritable marge, de sorte que son ouverture regarde en arrière; il y a presque toujours un court sillon qui descend du périprocte et émargine sensiblement le bord. Je n'ai jamais vu rien de semblable chez *Echinolampas*. En outre le péristome est tout autrement construit que dans ce dernier genre, étant allongé suivant l'axe au lieu d'être transversal et pourvu de phyllodes mieux caractérisés. Les pétales au lieu d'être formés de zygopores nombreux, rapprochés, avec des pores presque semblables dans les deux rangées, sont au contraire assez courts, à zygopores espacés dont les pores tous bien conjugués sont inégaux, ceux de la rangée externe allongés en virgule obliquement disposée.

Ces caractères rapprochent bien plus ces oursins du genre *Echinanthus*, qui n'en diffère guère que par son péristome presque régulièrement pentagonal avec des bourrelets plus saillants en tubercule, par ses pétales à zygopores plus nombreux, plus serrés, mais très voisins de forme et surtout par la position du périprocte à la face tout à fait postérieure et assez haut au-dessus de la marge, ainsi que par la forme plus allongée de ce périprocte. En conséquence, ce ne peut être un type sous-générique d'*Echinolampas*, et si l'on désire le rattacher à un type générique d'ordre plus élevé c'est plutôt à *Echinanthus* qu'il faut le rapporter comme sous-genre. Mais je pense que sa distinction comme type autonome et intermédiaire est assez justifiée par l'attribution de ses espèces aux genres *Echinolampas*, *Echinanthus* et même *Pygorhynchus;* car il diffère de tous.

A ma connaissance quatre espèces anciennement connues appartiennent à ce genre et j'en fais connaître trois autres dans ce travail ; ce sont :

1° Pygorhynchus subcylindricus Ag. *Cat. ect. Mus. neoc.* Moule P 39. Provenance inconnue.

2° Pygorhynchus Vassali Wright, *Ann. mag. nat. hist.* 1855, p. 271. — *Quart. journ. géol. soc.* 1864, T, XXII, fig. 6. De Malte.

Pygorhynchus Colombi Cott. *Echin. de Corse,* type de Malte (non Desor).

Echinanthus Vassali Desor. *Syn. des Echin.* p. 296.

3° Echinolampas elegantulus Millet. *Paléont. de Maine-et-Loire,* 1854, p. 178. — Cotteau, *Echin. nouv.* 2ᵉ série, 1884, p. 29, Pl. IV, fig. 6-8. Du falun de Doué.

4° Echinolampas Gauthieri Cott. *Echin. nouv.* Iʳᵉ série 1880, p. 227, Pl. XXXII, fig. 5-8.

Plesiolampas Gauthieri Pom. *Genera,* p. 62. Des molasses de Ste-Juste.

PLESIOLAMPAS DELAGEI
B. Pl. IX *bis,* fig. 4 à 7.

Plesiolampas Gauthieri Pom. *in* Delage, *Géol. d'Alger* (non *Echinolampas Gauthieri* Cott. nec *P. Gauthieri* Pom. *Genera des Echin.* p. 62).

Longueur, 0^m026 ; largeur, 0^m022 ; hauteur, 0^m012 ?
— 0 028 — 0 024 ? — 0 012.

Petit oursin un peu allongé à pourtour atténué et arrondi en avant, anguleux au delà du milieu, puis atténué et un peu rostré en arrière ; à profil peu élevé, faiblement convexe, dont le sommet paraît être vers le milieu de la longueur. Face supérieure régulièrement convexe en avant, carénée en toit et rostrée à l'arrière. Face inférieure concave, pulvinée sur les bords, onduleuse au passage des ambulacres postérieurs et impair, émarginée à l'arrière par un léger sillon qui borde le dessous du périprocte. Apex excentrique en avant, presque au 1/3 antérieur à pores non conservés. Pétales à fleur de test, courts, étroits, ceux de la première paire assez obliques en avant, plus courts encore et un peu plus larges, à zones porifères ouvertes formées de pores peu serrés, inégaux, fortement conjugués ; les latéraux pairs comptent 12 à 13 paires, les postérieurs 15 à 16, l'impair

sans doute autant puisqu'il est aussi long. Les pétales pairs postérieurs sont très obliques en arrière. Péristome placé devant le milieu,
petit, pentagonal allongé suivant l'axe, à floscèle peu marqué, ses
bourrelets étant superficiels et ses phyllodes presque à fleur et peu
apparents quoique bien constitués. Périprocte arrondi s'ouvrant sous
le rostre à la face postérieure, mais regardant en bas et visible du
dessous, le rudiment du sillon qui le borde en dessous ne permet pas
de le considérer comme s'ouvrant à la face inférieure comme chez
Echinolampas.

D'abord confondu par moi avec *Plesiolampas Gauthieri*, j'ai cru
devoir l'en distinguer après une nouvelle étude : son profil est plus
régulièrement arqué en dessus et non longuement déclive vers l'arrière ; son pourtour est plus anguleux latéralement ; ses pétales sont
plus petits, bien plus étroits ; le péristome est plus petit, bien moins
excentrique en avant. Nos trois exemplaires, à la vérité, ne sont pas
de conservation parfaite et celui qui donne l'étoile ambulacraire est
un peu déformé par chevauchement du test le long de l'axe, ce qui le
fait paraître plus étroit ; mais les pétales et la position du péristome
suffisent pour l'en séparer.

. *P. Vassali* qui paraît avoir un profil semblable, en diffère par son
apex presque central et par sa forme plus étroite à peine atténuée en
avant.

Terrain cartennien : Chéragas (M. Delage).

PLESIOLAMPAS FICHEURI
B. Pl. IX *bis*, fig. 8 à 11.

Longueur, 0^m 035 ; largeur, 0^m 030 ; hauteur, 0^m 018.

Petit oursin subovoïde atténué et arrondi en avant, très brièvement
rostré à l'arrière, avec une carène très obtuse et des angles latéraux
très reculés en arrière. Profil oblong, longuement déprimé en dessus,
la plus grande épaisseur étant près de l'arrière ; dessous concave
pulviné sur les bords latéraux et antérieur, déprimé au passage des

ambulacres postérieurs. Apex excentrique en avant (2/5), petit, à 3 pores génitaux par absence de l'antérieur de gauche, celui de droite attenant au madréporide. Pétales à fleur de test assez courts, ouverts, subégaux, ayant dans chaque zone 20 à 22 zygopores, peu serrés, formés de pores intérieurs ronds et d'extérieurs en virgule oblique ; la zone interporifère égalant environ l'une des zones porifères ; les pétales postérieurs très obliques en arrière. Péristome excentrique en avant (3/7) pentagonal, un peu allongé suivant l'axe, à bourrelets superficiels et phyllodes à fleur de test subcordiformes. Périprocte arrondi, occupant le haut d'un sillon marginal bien marqué, sous un rostre médiocrement saillant et visible du dessous.

Cette espèce a beaucoup d'analogie avec *P. elegantulus*, mais elle est plus petite, plus courte, ses pétales sont beaucoup moins développés, plus étroits, son rostre est plus obtus, plus rapidement descendant avec les méplats qui le bordent plus convexes ; sa face inférieure est beaucoup plus concave (et non à peine déprimée autour du péristome) et le périprocte est placé dans un sillon très marqué et non presque à fleur de test. *P. subcylindricus*, de même taille que le *P. elegantulus*, est oblong à peine élargi vers les angles latéraux ; sa carène postérieure est plus marquée, sa ligne supérieure de profil est convexe et non déprimée, le péristome est plus central et la dépression qui le renferme bien moins étendue et ne se prolonge pas au passage des ambulacres postérieurs. *P. Vassali* est encore plus différent par son apex subcentral, par la saillie de son rostre et par son pourtour plus oblong non atténué vers l'avant.

Terrain cartennien : Bou Chenacha (M. Ficheur).

PLESIOLAMPAS WELSCHII

B. Pl. IX *bis*, fig. 12 à 15.

Longueur, 0ᵐ 033 ; largeur, 0ᵐ 028 ; hauteur, 0ᵐ 020.
—   0 029   —   0 023   —   0 016.

Petit oursin ovalaire étroit et arrondi en avant, élargi anguleux sur l'aire postérieure des interambulacres latéraux, contracté et rostré à l'arrière. Face supérieure presque plane sur une grande longueur du profil, très convexe sur les bords antérieurs et latéraux, très déclive et même déprimée de chaque côté d'une côte obtusément carénée, qui forme le rostre ; face inférieure concave pulvinée, déprimée au passage des ambulacres postérieurs.

Apex près du 1/3 antérieur, petit à madréporide en bouton avec 3 pores génitaux par absence de l'antérieur de gauche (celui de droite manque aussi dans un petit exemplaire). Pétales à fleur de test, courts, presque égaux, ouverts, formés suivant la taille des sujets de 16 à 19 zygopores dans chaque zone, avec pores internes ronds conjugués aux externes en virgule. Péristome un peu excentrique en avant (3/7), pentagonal un peu allongé suivant l'axe, entouré d'un floscèle dont les bourrelets sont à peine saillants et tuberculés et dont les phyllodes, presque à fleur, sont subcordiformes formés de 6 à 7 paires de pores dont les externes sont seuls bien développés. Périprocte arrondi sous le rostre et au sommet d'un sillon très court qui émargine le bord, visible du dessous.

Cette espèce est bien distincte du *P. Delagei* par sa plus grande largeur, par la saillie de ses angles latéraux, ainsi que par la forte contraction de son rostre ; on pourrait y ajouter la dépression de la face supérieure, mais ce caractère est bien moins marqué dans un de nos exemplaires et il n'est peut-être pas constant. Elle est plus voisine de *P. Ficheuri*, dont elle se distingue bien par son apex un peu plus excentrique, par son rostre beaucoup plus saillant, plus fortement caréné en dessus, déprimé et non convexe sur les côtés au passage des ambulacres. Les autres espèces sont encore plus différentes et il n'est pas utile de les comparer.

Terrain helvétien : zone à clypéastres, sur la rive gauche de l'Oued Moula, à 7 kilomètres Est de Bou-Medfa (M. Welsch).

ECHINOLAMPAS Gray.

Les caractères les plus essentiels de ce genre sont : des pétales à zones porifères étroites onduleuses, formées de paires serrées de pores peu différents entr'eux, conjugués, tous ronds ou les externes ovales ; un péristome transverse pentagonal avec floscèle peu développé à bourrelets assez larges, mais non saillants en mamelons ; un péri-procte elliptique en travers infra-marginal ; un bord arrondi avec une face inférieure ondulée, souvent déprimée vers le péristome.

Depuis que M. Zittel a constaté la présence des dents chez les *Conoclypus* vrais, il a fallu en retirer un certain nombre d'espèces qui en ont le faciès extérieur, mais en diffèrent par leur péristome floscélé et édenté. M. de Loriol les a en général attribuées au genre *Echinolampas*. Nous en avions antérieurement distrait, sous le nom de *Hypsoclypus*, un groupe d'espèces du type du *Conoclypus plagio-somus* ; plus récemment nous avons considéré comme un sous-genre spécial un autre groupe d'espèces à ambulacres formés de pores en fissure et par conséquent plus largement pétalés, sous le nom de *Conolampas*. Il en sera question plus loin dans cet ouvrage. On a vu plus haut que j'en avais distingué une section, maintenant érigée en genre distinct sous le nom de *Plesiolampas*.

Il y a longtemps déjà (1868) que j'avais signalé une particularité de structure des ambulacres, permettant d'établir deux sections dans le genre ainsi limité. Les zones porifères de chaque pétale sont à peu près égales entr'elles dans un de ces types dont *E. hemisphæricus* est un des exemples ; tandis que ces zones sont plus ou moins iné-gales dans les ambulacres pairs par raccourcissement de celles qui sont situées du côté de l'axe ; cette différence est absolue et non rela-tive au nombre total des zygopores du pétale qui se forme par créa-tion successive de ses assules derrière la plaque ocellaire, et avec la forme corrélative à sa structure de tentacule qui doit lui rester ; *E. oviformis* en est le type. Il ne m'a pas alors paru qu'il fût pos-

sible de donner à cette particularité de structure une autre valeur que
celle de caractère de section, en raison de ses nombreuses transitions
insensiblement graduées ; mais, depuis lors, M. Bell a cru devoir lui
attribuer une importance de valeur générique et a créé le nom de
Palæolampas pour le type à zones porifères subégales dans chaque
pétale. Il ne nous est pas possible de nous ranger au sentiment de
cet auteur pour les raisons antérieurement données ; nous ne consi-
dèrerons ce type que comme une simple section dont le nom, du
reste, est assez impropre ; car elle ne paraît être ni plus ni moins
ancienne que l'autre section.

Section *EUECHINOLAMPAS*, zones porifères des ambulacres pairs
situées du côté de l'axe beaucoup plus courtes que les externes dans
l'une au moins des paires.

ECHINOLAMPAS FLORESCENS Pom.

Echinides du Kef Ighoud, p. 26, Pl. III, fig. 9 à 11.

E. FLORESCENS Cott. Pér. Gauth. *Echin. éocènes d'Algérie*, p. 84. Pl. VIII,
fig. 1-2.

Longueur, $0^m 043$; largeur, $0^m 038$; hauteur, $0^m 026$.
— 0 040 — 0 035 — 0 025.
— 0 036 — 0 031 — 0 022.
— 0 032 — 0 028 — 0 019.

Petit oursin semi-ovoïde un peu tronqué ou parfois presque émarginé au bord antérieur, élargi en arrière presque vers les deux tiers
de la longueur, puis atténué plus ou moins brusquement en rostre à
la partie postérieure. Face supérieure assez régulièrement convexe,
rarement subconique ; face inférieure concave, pulvinée sur les bords
antérieurs et latéraux très épais, déprimée au passage des ambulacres antérieurs et postérieurs et plus ou moins onduleuse à l'arrière,
avec deux angles bien marqués qui donnent à l'ensemble un pourtour
pentagonal. Apex excentrique en avant, ordinairement aux 2/5, petit,
à 4 pores génitaux en trapèze. Ambulacres le plus souvent costulés,
mais quelquefois presque à fleur, l'impair plus court, plus étroit,

bien ouvert, avec la zone porifère de gauche plus rectiligne que celle de droite ; les pairs lancéolés, surtout les antérieurs, par suite des tendances des zones à se fermer. Zones porifères étroites, à peine 1 millimètre de large pour un pétale de 6 millimètres au milieu, à pores petits subégaux placés dans un sillon, rarement presque à fleur (et alors avec les pétales). Zygopores en même nombre dans les deux zones de l'ambulacre impair ; ceux des pétales pairs antérieurs très inégaux en nombre, la zone externe en comptant de 8 à 10 de plus que l'interne et comme le pétale se contracte au bout de la zone plus courte, il semble se terminer en ce point et paraît bien plus court que les pairs postérieurs qu'il égale presque cependant par sa branche externe, flexueuse en arrière. Les pétales postérieurs n'ont que deux ou trois zygopores de différence au profit de la zone externe. Un de nos exemplaires, de taille moyenne, nous donne 28 zygopores pour les deux zones du pétale impair, 26 et 38 pour celles du pétale pair antérieur, 41 et 38 pour celles du pétale postérieur. Péristome enfoncé, pentagonal transverse, à bourrelets inégaux peu marqués, à phyllodes bien caractérisés, un peu déprimés. Périprocte infra-marginal, mais un peu visible de l'arrière, elliptique en travers, parfois un peu anguleux en avant. Tubercules fins et serrés en dessus, un peu plus gros et plus espacés en dessous.

J'ai sous les yeux 28 exemplaires auxquels peut convenir la description qui précède. Il y a quelques différences cependant dans cet ensemble : j'ai déjà signalé des pétales affleurant le test chez quelques-uns à forme plus régulièrement convexe. Dans une forme plus élevée subconique on trouve des pétales plus larges, un peu plus longs ; tandis qu'ils sont au contraire plus petits dans un autre exemplaire très peu concave en dessous. On peut encore signaler des variations dans la largeur et la longueur des pétales qui ne sont nullement en rapport avec les variations des autres parties ; mais on retrouve dans tous cette forme si caractéristique de l'étoile ambulacraire : pétales lancéolés, zones porifères grêles dont les 4 antérieures

sont presque égales entr'elles et bien plus courtes que les 6 postérieures également semblables entr'elles. Je ne saurais en séparer une
forme à apex subcentral, à bord antérieur plus large et moins
épaisse au pourtour, moins creuse en dessous et très faiblement
rostrée

ECHINOLAMPAS FLORESCENS, var. *SUBPYGUROIDES*

Pomel *Echin. Kef Ighoud* p. 27, Pl. III, fig. 8.

ECHINOLAMPAS FLORESCENS Cott. Pér. Gauth. *Loc. cit.*, Pl. VIII, fig. 3-4.

Longueur, $0^m 044$; largeur, $0^m 040$; hauteur, $0^m 024$.

Oursin pentagonal un peu émarginé en avant, très étalé entre les
ambulacres pairs, fortement et longuement rostré à l'arrière, un peu
en toit en dessus, à face inférieure largement déprimée et ondulée
par les passages des ambulacres, à bords peu épais faiblement pulvinés. L'apex est presque au tiers antérieur; l'étoile ambulacraire a
les mêmes proportions et les mêmes caractéres que dans le type. Le
péristome s'ouvre un peu plus en avant, aux 2/5, il est moins enfoncé; le périprocte est tout à fait en dessous de la marge. J'ai sous
les yeux 4 exemplaires de cette variété dont un seul assez bien conservé, mais avec des zones porifères un peu altérées qui paraissent
plus larges qu'elles ne le sont en réalité.

ECHINOLAMPAS FLORESCENS, var. *COARCTATUS*

Pomel *Echin. Kef Ighoud*, p. 27, Pl. III, fig. 12 à 14.

Longueur, $0^m 043$; largeur, $0^m 036$; hauteur, $0^m 028$.
—   0 040   —   0 032   —   0 024.
—   0 035   —   0 028   —   0 022.

Oursin oblong étroit, tronqué en avant, peu élargi sur les côtés, fortement mais brièvement atténué en rostre à l'arrière. Face supérieure
élevée un peu conique, fortement convexe en avant, très déclive sur
les côtés, saillante et subcarénée sur l'interambulacre postérieur.
Face inférieure concave au milieu, fortement pulvinée et épaisse sur

les bords. Apex un peu au devant du sommet de figure, excentrique en avant (au 1/3 environ). Etoile ambulacraire un peu plus courte, plus petite, avec le pétale impair parfois très rétréci, mais de même forme. Les zones porifères sont conformées comme dans le type. J'ai sous les yeux six exemplaires de cette variété dont les trois figurés sont un peu plus longuement rostrés, tous nettement différenciés des autres variétés au point de laisser des doutes sur leur attribution spécifique. Toutefois l'étoile ambulacraire me paraît trop conforme pour les séparer du type autrement que comme variété.

ECHINOLAMPAS FLORESCENS, var. AVELLANA

Longueur, 0ᵐ032; largeur, 0ᵐ026; hauteur, 0ᵐ018.

Oursin subcylindrique très allongé, presque arrondi en avant, très obtusément et brièvement rostré à l'arrière. Face supérieure régulièrement convexe. Face inférieure concave au milieu, largement pulvinée, à peine ondulée par le passage des ambulacres; marge très convexe. Apex très peu excentrique, en avant du sommet de figure. Ambulacres étroits, plutôt oblongs que lancéolés, à peine costulés, s'approchant beaucoup du bord, à zone interporifère plus étroite que les deux porifères réunies. Ambulacre antérieur plus étroit que les autres, droit, à zones égales, plus longues que la zone antérieure de la première paire de pétales. Cette dernière est infléchie au bout, tandis que la zone extérieure du même pétale a seulement 7 à 8 zygopores de plus et est à peine flexueuse. La zone postérieure ou interne de la seconde paire a 4 à 5 zygopores de moins que l'extérieure. Péristome enfoncé, grand, pentagonal, peu transverse, un peu excentrique en avant, sa lèvre postérieure étant au milieu de la longueur. Périprocte ovale subtriangulaire, petit, un peu en avant de la marge, à fleur sur la convexité de l'interambulacre. Tubercules oblitérés. Cette variété, par sa forme oblongue et ses longs et étroits pétales, se distingue plus fortement du type que les précédentes; mais je n'ai qu'un seul sujet, et provisoirement au moins, je crois devoir la rattacher ici.

ECHINOLAMPAS FLORESCENS, var. *MARESII*

Echinolampas Maresii Cott. Pér. Gauth. *Echin. éocènes d'Algérie*, p. 78, Pl. VII,
fig. 4-5.

Longueur, 0ᵐ 044; largeur, 0ᵐ 043; hauteur, 0ᵐ 026.

Cet oursin, d'après les auteurs, présenterait avec le type d'*E. florescens* des différences assez importantes : face inférieure presque
plane; ambulacres longs et assez larges; zone interporifère sensiblement plus large que l'une des porifères. Zone porifère externe des
pétales pairs antérieurs assez fortement arquée et ayant de 7 à 8 paires de pores en plus. Ambulacres postérieurs s'étendant presque jusqu'au pourtour, avec zone porifère externe plus longue de 3 à 4 paires de pores. Un seul exemplaire imparfaitement conservé. Par la
longueur des ambulacres et les proportions des zones porifères, il
rappelle la variété précédente, mais il est beaucoup plus large et ses
pétales sont plus amples et plus lancéolés. Toutefois le sujet figuré
me paraît altéré dans son étoile ambulacraire, à la manière de quelques exemplaires du type et de la variété *Coarctata* qui, décortiqués et
à assules distincts dans toutes leurs sutures, prennent une apparence
de largeur inusitée. Dans ce cas, je suis conduit à rapprocher de ce
type un autre exemplaire, aussi grand, mais détérioré en dessous,
dont les pétales sont tout aussi longs, avec les mêmes différences
dans les longueurs relatives des zones porifères ; mais les pétales
étant bien conservés montrent des zones porifères peu différentes en
largeur de celles des *E. florescens* typiques, la zone interporifère
formant presque les 2/3 de la largeur la plus grande du pétale ; en
revanche ces zones sont également peu confluentes vers l'extrémité
et les pétales moins fermés que dans ce dernier. Le peu de précision
de la représentation des pétales dans les dessins de l'ouvrage de
MM. Cotteau, Péron et Gauthier ne permet malheureusement pas de
s'en servir pour des comparaisons ; car ils ne traduisent aucunement
les détails de structure décrits par les auteurs. Jusqu'à plus ample

informé, je crois devoir encore réunir ce type aux autres variétés de *E. florescens*, dont mon exemplaire traduit encore la physionomie caractéristique.

Cette espèce a des affinités avec les *E. sphæroidalis* et *E. Jacquemonti*; elle en diffère par ses pétales costés et sa face inférieure concave pulvinée. *E. globulus*, encore plus voisin, a ses pétales moins lancéolés, plus convexes, et les postérieurs beaucoup plus longs et la face inférieure n'est ni pulvinée ni concave.

Terrain éocène : Kef Ighoud.

ECHINOLAMPAS SULCATUS Pom.

Echinides du Kef Ighoud P. 28, Pl. III, fig. 4 à 7.

Echinolampas sulcatus Cott. Pér. Gauth. *Loc. cit.* p. 82, Pl. VIII, fig. 5 à 8.
Echinolampas Escheri Nicaise ? *Loc. cit.* (non Agass.).

Longueur, 0^m050; largeur, 0^m045; hauteur, 0^m026.

—	0 040	—	0 035	—	0 020.
—	0 040	—	0 029	—	0 020.
—	0 032	—	0 027	—	0 016.

Oursin de taille médiocre ovalaire arrondi en avant, atténué et plus ou moins rostré en arrière, plus ou moins allongé, souvent déformé et à test peu épais. Face supérieure convexe, présentant souvent un méplat en avant et une plus forte convexité à l'arrière; face inférieure déprimée et médiocrement pulvinée sur les bords, ondulée par le passage des ambulacres. Apex excentrique en avant, le plus souvent aux 2/5, mais souvent déplacé par déformation, petit, à peine en bouton, pourvu de 4 pores génitaux. Ambulacres longs, étroits, fortement atténués vers le sommet, relevés en côte arrondie, à zones porifères très grêles, divergentes au bout. Le pétale antérieur à zones égales, la droite plus arquée, les pairs antérieurs à zone interne plus courte de 8 à 12 paires; les postérieurs l'ayant seulement plus courte de 5 à 7. Les nombres de zygopores sont les suivants dans trois échantillons de forte, de moyenne et de petite taille : 1° Pétale impair 40; pair antérieur 38 et 50; pair postérieur 52 et 45; 2° Pétale impair 36;

pair antérieur 34 et 42; pair postérieur 48 et 42; 3° Pétale impair 30; pétale pair antérieur 28 et 35; pair postérieur 38 et 35. Sur quarante exemplaires sous nos yeux, nous en trouvons un dont les zones sont à peu près égales entr'elles dans l'ambulacre impair et dans les ambulacres pairs postérieurs, tandis qu'il n'y a que 3 à 4 paires de différence dans l'ambulacre pair antérieur. Les interambulacres sont relevés en bosse accuminée vers le haut de manière à constituer des sillons dans lesquels sont plus ou moins enfoncés les pétales ; leurs assules sont plus ou moins relevés en bosse et comme tessélés sur les sujets un peu usés ou déformés, mais beaucoup moins sur les sujets en bon état et même d'une façon imperceptible dans certains d'entr'eux. Péristome à peine excentrique en avant, pentagonal un peu transverse, à floscèle distinct mais très peu développé. Périprocte transversal subelliptique sous-marginal, assez grand. Tubercules petits et serrés en dessus, plus gros, moins rapprochés en dessous.

Cette espèce présente des variations assez importantes. J'en ai figuré deux dans les *Echinides du Kef Ighoud* : une élargie peu anguleuse sur les côtés, représentée par de grands et petits exemplaires, fig. 4 et 6; l'autre atténuée en avant subpentagonale, fig. 5, exemplaires de taille moyenne et petite, en général moins convexes. Une troisième presque cylindrique allongée, à bords latéraux presque parallèles, plus fortement pulvinée en dessous, a ses pétales sensiblement plus étroits surtout l'antérieur, mais leurs zygopores sont en mêmes nombres proportionnels ; les exemplaires sont de taille assez grande et moyenne. Cette espèce, par ses sillons ambulacraires, ses assules renflés, ses pétales très ouverts, ne ressemble à aucune autre de nous connue.

Terrain éocène : Kef Ighoud.

ECHINOLAMPAS NICAISII Pér. Gauth.

Echinides éocènes de l'Algérie, p. 80, Pl. VII, fig. 6 à 8.

Longueur, 0ᵐ 045; largeur, 0ᵐ 037 ; hauteur, 0ᵐ 025.
? — 0 060 — 0 050 — 0 030?

Oursin de taille médiocre, assez élevé, ovalaire, élargi en arrière. Face supérieure renflée, convexe, à sommet excentrique en avant. Face inférieure presque plane, peu déprimée au centre. Apex excentrique en avant, en bouton avec 4 pores génitaux. Ambulacres à fleur, ouverts, à zones porifères grêles un peu déprimées, presque droites, la postérieure de la première paire ayant 7 à 8 zygopores de plus que l'antérieure; dans la paire postérieure plus longue, la différence est de 5 entre les zones interne et externe. Interambulacres unis, non gonflés, à fleur avec les pétales. Péristome excentrique en avant. Périprocte infra-marginal, ovale transverse. Tubercules petits, serrés en dessus; un peu plus gros en dessous, laissant une zone lisse entre le périprocte et le péristome.

Cette espèce est voisine de *E. sulcatus,* mais elle est plus élargie en arrière, ses pétales ne sont pas placés dans des sillons, ses assules interambulacraires sont unis sans bosselures, et la zone dénudée de tubercules à la face inférieure n'existe pas dans l'autre espèce. Nous avons un exemplaire dont l'étoile ambulacraire est détruite en grande partie, mais dont la forme élargie et les interambulacres, unis dans ce qui est conservé, conviennent à la description de l'espèce. Il est de très grande taille, malheureusement sa face inférieure est encroûtée et n'ajoute rien à ce que nous connaissons de l'espèce ; nous l'avions provisoirement rapporté à *E. sulcatus,* dont il se pourrait en définitive que ce ne fut qu'une forte variété.

Terrain éocène : Kef Ighoud.

ECHINOLAMPAS CARTENNIENSIS

B. Pl. VIII, fig. 1 *a b c*.

ECHINOLAMPAS DEPRESSUS Manzoni (non Gray), Densch. Acad. Wien. 1880.
ECHINOLAMPAS MANZONII Pom. *Genera*, p. 62.

Longueur, 0^{m}056 ; largeur, 0^{m}050 ; hauteur, 0^{m}027 ?

Oursin de moyenne taille subelliptique discoïde, arrondi à l'avant, un peu contracté et subrostré à l'arrière. Face supérieure convexe, déformée dans nos exemplaires. Face inférieure déprimée, largement pulvinée sur les bords, ondulée par le passage des ambulacres avec deux angles un peu saillants devant les postérieurs. Apex un peu excentrique en avant. Pétales longs assez larges (6 millimètres), à zones porifères très inégales en longueur, les interporifères égalant environ les deux autres réunies. L'ambulacre impair un peu plus arqué du côté droit, a sa zone droite plus longue de 12 paires et en compte 42 (c'est à tort que le dessin montre cette zone plus courte que l'autre). L'ambulacre pair antérieur montre 16 paires de pores de plus à sa zone externe qui en a 41 ; le pair postérieur a 18 paires de plus à sa zone antérieure ou externe et en montre 44 au total. Les zones longues sont à peu près égales entr'elles dans les divers ambulacres ; mais parmi les courtes celle de l'ambulacre impair est un peu plus longue que les autres. Péristome subcentral, sa lèvre inférieure étant juste au milieu, pentagonal transverse, à floscèle assez marqué, mais mal conservé dans nos exemplaires. Périprocte inframarginal, assez grand, transverse presque triangulaire, regardant en dessous. Tubercules assez rapprochés, très petits en dessus, plus gros et fortement scrobiculés en dessous ; ceux des zones interporifères également très petits forment 6 à 7 rangées verticales.

Cette espèce me paraît identique à celle que M. Manzoni a attribuée à tort à une espèce vivante, le *E. depressus*, en raison de la grande analogie de forme et de proportion de zones porifères et sans tenir compte de la forme du péristome qui est pentagonal et non elliptique comme dans le vivant. La largeur des pétales et les proportions des diverses zones porifères entr'elles ainsi que la même forme de pourtour ne me laissent aucun doute sur cette identité. La différence dans le profil longitudinal tient. à ce que nos exemplaires ont été déformés par compression. Dans mon *Genera* j'avais désigné l'espèce de M. Manzoni sous son nom comme spéciale, mais je me suis aperçu depuis qu'elle était identique à celle que j'avais antérieurement figurée sous le nom de *Cartenniensis*.

Terrain cartennien : Environs de Ténès.

ECHINOLAMPAS INÆQUALIS

B. Pl. VIII, fig. 2 *a b c d*.

Longueur, 0^m 064 ; largeur, 0^m 055 ; hauteur, 0^m 032.

Oursin de moyenne taille, subcirculaire, un peu atténué à l'arrière en un rostre à peine marqué. Face supérieure convexe subconique, plus épaisse et arrondie en avant ; face inférieure déprimée presque dès le bord convexe mais peu épais, à peine ondulée par le passage des ambulacres. Apex petit en bouton, à 4 pores génitaux, excentrique en avant (2/5). Ambulacres longs, étroits (4^{mm}), insensiblement atténués vers le haut, très ouverts, à zones porifères très grêles, lâches, presque superficielles, égalant ensemble la zone interporifère, très.légèrement convexe. L'ambulacre impair convexe vers la droite, a seulement 8 paires de pores de plus dans sa zone gauche qui en comprend 44 (dessin inexact en cela). L'ambulacre pair antérieur a 12 paires de plus dans la zone externe, qui en a en tout 46 ; le pair postérieur a 16 paires de plus dans la zone extérieure, qui en montre 52. Les pétales pairs antérieurs sont arqués vers l'avant, les postérieurs le sont vers l'arrière. Péristome assez grand, pentagonal, à angles très marqués, central, avec floscèle bien marqué, dont les bourrelets tronqués sont assez saillants. Périprocte subelliptique transverse, infra-marginal. Tubercules très petits, peu serrés à la face supérieure, ceux des interambulacres formant 4 rangées verticales entre les zones porifères ; à la face inférieure, ils sont plus gros et plus largement scrobiculés, surtout sur les bords.

Cette espèce se distingue bien de la précédente par ses pétales plus étroits, son péristome non excentrique en avant et par les rapports de longueur des deux zones de chaque pétale, dont les postérieurs sont plus allongés.

E. scutiformis a les pétales plus larges, une forme plus allongée, plus conique et bien moins d'inégalité entre les zones porifères de ses pétales.

Terrain cartennien : Ouillis au Dahra. (C'est par erreur que dans l'explication des planches, cette espèce est indiquée au Bled Amraoua de Ténès).

ECHINOLAMPAS ABREVIATUS

B. Pl. IX, fig. 1 *a b c d.*

Echinolampas curtus Pom. Explic. des planches des Echinides (non Agas.).

Longueur, 0^m 055 ; largeur, 0^m 050 ; hauteur, 0^m 030.

Oursin de moyenne taille, subcirculaire, un peu rétréci en arrière et sensiblement rostré. Face supérieure convexe subconique, plus arrondie à l'avant, plus longuement déclive en arrière. Face inférieure concave, pulvinée sur les côtés antérieur et latéraux, ondulée en arrière par le passage des ambulacres. Apex petit, presque à fleur, à 4 pores génitaux, assez fortement excentrique en avant (3/10), au sommet de figure. Ambulacres longs, étroits, atténués vers le haut, à fleur ou à peine costés, à zones porifères grêles, peu serrées, bien conjuguées ; l'antérieur un peu irrégulier, ayant la zone droite plus convexe avec 17 paires de pores en plus que la zone gauche et en ayant 42 au total ; les pairs antérieurs ayant aussi 17 paires en plus et au total 46 dans la zone extérieure un peu flexueuse ; les pairs postérieurs un peu arqués en arrière, en ont seulement 15 de plus, mais un chiffre total de 50. Péristome un peu excentrique en avant, subpentagonal transverse, avec floscèle très superficiel mais bien mar-

qué, et l'angle antérieur presque obsolète. Périprocte elliptique transverse, tout à fait infra-marginal. Tubercules petits, peu serrés en
dessus, ceux des ambulacres formant quatre rangées verticales entre
les zones porifères ; ceux du dessous plus rapprochés, plus gros.
fortement scrobiculés surtout près du bord.

Cette espèce est très voisine de l'*inæqualis* et n'en est peut-être
qu'une variété. Elle en diffère par sa forme raccourcie, plus convexe
en avant, son péristome moins central plus transversal et surtout par
ses pétales dont les zones porifères sont bien plus inégales dans
l'impair et les latéraux ; toutefois les zygopores dans les zones
longues sont en nombre presque semblables et partout ils sont aussi
peu serrés. Elle présente les mêmes différences que la précédente
avec *E. scutiformis*.

Terrain cartennien : Sidi Saïd chez les Beni Zenthis (Dahra) ; présence douteuse à Ouillis.

ECHINOLAMPAS POLYGONUS

B. Pl. VIII *bis*, fig. 4 à 6.

Longueur, 0^{m}070 ; largeur, 0^{m}063 ; hauteur, 0^{m}035 ?

Oursin de taille un peu au-dessus de la moyenne, à pourtour subpentagonal largement tronqué à l'avant, atténué et rostré à l'arrière,
les angles tombant sur les zones postérieures des interambulacres
pairs latéraux. Face supérieure subpyramidale, plane et comme
tronquée à l'avant, mais à sommet détruit sur notre exemplaire.
Face inférieure faiblement déprimée sur la plus grande partie de son
étendue, se rencontrant presque angulairement avec les côtés et très
peu pulvinée vers les bords ; les ambulacres y traçant des sillons très
évasés, ou plutôt des ondulations presque égales. Apex inconnu mais
certainement assez excentrique en avant, probablement aux 3/7.
Ambulacres bien ouverts, assez larges, 5 millimètres dont trois pour
la zone interporifère, inconnus dans leur partie supérieure ; l'impair
ayant 11 zygopores de plus à sa zone droite, les pairs antérieurs en

ayant 14 de plus à leur zone postérieure et les postérieurs 12 de plus seulement à leur zone antérieure ou externe. Les zones porifères plus serrées sont à fleur et les pétales sont à peine convexes dans leur partie connue. Péristome excentrique en avant presque aux 3/7, pentagonal, à lèvre postérieure un peu plus longue, à sinus très marqués, avec floscèle très manifeste, les phyllodes étant un peu déprimés entre des bourrelets obtus mais très accusés. Périprocte infra-marginal regardant en dessous, elliptique très étendu transversalement. Tubercules très petits, médiocrement serrés en dessus, formant sept rangées verticales sur les ambulacres, ceux du dessous plus gros, plus largement scrobiculés et plus rapprochés.

L'unique exemplaire que nous ayons pu étudier est malheureusement tronqué au sommet et sa provenance n'est pas connue avec précision.

Cette espèce diffère par ses pétales plus larges des *E. inæqualis* et *E. abreviatus;* par les zones porifères des pétales postérieurs moins inégales de *E. cartenniensis* et des trois par son pourtour polygonal et sa face antérieure aplanie. *E. scutiformis* est beaucoup plus étroit, plus élevé, plus concave dessous, les zones porifères du pétale impair sont égales et celles des pétales pairs, moins inégales, la différence étant seulement de 4 à 6 paires de pores de plus pour les zones externes.

? Terrain cartennien : environs de Ténès.

ECHINOLAMPAS COSTATUS

Echinolampas Hayesianus Nicaise, *Cat. foss. Alg.* (non Desor).

B. Pl. VIII *bis*, fig. 1 à 3.

Longueur, 0ᵐ 085 ;	largeur, 0ᵐ 083 ;	hauteur, 0ᵐ 041.
— 0 080	— 0 080	—. 0 035.
— 0 064	— 0 058	— 0 033.

Oursin de taille bien au-dessus de la moyenne, presque circulaire et un peu anguleux subpentagonal. Face supérieure subhémisphérique, un peu plus longuement déclive à l'arrière et légèrement rostrée. Face inférieure déprimée vers le milieu, largement pulvinée tout autour, à peine ondulée au passage des ambulacres. Les deux faces se réunissent presque angulairement sur les bords. Apex petit à fleur, à 4 pores génitaux peu distants, un peu excentrique en avant (35/80) et un peu au-devant du sommet de figure. Pétales courts, larges (les postérieurs ayant 10 millimètres de largeur dont 7 pour la zone interporifère), relevés en côte convexe bien limitée par le sillon dans lequel sont enfoncées les zones porifères. Le pétale impair bien plus étroit à peu près régulier, ayant une légère tendance à se fermer, à zones porifères ayant un nombre égal de zygopores, 36 dans un grand exemplaire; pétales pairs antérieurs sublancéolés quoique bien ouverts, à zone porifère postérieure ondulée montrant 14 paires de pores de plus que l'antérieure et en tout 50. Les pairs postérieurs oblongs, peu resserrés à l'extrémité, à zones presque égales, l'extérieure ayant 54 zygopores et 4 à 5 de plus seulement que sa voisine. Péristome un peu excentrique en avant, 35/80, pentagonal transverse à sinus bien anguleux, à floscèle bien marqué par des phyllodes courts, déprimés entre des bourrelets tronqués, un peu saillants. Périprocte elliptique transverse, à bords un peu déprimés, infra-marginal, mais regardant un peu en arrière par suite de la convexité du bord de la face inférieure. Tubercules très petits, très rapprochés à la face supérieure, un peu plus gros en dessous et moins serrés autour du péristome.

Nous avons sous les yeux trois exemplaires de cette espèce qui, malgré leur différence de taille, ont entre eux une grande ressemblance, le plus petit est cependant un peu plus convexe. Un quatrième exemplaire encore un peu plus petit en diffère par des pétales plus étroits, mais ayant entr'eux les mêmes rapports de nombre de zygopores. Cet oursin n'a quelque analogie qu'avec *E. oviformis* Lamk. ; mais cette espèce vivante n'a pas les pétales costés et l'impair est plus long ; le péristome n'est pas anguleux, son floscèle est rudimentaire, la face inférieure est bien plus convexe.

Terrain helvétien : zone à mélobésies des environs d'Orléansville.

ECHINOLAMPAS RAYMONDI

B. Pl. VII *bis*, fig, 4 à 6.

Echinolampas Hayesianus Wright, *Ech. Malta Ann. Mag. nat. History* 1855,
p. 122, Pl. IV, fig. 3.
Echinolampas Hayesianus Cott. *Ech. Corse* p. 283, Pl. X, fig. 2-4 (non Desor).

Longueur, $0^m 058$; largeur, $0^m 052$; hauteur, $0^m 034$.
— 0 054 — 0 045 — 0 030.
— 0 050 — 0 044 — 0 030.
— 0 045 — 0 040 — 0 020.

Oursin de taille médiocre à pourtour subelliptique ou ovalaire, très arrondi à l'avant, brièvement contracté à l'arrière en un rostre très obtus. Face supérieure presque hémisphérique, élevée, un peu plus longuement déclive vers l'arrière. Face inférieure déprimée au centre, pulvinée sur les bords avec marge très arrondie et de faibles ondulations au passage des ambulacres, sauf à la paire postérieure qui marque bien le rostre. Apex à peine exccentrique en avant, formant au sommet de figure un petit bouton à peine saillant, tout envahi par le madréporide dans le bord duquel s'ouvrent le plus souvent les quatre pores génitaux. Pétales faiblement costés, à zones porifères grêles, bien conjuguées, déprimées en un faible sillon ; bien ouverts mais ayant des tendances à se fermer ; les pairs un peu plus larges que l'impair ont 6 millimètres dont 3,5 pour la zone interporifère. Pétale impair faiblement irrégulier à zone porifère de droite ayant de 8 à 10 zygopores de plus que l'autre, environ 35 en tout ; les pairs antérieurs ayant à la zone postérieure de 14 à 16 paires et en tout 38 à 40 et ces chiffres dépassent à peine d'un ou deux zygopores dans la paire postérieure. Les zones longues dans ces pétales sont fortement flexueuses. Péristome à peine excentrique en avant, sa lèvre postérieure étant juste au milieu, pentagonal un peu transverse, à sinus très accusés, à floscèle bien marqué par des phyllodes déprimés entre des bourrelets obtus et tronqués au bord interne. Périprocte assez grand, elliptique en travers avec le bord antérieur plus arqué, tout à fait infra-marginal, mais regardant un peu en arrière par suite de la convexité de la face inférieure. Tubercules petits, assez serrés en dessus, formant 7 à 8 rangées verticales sur les ambulacres; ceux du dessous un peu plus gros, plus largement scrobiculés, plus rapprochés sauf autour du péristome. Dans certains exemplaires les assules du dos sont un peu gonflés et même bosselés.

Cet oursin a le test épais et il est un peu déformé lorsqu'il est adulte, mais les jeunes ont moins résisté et sont plus ou moins déprimés et déformés par suite de compression; ils paraissent avoir peu différé des grands, si ce n'est qu'ils sont moins convexes et que leurs zones porifères comptent un moins grand nombre de zygopores, les différences restant les mêmes entre les zones.

Les *E. inæqualis* et *abreviatus* sont bien distincts par leurs pétales plus étroits tout à fait à fleur de test. *E. cartenniensis* est plus voisin en cela, mais son apex et le sommet de sa convexité est plus antérieure; les zones porifères sont plus différentes en longueur, un peu plus grêles, son péristome est plus court et son rostre est plus prononcé. *E. scutiformis* est plus oblong; ses zones porifères sont beaucoup plus grêles, plus longues, moins inégales, ses tubercules plus espacés en dessus. L'oursin de Camérino que M. de Loriol a attribué à *E. angulatus*, ressemble aussi beaucoup à notre fossile, mais il a les ambulacres plus étroits et moins convexes, un pourtour plus longuement rétréci à l'arrière, un péristome plus petit, à bourrelets plus étroits, plus contractés et plus saillants.

La figure et la description de l'*E. Deshayesi* de M. Wright ne sont pas assez précises pour affirmer son identité avec notre espèce, mais le fossile de Corse qu'il déclare semblable et qui a été figuré par M. Cotteau ne me laisse aucun doute sur cette identification. En tout cas, ni l'un ni l'autre ne peuvent être confondus avec le vrai *E. Hayesianus* dont le type sera décrit ci-après.

Terrain helvétien : Beni bou Mileuk, près du moulin Thomas (M. Schopin; feu Raymond, instituteur).

ECHINOLAMPAS HAYESIANUS

B. Pl. IX, fig. 2 *a b c d*.

E. Hayesiana Desor *Cat. rais.* p. 108.
E. Hayesianus Desor *Synopsis* p. 308 (non Wright, Cotteau, *nec* Nicaise).

Longueur, 0^m062 ; largeur, 0^m0056 ; hauteur, 0^m033.

Oursin de moyenne taille à pourtour subelliptique, atténué en rostre obtus à l'arrière. Face supérieure subhémisphérique un peu plus longuement déclive en arrière; face inférieure un peu déprimée au milieu, assez pulvinée sur les bords ondulés par le passage des ambulacres, surtout par les postérieurs qui font proéminer le rostre en dessous. Apex petit en bouton saillant, avec 4 pores génitaux sur ses bords, placé un peu en avant du milieu. Pétales étroits, un peu arqués, les antérieurs pairs en avant, les postérieurs en arrière, assez convexes entre des zones porifères grêles, un peu déprimées en sillon; la plus grande largeur est de $5^{mm}5$, dont $3^{mm}5$ pour la zone interporifère; le pétale antérieur un peu irrégulier, ayant sa zone porifère de droite plus longue que la gauche de 6 à 8 zygopores et en montrant de 40 à 42. Les pairs antérieurs ont la zone externe pourvue de 13 à 14 zygopores de plus que l'interne, en tout 42, et il en est de même pour la paire postérieure. Dans un exemplaire beaucoup plus grand, mais écrasé et dont l'identification est peut-être douteuse, les ambulacres pairs ont 52 paires de pores dans leur zone externe et 22 de plus que dans la zone interne et elle descend très près du bord. Les zones longues sont flexueuses assez fortement arquées et les courtes sont presque droites. Péristome pentagonal transverse, assez ample, à lèvre postérieure courte, située au milieu de la longueur, à floscèle assez bien marqué, mais ayant ses phyllodes très peu déprimés entre des bourrelets bien tronqués mais peu saillants. Périprocte ample, elliptique en travers, tout à fait infra-marginal, à bord antérieur déprimé. Tubercules très petits, assez distants en dessus, ceux des ambulacres disposés en cinq rangées irrégulières, ceux du dessous plus fortement scrobiculés, plus rapprochés sauf au pourtour du péristome. Les assules du dos sont quelquefois un peu gonflés en petites bosselures. J'ai un exemplaire un peu plus concave en dessous peut-être par suite de déformation, dont les tubercules sont beaucoup plus serrés même autour du péristome, ceux des ambulacres y forment 7 rangées verticales irrégulières ; les pétales pairs ont leurs zones porifères presque aussi différenciées que dans les grands individus.

Cet oursin diffère de *E. scutiformis*, dont la forme typique a les tubercules espacés, par ses ambulacres costés à zones porifères plus déprimées et plus inégales (dans un *E. scutiformis* de France le pétale pair a 45 paires de pores à ses deux zones ; les pairs anté-rieurs 46 et 50 avec 4 de différence, les postérieurs 50 et 43 avec 7), par sa forme plus convexe, non conique, beaucoup moins étroite. Il diffère de *E. Raymondi*, que l'on a confondu avec lui, par sa forme moins élevée, moins trapue, plus fortement rostrée, avec le péri-procte ouvert bien en dessous et non visible de l'arrière, par son péristome plus grand, plus transversal, moins enfoncé avec des bourrelets du floscèle bien moins accentués. Son péristome et son périprocte, par leur ampleur, le font suffisamment distinguer de *E. cartenniensis* et ses pétales costulées du *E. inæqualis* et *abre-viatus*.

Terrain sahélien : Oran : la variété à Sidi-Amadi (Ghamra).

ECHINOLAMPAS CLAUDUS

B. Pl. VIII, fig. 3 *a b c d*.

Longueur, 0^m 047 ; largeur, 0^m 039 ; hauteur, 0^m 026.

Petit oursin oblong, un peu plus étroit et arrondi en avant, atténué brièvement à l'arrière presque rostré. Face supérieure médiocrement convexe, très épaisse sur les bords ; face inférieure concave, forte-ment pulvinée sur les côtés et le devant, ondulée à l'arrière par une dépression au passage des ambulacres entre une saillie subanguleuse des bords et la forte convexité de l'interambulacre impair. Apex un peu excentrique en avant (22/47), en petit bouton saillant avec 4 pores génitaux. Pétales à peine costulés par une légère dépression des zones porifères très grêles. L'impair un peu irrégulier, à zone de droite ayant 34 zygopores, soit 18 de plus que la gauche, les paires étant moins serrées en s'éloignant de l'apex, la zone gauche n'a que les 2/5 de la droite. C'est à peu près la même proportion pour les pétales pairs, dont les antérieurs sont fortement arqués vers l'avant et les postérieurs vers l'arrière et ne descendent pas sur les côtés. Péristome un peu excentrique en avant (20/47), assez enfoncé, petit, pentagonal un peu transverse à sinus assez marqués, avec des phyllodes étroits peu déprimés, mais avec bourrelets bien accusés. Périprocte médiocre, elliptique en travers, un peu déprimé au bord antérieur, infra-marginal, mais regardant un peu en arrière par suite de la convexité de la face inférieure. Tubercules très petits, assez serrés en dessus, ceux des pétales formant 3 à 4 rangées verticales irrégulières, ceux du dessous plus fortement scrobiculés, un peu plus gros et plus serrés sauf autour du péristome.

J'ai recueilli un seul exemplaire de cette espèce remarquable que je ne puis rapprocher d'aucune autre connue de moi. Sa grande épaisseur sur les côtés, sa forme allongée, ses pétales presque égaux, tous à zones porifères très contrastantes, le feront toujours facilement reconnaître.

Terrain cartennien : Aïn Ouillis, au Dahra.

ECHINOLAMPAS FLEXUOSUS

B. Pl. IX, fig. 3 *a b c d*.

Longueur, 0^{m}044 ; largeur, 0^{m}036 ; hauteur, 0^{m}018.
—   0 041 ?   —   0 035   —   0 017.

Petit oursin subpentagonal, à bord antérieur un peu rétréci et plus ou moins tronqué, atténué assez fortement en rostre à l'arrière à partir des saillies angulaires qui tombent sur le milieu des zones postérieures des aires interambulacraires latérales. Face supérieure déprimée tendant à se caréner sur l'interambulacre impair, tombant en s'arrondissant sur les bords qui sont épais. Face inférieure concave pulvinée sur les bords, fortement ondulée par le passage des ambulacres entre lesquels elle se gonfle en gibbosités, la dépression des pétales postérieurs plus large, plus forte, faisant ressortir les angles latéraux et la convexité de l'interambulacre impair. Apex excentrique en avant (2/5), petit, à peine saillant en bouton avec 4 pores génitaux contigus au madréporide. Pétales étroits, costulés par la dépression logeant les zones porifères qui sont très grêles, distinctement conjuguées; le dessin à cet égard est inexact. Le pétale impair un peu irrégulier compte dans la zone gauche, parfois la droite, 10 paires de pores de plus que dans l'autre et en tout 35. Les pairs antérieurs ont 19 zygopores de plus dans leur zone externe, en ayant 34 en tout; les pairs postérieurs en ont 17 sur 34, ce qui fait moitié du nombre, mais la zone courte a à peine les 2/5 de la longue; les zones longues sont un peu ondulées et s'étendent jusqu'au voisinage du bord. Péristome un peu excentrique en avant (2/5), assez enfoncé, assez grand, pentagonal un peu transverse, à sinus bien marqués, avec phyllodes peu élargis mais bien marqués, déprimés entre des bourrelets larges, peu saillants et tronqués. Périprocte grand, elliptique subtriangulaire en travers, infra-marginal, mais regardant en arrière à cause de la gibbosité de la face inférieure. Tubercules très petits, rapprochés, ceux des pétales formant 5 à 7 rangées verticales irrégulières; ceux du dessous un peu plus gros, plus fortement scrobiculés, très rapprochés.

Cette espèce a une certaine affinité avec *E. claudus* par le petit nombre des zygopores des zones courtes, mais l'ambulacre impair a ses zones beaucoup moins inégales et il est plus court; pour les autres les nombres sont les mêmes, mais comme la taille est plus petite, les zones longues se rapprochent beaucoup plus du bord. Le test est moins allongé, plus plat en dessus, plus longuement rostré et surtout beaucoup plus ondulé en dessous. Le péristome et le périprocte sont plus grands. Il y aurait, pour la forme générale, plus de ressemblance avec *E. angulatus* Mérian (et de Loriol?), dont le moulage R 3 est le type, mais les ambulacres de ce dernier sont à fleur de test, plus courts, et les pairs ont leurs zones moins inégales. Le péristome est beaucoup plus petit et ses bourrelets du floscèle sont plus étroits, plus saillants. Le pourtour du test est plus étalé, les tubercules sont plus gros et moins rapprochés.

Terrain cartennien : Djebel Djambeida, près Cherchell ; Beni Messous, près Alger (M. Delage).

ECHINOLAMPAS SOUMATENSIS

B. Pl. IX *bis*, fig. 16 à 18.

Longueur 0ᵐ 044 ; largeur, 0ᵐ 040 ; hauteur, 0ᵐ 021.

Oursin de petite taille largement ovalaire subpentagonal, un peu plus étroit en avant et presque tronqué, assez brièvement contracté en rostre obtus à l'arrière. Face supérieure assez régulièrement convexe mais peu élevée, ayant tendance à se caréner à l'arrière. Face inférieure concave, fortement pulvinée sur les bords avec les interambulacres gibbeux, surtout les latéraux, entre les dépressions ambulacraires toutes bien marquées, mais dont les postérieures plus profondes et plus larges font ressortir la forte gibbosité angulaire de la zone postérieure des interambulacres pairs et de la convexité de l'impair. Apex excentrique en avant (2/5), petit, à fleur, à 4 pores génitaux contigus au madréporide. Pétales très étroits, à fleur de test ainsi que les zones porifères très grêles et serrées ; l'antérieur a 35 zygopores dans sa zone droite, c'est 10 de plus que dans la gauche ; les pairs ont à leurs zones extérieures le double au moins de zygopores que les internes (38 à 40), et, comme dans la partie qui dépasse, les zygopores sont moins serrés, les zones courtes n'ont que les 2/5 de la longueur des autres. La plus grande largeur du pétale est de 3 millimètres dont 2 au moins pour la zone interporifère ; il y a une légère tendance à se fermer dans les pétales, dont les zones longues sont arquées seulement vers le sommet, puis presque droites. Péristome assez grand, un peu excentrique en avant (5/11), elliptique pentagonal, transversal à sinus bien marqués. Son floscèle est assez net mais superficiel avec des bourrelets à peine marqués largement tronqués. Périprocte elliptique en travers, infra-marginal mais regardant assez fortement en arrière par suite de la convexité de l'interambulacre. Tubercules très petits, médiocrement serrés en dessus, formant trois rangées verticales irrégulières sur les pétales ; ceux du dessous plus gros, plus scrobiculés, très serrés au bord et moins près du péristome.

Cette espèce est voisine de *E. Raymondi* par son pourtour, les nombres de zygopores de ses pétales, mais elle est moins élevée, moins trapue et ses pétales ne sont pas costulés, les zones porifères ne sont pas déprimées en sillon. Les pétales pairs ont leurs zones beaucoup plus inégales, la face inférieure est beaucoup plus ondulée et le floscèle moins marqué. *E flexuosus* est plus semblable par sa face inférieure fortement ondulée et la forte disproportion des zones porifères dans chaque pétale, mais il est plus déprimé en dessus, ses zones porifères sont dans un sillon bien marqué qui donne du relief aux pétales. Le floscèle est mieux marqué, ainsi que les sinus du péristome et le test est beaucoup plus large. *E. angulatus* est moins épais, bien moins pulviné et bosselé en dessous, son péristome est plus petit, plus sinué par les phyllodes et ses pétales ont leurs zones porifères moins inégales.

Terrain helvétien : zone à clypéastres, rive gauche de l'Oued Moula, à l'Est de Bou-Medfa (M. Welsch).

ECHINOLAMPAS ICOSIENSIS

B. Pl. VI *bis*, fig. 4 à 6.

Longueur, 0^m034 ; largeur, 0^m029 ; hauteur, 0^m016.
—   0 032   —   0 027   —   0 016.

Petit oursin ovalaire un peu plus étroit en avant, assez brièvement atténué en rostre obtus en arrière. Face supérieure peu élevée, convexe presque régulièrement, très arrondie sur les bords, ayant tendance à se caréner à l'arrière. Face inférieure déprimée au milieu, pulvinée sur les bords à ambulacres peu marqués, sauf les postérieurs qui ondulent la surface entre la bosselure angulaire et la convexité de l'interambulacre impair. Apex excentrique en avant, aux 2/5, petit, en bouton peu saillant avec 4 pores génitaux contigus au madréporide (dans un de nos exemplaires il y a cinq pores génitaux. Pétales presque à fleur ou à peine costulés par un faible sillon des zones porifères très grêles et serrées; ils ont un peu plus de 2 millimètres de largeur, dont un pour la zone interporifère. Le pétale impair a sa zone de droite formée de 22 zygopores, soit cinq de plus que dans la gauche, il n'y en a plus que 2 de différence dans un autre exemplaire; les pétales pairs et antérieurs ont 30 paires de pores dans leur zone externe, soit 14 à 16 de plus que dans l'interne; les postérieurs ont de 33 à 35 paires, soit 15 à 17 de plus dans la zone extérieure que dans l'intérieure. Un de nos exemplaires a même dans la zone extérieure d'un de ses ambulacres postérieurs 5 à 6 paires en plus, en quelque sorte supplémentaires et plus petites.

Péristome petit, pentagonal un peu transverse, à angles bien accusés; floscèle superficiel à phyllodes étroits mais à pores dédoublés distinctement, à bourrelets peu apparents. Périprocte petit, elliptique infra-marginal, mais regardant un peu en arrière par suite de la forte convexité de l'interambulacre. Tubercules très petits et serrés, ceux du dessous plus gros et plus scrobiculés, très serrés partout; ceux de l'ambulacre réduits à 2 à 3 rangées verticales.

Cette espèce est remarquable par sa petite taille, ses pétales à zones inégales le rapprochant, ainsi que sa forme d'ensemble, des *E. flexuosus* et *E. Soumatensis*. Il s'en distingue par sa face inférieure beaucoup moins flexueuse, par son péristome et son périprocte plus petits, celui-là à floscèle moins développé, enfin par son pétale impair plus court.

Terrain cartennien : Beni-Messous, près d'Alger (M. Delage).

Section *PALÆOLAMPAS*

Pétales à zones porifères égales ou presque égales, ordinairement assez développées. Forme en général discoïde.

ECHINOLAMPAS CLYPEOLUS
B. Pl. V, fig. 1 *a b c d*.

Echinolampas subangulatus Pom. Expl. pl. des Echinid. (non Herklotz *Foss. Java*).

Longueur, 0ᵐ053; largeur, 0ᵐ045; hauteur, 0ᵐ020.

Oursin de taille médiocre, elliptique discoïde, à face supérieure presque régulièrement convexe peu élevée, sensiblement atténuée en arrière. Face inférieure peu déprimée, presque plane ou à peine pulvinée sur les bords qui présentent une légère gibbosité, anguleuse vers le milieu de la zone postérieure des aires interambulacraires latérales, ce qui accentue le rostre. Apex excentrique en avant (aux 2/5), petit, avec 4 pores génitaux contigus au madréporide. Pétales un peu costulés par la dépression en forme de sillon des zones porifères, grêles mais bien conjuguées, atténués vers le haut, bien ouverts mais avec une tendance à converger, s'étendant presque jusqu'aux bords, surtout l'impair. Celui-ci un peu plus arqué du côté droit; les pairs antérieurs larges de 5 millimètres dont 3ᵐ5 pour la zone interporifère, un peu courbés vers l'avant, la zone porifère antérieure étant plus courte que l'autre de 5 paires de pores; les postérieurs arqués vers l'arrière, de même largeur, à zones subégales descendant un peu moins bas. Péristome pentagonal, assez fortement transverse, pourvu de phyllodes très courts, mais très nets, à pores très entassés, avec des bourrelets à peine saillants mais largement tronqués en dedans pour les antérieurs et le postérieur. Périprocte infra-marginal, elliptique transverse, assez grand regardant en dessous. Tubercules du dessus très petits, assez rapprochés, ceux des ambulacres formant 5 à 6 rangées irrégulières verticales, ceux du dessous plus fortement scrobiculés et très serrés.

Cette espèce fait un peu transition d'une section à l'autre, ayant de la précédente les pétales étroits et les zones porifères grêles, de la seconde les longs pétales presque égaux et à zones peu ou pas inégales en longueur et la forme discoïde. Je ne connais aucune espèce avec laquelle elle puisse être confondue ; elle est plus évidemment rostrée que celles qui l'avoisinent le plus.

Terrain éocène : Tingemar, Parmentier, Sidi-Abd-el-Kader (Bel-Abbès) ; Habra? se trouve dans des calcaires à mélobésies rappelant ceux de l'étage helvétien, mais dans lesquels on a depuis trouvé des nummulites du type de la *N. Ghizeensis*.

ECHINOLAMPAS PYGUROIDES

B. Pl. VI, fig. 1 à 3.

Longueur, 0ᵐ125 ; largeur, 0ᵐ113 ; hauteur, 0ᵐ050.
— 0 130 — 0 124 — 0 043.

Très grand oursin discoïde subpentagonal, longuement atténué vers le bord antérieur un peu tronqué, très brièvement à l'arrière angulairement rostré. Face supérieure convexe, retombant plus fortement sur les côtés, plus gibbeuse et subcarénée sur l'interambulacre postérieur. Face inférieure régulièrement et faiblement déprimée dans toute son étendue, à peine pulvinée sur les côtés avec faible gibbosité angulaire vers le milieu des zones postérieures des interambulacres latéraux, où se trouve la plus grande largeur de l'oursin.

Apex excentrique en avant, 46/100, un peu en avant du point culminant dans les sujets non déformés, à fleur, assez grand avec 4 pores génitaux dans le bord du madréporide. Pétales longuement lancéolés à fleur de test, longs et descendant jusqu'à 2 centimètres du bord, l'impair plus étroit un peu irrégulier, ayant un centimètre de largeur dont 7ᵐᵐ pour la zone interporifère, les pairs larges de 14ᵐᵐ dont 11 pour la zone interporifère, sont assez fortement contractés vers l'extrémité ouverte et au delà la zone ambulacraire s'élargit de

nouveau vers la marge; les antérieurs un peu plus courts ont la zone
porifère antérieure moins longue de 4 à 5 zygopores, et se courbent
sensiblement en avant; les postérieurs plus divergents en arrière ont,
au contraire de la règle, leur zone postérieure plus longue que l'antérieure de 4 à 5 paires de pores. Les zones porifères sont presque à
fleur et forment un très léger sillon ; elles sont étroites à pores extérieurs ovales, bien conjugués, leurs paires étant très rapprochées.
Péristome à fleur dans la dépression, à peine excentrique en avant,
assez grand, subpentagonal transverse (un peu plus que dans la
figure) à sinus bien nets, avec phyllodes peu élargis mais bien
marqués par leurs pores dédoublés et entassés, séparés par de très
larges bourrelets tronqués et assez saillants. Périprocte infra-marginal, elliptique en travers, assez grand (plus que dans le dessin), à
bord un peu rentrant et échancrant un peu la marge. Tubercules
petits, très rapprochés partout, ceux des ambulacres formant des
séries transverses de 10 à 12. Un de nos exemplaires est plus large
et moins atténué en avant; sa face inférieure est très peu déprimée
et sa hauteur moindre ; il a été visiblement déformé et un peu étalé
par compression; son péristome a 14 millimètres de large et 10 de
long et son périprocte bien entier a 15 millimètres de largeur. L'autre est plus convexe en dessus à l'arrière, plus creux en dessous par
suite d'un léger refoulement latéral qui a rétréci le péristome et le
périprocte; c'est ce dernier qui a servi de type au dessin. Je ne
connais aucune espèce avec laquelle celle-ci puisse être confondue.

Terrain cartennien : Ouillis (Dahra); Camp-du-Maréchal (Kabylie).

ECHINOLAMPAS INSIGNIS

B. Pl. V, fig. 1 à 3.

Longueur, 0^m 140 ; largeur, 0^m 132 ; hauteur, 0^m 052.

Très grand oursin discoïde subovalaire, un peu plus étroit en
avant, presque tronqué au bord antérieur, un peu contracté à l'arrière en rostre très obtus. Face supérieure peu élevée, irrégulière-

ment convexe, avec un méplat au-devant de l'apex, une gibbosité en
arrière à mi-hauteur du bivium, en dessous de laquelle proémine la
marge, amincie sensiblement. Face inférieure un peu concave dans
presque toute son étendue, très peu pulvinée sur les bords qui sont
arrondis mais peu épais ; la gibbosité de l'arrière de l'interambulacre latéral y est à peine marquée.

Apex excentrique en avant (aux 3/7), plat sur un petit relief proclive
devant le sommet de figure, à 4 pores génitaux contigus au madréporide. Pétales à fleur, plats ou à peine convexes, lancéolés oblongs,
à peine resserrés à leur extrémité largement ouverte, descendant
jusqu'à 25 millimètres du bord. Zones porifères à fleur de test,
étroites, à paires de pores rapprochées, bien conjuguées, les pores
extérieurs ovales oblongs. Pétale antérieur plus étroit, arqué du côté
droit, large de 15 millimètres dont 10 pour la zone interporifère quatre fois plus large que l'une des porifères ; les pairs larges de 20 millimètres dont 14 pour la zone interporifère, encore relativement plus
large. Les zones paraissent égales en longueur, sauf dans les pairs
antérieurs, dont la zone externe a 4 à 5 paires de plus que l'interne ;
dans les deux paires les zones postérieures sont plus fortement arquées que les antérieures.

Péristome excentrique en avant (aux 3/7), presque à fleur de la
dépression, pentagonal transverse, à sinus très marqués, avec phyllodes bien développés, déprimés entre des bourrelets épais et tronqués vers l'ouverture ; il a 9 millimètres de long sur 14 millimètres
de large. Périprocte grand (17^{mm} sur 9), demi-elliptique transversal,
à marge rentrante échancrant sensiblement le bord postérieur, mais
tout à fait infra-marginal, sur un rostre un peu en relief. Tubercules
petits, serrés ; ceux du dessous plus fortement scrobiculés ; ceux des
pétales formant des rangées horizontales de 14 à 16 dans la partie
la plus large.

La grande taille de cette espèce, ses larges pétales à fleur et très
ouverts, son pourtour atténué à l'avant, son profil très surbaissé

·devant, gibbeux à l'arrière, le distinguent de la plupart de ses congénères. *E. pyguroïdes* est celui qui s'en rapproche le plus; il est
beaucoup plus rétréci à l'avant, plus fortement rostré à l'arrière,
plus pentagonal; ses pétales sont plus resserrés vers l'extrémité et
plus lancéolés. On ne peut les confondre.

Terrain helvétien : zone à clypéastres et à mélobésies à l'Oued
Riou et sous Kallel chez les Beni-Chougran.

ECHINOLAMPAS SUBHEMISPHÆRICUS

B. Pl. VII *bis*, fig. 1 à 3.

Longueur, 0ᵐ113 ; largeur, 0ᵐ106 ; hauteur, 0ᵐ048.

Grand oursin discoïde subcirculaire, à peine élargi vers les zones
postérieures des interambulacres latéraux, à bord postérieur contracté derrière les ambulacres en un rostre tronqué peu saillant.
Face supérieure subhémisphérique, un peu plus convexe en arrière
du sommet, qui est brisé ; face inférieure faiblement déprimée presque à partir de la marge à peine pulvinée, peu épaisse, un peu ondulée ; une large dépression au passage des ambulacres postérieurs
met en saillie presque égale la bosselure des interambulacres latéraux et celles qui accentuent le rostre de chaque côté du périprocte.
Apex inconnu, très probablement assez excentrique en avant. Pétales
lancéolés oblongs tendant à se resserrer, mais bien ouverts au bout
qui reste assez éloigné du pourtour, à zones porifères déprimées en
sillon, serrées, bien conjuguées, la zone interporifère étant assez
convexe, en côte peu saillante. Le pétale impair un peu déjeté à
droite, plus court et plus étroit que les autres (10 millimètres de large
dont 7 pour la zone interporifère); les pairs antérieurs ont 12 millimètres de large dont 8 pour la zone interporifère, et sa zone porifère extérieure est plus longue de 11 à 12 paires de pores de plus que
l'intérieure qui a la même longueur que le pétale impair. Les pairs
postérieurs sont sensiblement plus larges, 15 millimètres dont 11

pour la zone interporifère et les deux zones porifères sont égales et descendent un peu moins bas que la zone longue des antérieurs.

Péristome un peu excentrique en avant (46/100), pentagonal transverse, à fleur de la dépression, de grandeur médiocre (7^{mm} sur 11), à sinus très ouverts et phyllodes peu contractés entre des bourrelets assez saillants mais largement tronqués; un encroûtement de bryozoaires masque les détails du floscèle. Périprocte infra-marginal grand (8^{mm} sur 13), semi-elliptique à pourtour à peine enfoncé, à fleur de test en avant, mais échancrant légèrement la marge postérieure entre deux tubérosités latérales qui font ressortir le rostre. Tubercules très petits, très serrés, ceux des pétales formant des séries transverses de 16 à 17 dans la partie la plus large.

Cette espèce me paraît différer de *E. hemisphæricus* par sa forme moins élevée, son pourtour plus élargi moins contracté à l'arrière, ses pétales plus convexes, moins égaux, son bord moins arrondi, moins épais, le large évidement et l'aplanissement de la partie postérieure du dessous, si j'en juge par un exemplaire provenant de la molasse de Martignas (Gironde). Ses pétales costulés inégaux, sa forme subcirculaire à peine pulvinée sur les bords en dessous, son profil plus convexe le différencient suffisamment de *E. insignis*. *E. Laurillardi* a ses pétales plus étroits, plus convexes, une face inférieure plus pulvinée, un rostre beaucoup moins accusé. *E. giganteus* est plus allongé et ses pétales sont plus longs atteignant presque le bord, bien plus étroits et son péristome ainsi que le périprocte bien plus petits. Il y aurait presque plus d'affinité avec *E. costatus* de la section précédente en raison de l'inégalité des zones des pétales pairs antérieurs, dont la zone courte égale environ la longueur du pétale impair, au point qu'on pourrait se demander si sa place ne serait pas plutôt dans la section précédente. En tout cas il ne saurait être confondu spécifiquement avec lui, dont il n'a pas la face inférieure pulvinée, ni les pétales aussi inégaux ni aussi fortement costés et qui en outre a une taille beaucoup moindre.

Terrain helvétien : zone à clypéastres près de Nemours (Djema Ghazaouat).

ECHINOLAMPAS CHELONE

B. Pl. VI *bis*, fig. 1 à 3.

Longueur, 0ᵐ 143; largeur, 0ᵐ 128; hauteur, 0ᵐ 055.

Grand oursin discoïde à pourtour ovalaire subpentagonal, longuement rétréci vers l'avant, très obtus, un peu contracté à l'arrière en un rostre tronqué, assez développé. Face supérieure un peu déformée paraissant avoir été plus convexe à l'arrière que devant où elle semble déprimée devant le sommet, à bords retombant jusqu'à la marge peu épaisse. Face inférieure concave sur la plus grande partie de son étendue, un peu pulvinée sur les bords, avec un large méplat entre les faibles bosselures du pourtour vers le périprocte et vers l'aire postérieure des interambulacres latéraux. Apex petit en bouton peu saillant, à 4 pores génitaux autour du madréporide, excentrique en avant (45/100). Pétales étroitement lancéolés, un peu resserrés à l'extrémité, mais très ouverts, s'arrêtant assez loin du bord (2 cent. 1/2), saillants en côte convexe entre des sillons occupés par les zones porifères; celles-ci serrées, étroites, bien conjuguées, effilées au bout et presque égales, sauf dans les pétales pairs antérieurs dont la zone externe a 5 à 6 paires en plus que l'interne; l'impair plus étroit que les autres, plus arqué du côté droit, les pairs à zones porifères externes plus arquées que les internes presque droites dans les antérieurs; la plus grande largeur est de 14 millimètres dont 10 pour la zone interporifère. Péristome à fleur de la concavité et un peu excentrique en avant (45/100), transversal, pentagonal, à floscèle très accusé, les phyllodes quoique médiocrement élargis étant assez fortement déprimés entre des bourrelets très convexes tronqués en dedans, surtout le postérieur. Périprocte infra-marginal, mais inconnu dans sa forme et ses dimensions. Tubercules très petits, très serrés en dessus, ceux des pétales formant des rangées horizontales

de 14 dans la partie la plus large, les inférieurs plus gros, plus fortement scrobiculés et plus espacés.

Cette espèce rappelle par son profil, son pourtour ovalaire et sa
grande taille *E. insignis*, mais il en diffère par ses pétales beaucoup
plus étroits et plus relevés en côte. Il est bien moins large et moins
dilaté que *E. subhemisphæricus* et ses pétales sont plus fortement
costés, ses bords plus sensiblement pulvinés en dessous et il est beaucoup moins élevé; on ne peut les confondre.

J'ai sous le nom certainement erroné de *E. hemisphæricus* de Bia
(Autriche-Hongrie), un Echinolampe de petite taille (78^{mm} de long),
qui a une grande analogie pour ses pétales peut-être encore plus en
relief et son pourtour atténué en avant; mais, outre sa petite taille, il
en diffère par son côté antérieur presque aigu, le postérieur à peine
rostré, la face inférieure fortement pulvinée, déprimée seulement en
son milieu, par son péristome plus petit, moins transversal, ses
zones porifères plus inégales dans les pétales pairs; elle en est bien
distincte.

Terrain helvétien : zone à clypéastres à Aïn-Oumata (commune
des Trembles; Tessala) (M. Villemin).

ECHINOLAMPAS ALGIRUS
B. Pl. V, fig. 2 *a b c d.*

Longueur, 0^{m}084 ; largeur, 0^{m}082 ; hauteur, 0^{m}030.
— 0 090 — 0 090 — 0 037.

Oursin d'assez grande taille discoïde subcirculaire, un peu plus
étalé cependant en arrière, où il n'y a qu'un soupçon de rostre tronqué. Face supérieure assez régulièrement convexe, quelquefois un
peu plus en arrière qu'en avant, retombant jusque auprès de la
marge arrondie mais peu épaisse. Face inférieure très peu concave
au milieu, plus ou moins convexe sur les bords, peu ou pas onduleuse.

Apex excentrique en avant (44/100) au sommet de figure, petit, en bouton arrondi avec 4 pores génitaux contigus au corps madréporique. Pétales longs un peu arqués, à peine resserrés près de l'extrémité et très ouverts, saillants en côtes faiblement convexes entre des sillons logeant les zones porifères. Celles-ci assez larges, serrées, bien conjuguées, un peu effilées au bout, un peu inégales en longueur, surtout celles des pétales pairs antérieurs, s'arrêtant près du bord, les externes très arquées en dehors, les internes presque droites. Le pétale impair est semblable à celui de droite des pairs antérieurs et aussi arqué que lui; les postérieurs un peu plus longs et un peu plus larges ont au milieu 10 millimètres dont 5 pour la zone interporifère. Péristome peu excentrique en avant à fleur de la concavité, pentagonal transverse, à floscèle peu développé avec phyllodes peu élargis, peu déprimés entre des bourrelets arrondis fortement tronqués en dedans. Périprocte subelliptique transverse à bord déprimé, infra-marginal, mais s'ouvrant sur la convexité et regardant sensiblement en arrière. Tubercules très serrés, très petits en dessus; ceux des pétales formant des séries transverses de 7 à 8; ceux du dessous plus gros, plus scrobiculés, moins serrés. Un de nos exemplaires, celui figuré, a le péristome plus petit que les autres ainsi que le périprocte; mais ce dernier, détérioré sur les bords, a été encore diminué par le dessinateur. Dans le grand exemplaire le péristome a 10 millimètres de large et 6 millimètres de longueur; les mêmes dimensions pour le périprocte sont 11 millimètres et 6 millimètres.

Cette espèce ressemble beaucoup à *E. Hoffmanni* Des. par sa taille et par sa forme générale, mais il en diffère suffisamment par ses pétales plus étroits et beaucoup plus arqués, surtout l'impair qui est droit dans l'espèce de Sicile.

Terrain pliocène : sous le quartier de Karguenta à Oran; douar Msila, au Dahra; molasse de l'Oued Kniss, près d'Alger. Je possède un exemplaire identique du pliocène de Perpignan.

ECHINOLAMPAS JUBÆ Pom.

B. Pl. IV, fig. 2 *a b c d*.

J'ai désigné sous ce nom un oursin fossile trouvé dans la base du pliocène du Col de Sidi-Moussa au pied du Chénoua. Il est, autant qu'on peut en juger par son état assez mauvais de conservation, très voisin du précédent. Il m'avait paru en différer par ses pétales un peu plus larges et sensiblement plus courts, l'impair étant plus étroit que les pairs, par son péristome et son périprocte plus grands. Mais la différence des pétales peut s'expliquer par des déformations et celle des péristome et périprocte sont moins accentuées avec d'autres exemplaires que celui figuré. Je crois donc devoir le rattacher en synonymie à *E. algirus*.

CONOLAMPAS Pom.

J'ai séparé sous ce nom dans le *Genera*, à titre de sous-genre d'*Echinolampas* un groupe d'espèces remarquables par le développement des pétales dont les zones porifères plus larges sont formées de pores extérieurs en fissure bien séparés des internes arrondis, mais conjugués entre eux par des sillons qui strient ces zones fortement en travers, tandis que ces pores sont arrondis et subégaux dans les espèces typiques. Les pétales descendent jusque auprès du bord presque en ligne droite, sans tendance bien marquée à se resserrer à l'extrémité. Le floscèle est très développé dans ses phyllodes bien élargis, formés de pores très multipliés en plus des deux rangées de chaque côté. La forme est généralement élevée à base plus ou moins arrondie ou elliptique, tronquée et subplane en dessous. La plupart des espèces avaient été incorporées dans l'ancien genre *Conoclypus* à une époque où l'on ignorait que les types de ce dernier genre étaient pourvus de dents, qui manquent complètement dans ces espèces ; elles ont été depuis reportées au genre *Echinolampas* par M. de Loriol et elles se distinguent toujours, comme celui-ci, des

Conoclypus vrais par la disposition transverse et non longitudinale de leur périprocte. Mais les caractères des aires ambulacraires me paraissent suffisants pour les séparer de ces *Echinolampas* au moins comme sous-genre. Ils diffèrent des *Hypsoclypus*, également très rapprochés par leur forme générale et par la longueur des zones porifères, en ce que ces zones sont plus élargies avec des pores extérieurs en fissure et non arrondis, par une plus grande complication des phyllodes manifestement élargis, tandis qu'ils le sont peu ou pas dans ce dernier genre et que leurs pores se bornent à une double rangée de chaque côté. Aux espèces énumérées dans le *Genera* il faut ajouter le *Conoclypus marginatus* dont le périprocte est bien transverse.

CONOLAMPAS LETOURNEUXI

B. Pl. III *bis*, fig. 4 et 5.

Longueur, 0^m 120 ; largeur, 0^m 120? ; hauteur, 0^m 035?

Grand oursin discoïde surbaissé, dont le pourtour est mal conservé dans notre unique exemplaire qui a en outre éprouvé une déformation oblique et probablement aussi une certaine compression qui ne permet pas d'en rétablir le profil, paraissant toutefois avoir été assez régulièrement convexe. Apex un peu excentrique en avant… Pétales à fleur de test ainsi que les zones porifères qui s'étendent presque jusqu'à la marge où elles ne montrent aucune tendance à se rapprocher l'une de l'autre ; les pétales du trivium, subégaux en largeur, ont leurs zones porifères régulièrement divergentes du sommet, sauf pour la droite de l'impair qui paraît avoir été un peu convexe en dehors. La plus grande largeur du pétale est de 13 millimètres dont 7 pour la zone interporifère. Les pétales postérieurs plus larges ont leurs zones plus écartées vers l'origine, puis subparallèles et sensiblement arquées. La largeur la plus grande du pétale est de 15 millimètres dont 9 pour la zone interporifère. Les zygopores sont très rapprochés et lorsque le sillon de conjugaison a été oblitéré, il reste une

bande presque unie, de largeur égale à la bande striée par les pores
en fissure.

Péristome à peine excentrique en avant, assez ample, presque à
fleur avec la surface inférieure presque plane, ou à peine déprimée et
sans ondulation apparente, elliptique transverse subpentagonal, à
phyllodes peu déprimés entre des bourrelets très obtus peu saillants,
avec des pores disposés sur trois rangées de chaque côté, les extérieurs étant un peu en fissure ou plutôt en larme, ainsi qu'un certain
nombre d'autres qui s'entassent en gerbe à la naissance du phyllode.
Périprocte infra-marginal, transverse, elliptique subtriangulaire, incomplètement conservé. Tubercules très petits, assez rapprochés en
dessus, ceux des pétales formant des séries transverses de 7 à 10
suivant leur largeur respective, les inférieurs un peu plus gros, plus
fortement scrobiculés, extrêmement serrés près de la marge et beaucoup moins au voisinage du péristome. Les pores simples qui font
suite aux phyllodes sont peu visibles au milieu des tubercules.

Il serait difficile d'établir des comparaisons entre notre espèce et
ses congénères connus, en raison des déformations que notre exemplaire peut avoir éprouvées. Toutefois, sa forme élargie discoïde,
surbaissée, avec des bords peu épais et la disposition tout à fait à
fleur des pétales, ne permettent de la confondre avec aucune d'elles.

Terrain helvétien? : Enfida, en Tunisie (M. Letourneux).

HYPSOCLYPUS Pomel.

J'ai distrait ce genre de *Conoclypus* à une époque où j'ignorais
encore que ce dernier appartenait au sous-ordre des *Gnathostomes*, et
ce n'est donc pas parce qu'il est dépourvu de dents, mais pour la
forme de ses ambulacres à peine pétaloïdes, dont les zones porifères,
quoique bien conjuguées, sont cependant grêles comme dans les
Echinolampas typiques. Ces zones descendent tout droit jusqu'au auprès du bord. Les phyllodes sont étroits, à peine élargis, mais bien
accusés par leurs pores dédoublés, et la série de pores simples qui

s'étend jusqu'à la marge est serrée et logée dans un pli bien accusé et droit de la face inférieure, qui est subplane à bord anguleux ou à peine arrondi.

Le genre est encore représenté dans les mers actuelles par le *Conoclypus Sigsbei* A. Ag., mais c'est peut-être à tort que je lui ai rapporté le *C. semiglobus* dont les zones porifères sont plus larges que dans les espèces typiques, quoique ce soit bien ici que doive le faire classer la forme si caractéristique de son péristome. Il faudrait un examen direct des exemplaires pour décider cette question.

HYPSOCLYPUS DOMA

B. Pl. II, fig. 1 à 3 *a* et *b*; Pl. II *bis*, fig. 1, 2, 3, 5; Pl. III, fig. 5.

Longueur,	0ᵐ 140;	largeur,	0ᵐ 140;	hauteur,	0ᵐ 070.
—	0 120	—	0 115	—	0 053.
—	0 090	—	0 090	—	0 050.
—	0 095	—	0 095	—	0 046.

Gros oursin subhémisphérique ou conoïde à face supérieure obtuse ou aiguë, presque toujours obliquement déformée et à sommet déjeté soit en avant, soit en arrière, soit même sur le côté, ce que rendait sans doute plus facile le peu d'épaisseur de son test. Il est donc difficile d'établir le véritable profil de l'oursin. Indépendamment de la différence de déclivité ainsi produite, on peut constater de véritables variations dans la forme du bord, qui dans certains sujets tombe droit sur la marge et dans d'autres s'étale et s'amincit pour donner à cette marge comme un rebord plus aigu. Certains exemplaires ont un rudiment de rostre à l'arrière, d'autres n'en ont aucune trace. Face inférieure subplane ou à peine déprimée depuis le bord.

Apex situé au sommet de figure, probablement un peu excentrique en avant, très petit, souvent saillant en bouton, avec 4 pores génitaux contigus au madréporide. Pétales largement linéaires droits ou presque droits, étendus jusque près du bord, divergents dès le sommet, bien ouverts à l'extrémité, à fleur du test sauf au voisinage du sommet où les zones porifères se dépriment un peu contre des côtes étroites et comme pincées formées par le sommet des interambulacres, surtout dans les sujets accuminés comme celui de fig. 1, Pl. II *bis*.

Dans un grand exemplaire les pétales ont de plus grande largeur 18 millimètres dont 13 pour la zone interporifère, les tubercules y sont en séries transverses d'une douzaine. Dans un exemplaire moyen la grande largeur est de 13 millimètres dont 9 pour la zone interporifère ; dans un plus petit le pétale a 10 millimètres dont 7 pour la zone interporifère, et celle-ci compte de 7 à 8 tubercules par séries transversales. Le nombre des paires de pores est à peine différent dans les deux zones du pétale impair, dans les pairs antérieurs la zone postérieure a 7 zygopores de plus que l'autre ; dans les pairs postérieurs la différence est de 5 en plus pour la zone antérieure ; il n'est pas facile de suivre les séries dans nos grands exemplaires ; mais elles paraissent présenter les mêmes différences.

Péristome à peu près central, transversal pentagonal, assez enfoncé, mais à fleur avec la surface générale par ses bourrelets du floscèle ; les phyllodes sont fortement déprimés en gouttière entre de gros bourrelets très saillants vers l'intérieur du péristome, dont les antérieurs et le postérieur sont convexes et les latéraux un peu moins obtus. Les phyllodes sont bien caractérisés par leur double rangée de pores ronds de chaque côté, et se prolongeant dans des sillons divergeant dès leur naissance et produisant une côte très marquée à l'origine de l'interambulacre, un peu comme dans les *Conoclypus*. La côte et les sillons s'effacent bientôt et ceux-ci restent encore un peu marqués par les rangées assez serrées de pores simples qui prolongent les phyllodes. Périprocte médiocre, elliptique transversal, tout à fait infra-marginal. Tubercules du dessus extrêmement petits, scrobiculés, peu serrés avec de très petits granules dans les intervalles, ceux du dessous sensiblement plus gros, bien plus serrés vers le pourtour, un peu moins au voisinage de la bouche.

J'avais sans hésitation, au début, distingué cet oursin comme une espèce spéciale. La taille bien plus forte des premiers exemplaires recueillis, leur forme plus obtuse, la grande largeur des pétales m'avaient paru suffisantes pour le différencier de *Conoclypus pla-giosomus* (non *C. Lucæ !*); mais depuis lors d'autres exemplaires de taille variée ont montré toutes les variations dont ce type est suscep-tible et qui sont tellement transitives qu'il est difficile de les contes-ter, et quelques-unes de ces variations se rapprochent beaucoup du type qui a servi à l'établissement de *C. plagiosomus* et qui a été moulé sous le n° 53 de la collection de Neuchâtel. Mais celui-ci en diffère encore par quelques caractères importants. Sa marge est plus arrondie, plus épaisse, surtout à l'avant; ses pétales sont plus étroits, les zones porifères des pairs sont à peine inégales; les tubercules sont moins petits, moins séparés et ceux des pétales forment des séries transverses de 4 à 5 seulement et plus irrégulières. Malheureu-sement il n'est pas possible de comparer le floscèle qui paraît avoir été moins développé; car c'est une des parties les plus caractérisées de notre fossile algérien. J'ai cru utile de figurer le type d'Agassiz comme un élément de comparaison; car il n'est rien moins que cer-tain que tous les fossiles décrits ou figurés comme tels lui soient identiques, et qu'il n'y en ait pas de semblables à ceux figurés dans cet ouvrage. Je dois encore faire une réserve au sujet des exemplai-res arrondis au sommet et dont les surfaces ne sont pas suffisam-ment bien conservées pour affirmer leur identité avec celles qui sont amincies. En tous cas, si elles ne sont pas identiques, c'est la forme arrondie qui doit conserver le nom de *H. doma*. Cette question ne pourra être résolue qu'à l'aide de nouveaux matériaux.

Terrain cartennien : Ouillis, au Dahra; environs de Ténès ?; El-Biar (M. Delage); Bou Chenacha (MM. Godart et Ficheur) ; Camp-du-Maréchal : Beni-bou-Mileuk (M. Schopin).

HYPSOCLYPUS PONSOTI

B. Pl. III, fig. 1 à 3.

Longueur, 0^m155; largeur, 0^m145?; hauteur, 0^m064.

Grand oursin discoïde surbaissé, arrondi convexe en dessus, presque plat ou faiblement déprimé en dessous à partir du bord, avec marge anguleuse peut-être un peu exagérée par compression. Apex excentrique en avant (46/100) au sommet de figure, petit, détérioré dans notre sujet. Pétales amples, descendant tout droit près du bord, rapidement resserrés au sommet, à fleur de test, dans leur plus grande étendue au moins; car au sommet mal conservé, ils pourraient bien avoir montré une légère dépression entre les saillies des interambulacres : leur grande largeur est de 16 millimètres, dont 14 pour la zone interporifère. Les zones porifères sont grêles, bien fournies et bien conjuguées; elles paraissent avoir été un peu inégales en longueur, mais il est difficile de juger de combien de zygopores.

Péristome presque central, un peu enfoncé, ample (15^{mm}), pentagonal un peu transverse, avec les angles très arrondis. Les phyllodes très enfoncés non élargis sont cependant très marqués par leurs paires de pores rapprochées en une assez longue série qui se prolonge ensuite par une série simple, droite jusqu'au bord, en traçant un léger sillon. Les bourrelets sont assez saillants mais très obtus vers la cavité buccale; les latéraux sont moins saillants et moins épais. Périprocte elliptique en travers, infra-marginal, à bord antérieur un peu déprimé. Tubercules très petits, scrobiculés, peu serrés, formant sur les pétales des séries transverses de 15 à 16; à la face inférieure ils sont plus serrés et plus fortement scrobiculés près de la marge.

Cette espèce est très voisine de *H. doma* dont elle a la grande taille, mais elle est beaucoup plus discoïde, à convexité plus surbaissée. Ses ambulacres sont plus larges à la face inférieure, les bourrelets

du floscèle beaucoup moins saillants ; les phyllodes plus ouverts ne
sont pas relevés en côte dans la zone interporifère ; le péristome et le
périprocte sont bien plus amples.

Terrain helvétien : Mouzaïa-Mines (M. Ponsot).

HYPSOCLYPUS LATUS

B. Pl. J, fig. 1 à 3 *a* et *b*; Pl. III, fig. 4.

Longueur, 0^m 140; largeur, 0^m 134 ; hauteur, 0^m 047.

Grand oursin discoïde surbaissé, arrondi convexe en dessus, plat
en dessous, avec une marge presque anguleuse. Apex submédian au
sommet de figure, petit (détruit dans notre exemplaire). Pétales amples, descendant tout droit près du bord, assez brusquement resserrés vers leur sommet qui est plus arqué en avant dans les pairs
postérieurs et en arrière dans les pairs antérieurs ; l'impair est un
peu irrégulier, plus courbé du côté droit. Zones porifères presque
égales, serrées, bien conjuguées, paraissant un peu plus larges vers
le haut, à fleur ainsi que la zone interporifère dont le sommet est
sensiblement déprimé entre le sommet un peu saillant des interambulacres. La plus grande largeur du pétale est de 15 millimètres
dont 10 pour la zone interporifère. Dans notre dessin, le sommet
des zones porifères est trop peu serré et trop maigrement conjugué. Péristome assez enfoncé, mais ayant ses bords presque à
fleur, médiocrement grand (11^{mm} de large), pentagonal transverse par
élargissement de la lèvre postérieure, à peine excentrique en avant.
Phyllodes non élargis, très déprimés, bien marqués par leurs deux
doubles séries de pores longues et divergentes, qui se continuent au
delà par une série simple logée dans des sillons superficiels mais
bien marqués, qui divergent jusqu'à la marge, avec la zone interporifère relevée en côte obtuse qui s'efface avant le bord. Les bourrelets
du floscèle sont assez saillants entre les phyllodes, mais peu sur l'ouverture buccale, où ils sont très obtus et presque tronqués. Périprocte
elliptique en travers, assez développé, infra-marginal. Tubercules

très petits, fortement scrobiculés, assez serrés en dessus, beaucoup plus en dessous sur les bords et moins au milieu, ceux des pétales formant des séries transverses de 6 à 7.

Cette espèce est assez voisine de *H. Ponsoti*; mais elle est encore plus déprimée, ses tubercules sont moins serrés, plus gros, ses pétales sont plus étroits à zones porifères plus larges. Son péristome est moins ample, ses phyllodes moins ouverts et leurs séries porifères plus déprimées dans des sillons qui relèvent en côte la zone interporifère près de son origine, et cette zone est beaucoup plus étroite jusqu'à la marge. Ces différences suffisent pour éviter toute confusion entre ces deux types.

Terrain sahélien : couches à bryozoaires des environs d'Oran.

HYPSOCLYPUS ORANENSIS

B. Pl. IV, fig. 1 *a b c d.*

Longueur, 0ᵐ082 ; largeur, 0ᵐ073 ; hauteur, 0ᵐ040.

Oursin de taille médiocre, petite même dans le genre, à pourtour elliptique. Face supérieure élevée, cylindrico-sphérique, régulièrement convexe en dessus, à côtés presque verticaux ; face inférieure subplane (?) se raccordant avec les côtés par une marge convexe. Apex submédian au sommet de figure, petit avec 4 pores génitaux contigus au madréporide. Pétales droits à fleur de test, insensiblement atténués au sommet, subégaux, leur plus grande largeur étant de 6 millimètres dont 4 pour la zone interporifère. Zones porifères très grêles, assez serrées, inégales en longueur, celle de gauche dans le pétale impair ayant au moins 12 zygopores de moins que celle de droite, les extérieurs dans les pairs antérieurs en ayant 18 de plus que les internes, et il parait en être de même dans les pétales pairs postérieurs où il est plus difficile de s'en assurer (notre dessin laisse à désirer pour ces détails).

Péristome petit, à fleur de test, pentagonal un peu transverse, à phyllodes très peu déprimés, étroits à leur origine, brusquement élargis et divergeant ensuite sans se contracter. Les zones porifères ont la série extérieure beaucoup plus fournie, entassée, logée dans un sillon et se prolongeant en une série de pores simples peu distants dans un faible sillon. Les bourrelets du floscèle sont courts, peu saillants, largement tronqués au bord péristomal qui dépasse à peine les sinus des phyllodes. Périprocte petit, brièvement elliptique en travers, infra-marginal à une faible distance de la marge. Tubercules très petits, scrobiculés, assez distants au milieu d'une assez forte granulation, ceux des pétales formant des rangées transversales de 5 à 6, ceux du dessous à peine plus gros, plus entassés sur les bords.

Cette espèce, par sa forme élevée très convexe, par ses pétales insensiblement atténués au sommet, à zones très inégales comme dans certains *Echinolampas*, par son péristome à phyllodes presque superficiels et à bourrelets fortement tronqués, forme un type à part dans le genre et ne peut être confondue avec aucune autre.

Terrain sahélien : Ravin d'Oran, dans les couches à diatomées et à spicules.

HYPSOCLYPUS POUYANEI Delage (*mss.*)

B. Pl. III *bis*, fig. 1 à 3.

Longueur, 0ᵐ062; largeur, 0ᵐ057 ; hauteur, 0ᵐ035.
    —   0 054   —   0 050   —   0 028.
    —   0 037   —   0 032   —   0 025.

Oursin de petite taille pour le genre, à pourtour elliptique un peu plus long que large, plus obtus en avant qu'en arrière où l'on remarque une tendance au rostre. Face supérieure assez élevée, conoïde convexe; face inférieure tronquée, un peu déprimée à partir du pourtour qui est brièvement arrondi. Apex un peu excentrique en avant au sommet de figure, presque à fleur, à 4 petits pores génitaux contigus au madréporide. Pétales atténués vers le sommet, élargis jusque auprès du bord et droits, sauf près du sommet où les postérieurs pairs sont un peu convexes en avant, les antérieurs pairs un peu convexes en arrière et l'impair sensiblement irrégulier et arqué vers la droite. Les zones porifères sont à fleur ou à peu près, ainsi que l'interporifère; elles sont bien fournies, bien conjuguées et très inégales en longueur. La zone de gauche du pétale impair a 12 zygopores de plus que la droite; dans les pétales pairs antérieurs l'externe en a 15 de plus que l'interne et dans les postérieurs la différence est de 16 à 17. La plus grande largeur du pétale est de 5 millimètres dont 3 pour la zone interporifère, mais l'ambulacre continue à s'élargir jusqu'à la marge.

Péristome à peu près central, médiocre, pentagonal un peu transverse, presque à fleur de test. Phyllodes à peine déprimés, sensiblement élargis près de leur origine et se continuant sans contraction dans la ligne de pores simples marquée par un léger sillon jusqu'à la marge. Les bourrelets du floscèle sont très peu saillants, fortement tronqués dans l'ouverture buccale. Périprocte médiocre, brièvement elliptique en travers, infra-marginal en dessous d'un faible rostre et sur une gibbosité sensible de l'interambulacre impair qui commence vers le péristome. Tubercules très petits, très distants en dessus, ceux des pétales formant 3 à 4 séries longitudinales irrégulières; ceux du dessous moins petits, plus scrobiculés et bien plus serrés vers les bords qu'au milieu. Les assules interambulacraires du dos ont quelquefois une apparence tessélée, due sans doute à une légère corrosion des sutures.

Cette espèce semble faire partie du même type que *H. oranensis* par l'inégalité des zones porifères, par son floscèle superficiel; mais elle en diffère par sa forme plus conoïde, par plus d'inégalité encore dans les zones porifères, par le rostre de son périprocte qui ondule davantage la face inférieure.

Terrain pliocène : Sidi-bou-Nega; Mustapha-Supérieur; Chéragas (M. Delage).

SOUS-ORDRE DES GNATHOSTOMES

FAMILLE DES CLYPÉIFORMES

TRIBU DES CLYPÉASTRIDÉS

CLYPÉASTRIENS

CLYPEASTER

Genre très vaste, datant de l'époque éocène et encore représenté dans les mers de notre époque, mais étranger à celles qui baignent les côtes d'Europe, se trouvant dans la mer Rouge jusqu'au golfe de Suez et surtout abondant dans la Méditerranée miocène. Des pétales ouverts, à zones porifères larges et fortement striées par les sillons de conjugaison. Un péristome pentagonal enfoncé d'où partent cinq sillons en forme de plis représentant les ambulacres à la face inférieure. Un périprocte petit, inférieur, plus ou moins rapproché du bord. Tels sont, indépendamment de la forme des mâchoires, les caractères essentiels de ce genre, en même temps que de la sous-tribu des *Clypéastriens* tellement homogène, malgré le nombre assez considérable de ses espèces, qu'elle n'a pas encore paru pouvoir être divisée en plusieurs genres. Ce n'est pas cependant qu'il n'y ait des types diversifiés ; mais ils le sont à un degré qui ne comporte que des divisions sous-génériques. On en a distrait *Echinorhodum* Leske (*Echinanthus* Gray, non Breyn.) pour sa face inférieure enfoncée, concave et surtout pour les cloisons intérieures qui séparent les chambres viscérale et ambulacraire. J'en ai aussi séparé *Pavaya* en raison des bourrelets qui entourent le péristome et de ses pétales à fleur.

Mais il reste de nombreuses espèces dont les séries les plus différenciées ne paraissent pas pouvoir dépasser le rang de section.

1° Espèces déprimées discoïdes à pétales superficiels, non ou peu
costés (section *Laganidea*) ; c'est un type qui paraît confiné dans les
terrains éocènes.

CLYPEASTER ATAVUS Pom.

Echin. Kef Ighoud, p. 30, Pl. III, fig. 1-2.

Longueur, 0^m050 ; largeur, 0^m045 ; hauteur, 0^m008.
— ? — 0 055 — 0 011.

Petit oursin presque plat à pourtour subpentagonal avec les angles
tronqués et arrondis, surtout les postérieurs. Face supérieure faiblement et régulièrement convexe sauf vers l'apex qui paraît avoir été
légèrement en relief. Face inférieure plane s'unissant à la supérieure
par un bord mince, mais obtus, arrondi et non tranchant. Apex légèrement excentrique en avant, détruit dans notre exemplaire. Pétales
oblongs, sensiblement resserrés au bout, mais restant bien ouverts,
atteignant en longueur les 3/5 du rayon, l'impair un peu plus étroit
que les pairs. Zones porifères paraissant avoir été à peine déprimées,
s'élargissant sensiblement vers l'extrémité. L'usure du test a oblitéré
les sillons de conjugaison des pores qui sont ronds sur la rangée interne
et en fente assez courte dans la rangée externe ; la zone interporifère
est à peine convexe, se rétrécissant vers l'extrémité et forme presque
la moitié de la largeur du pétale.

Le péristome est inconnu ; le périprocte est petit, rond, infra-marginal à une petite distance du bord. La cavité intérieure est traver-
sée par des piliers grêles allant d'un plancher à l'autre et disposés
en séries rayonnantes qui se rapprochent beaucoup de la cavité buccale. Les tubercules ont été oblitérés.

Cette espèce de petite taille, comme celles des terrains éocènes, est
remarquable par sa forme très déprimée, non flexueuse ni anguleuse
leuse sur les bords, et elle se distingue nettement par tous ces carac-

tères de ses congénères éocènes; elle est encore bien plus différente des autres espèces plus récentes.

Terrain éocène : Kef Ighoud.

CLYPEASTER SCUTELLÆFORMIS
B. Pl. XV, fig. 2 *a b c d e.*

Longueur, 0^{m}081; largeur, 0^{m}079; hauteur, 0^{m}015.

Assez petit oursin discoïde, régulièrement pentagonal à côtés droits, presque égaux, à angles assez largement tronqués. Face supérieure médiocrement convexe au milieu et un peu déprimée sur les côtés, plus fortement du côté antérieur. Face inférieure presque plane, déprimée faiblement autour du péristome; bords peu épais mais arrondis et non tranchants. Apex presque central, petit, à 5 pores génitaux contigus au madréporide assez développé. Pétales subégaux presque à fleur, ayant les 5/8 du rayon, insensiblement élargis jusque auprès de l'extrémité très ouverte. Zones porifères très peu arquées, bien striées par les sillons de conjugaison très rapprochés, dont l'intervalle costiforme porte une rangée de 6 à 7 très petits tubercules; la zone interporifère formant un peu plus de la moitié du pétale est un peu convexe et s'élargit presque jusque vers le bout et ses assules (composés de deux assules élémentaires comme dans toutes les espèces du genre et étant, suivant l'expression consacrée, bi-géminés) portent 3 rangées transverses, assez peu régulières de tubercules aussi petits que ceux des zones porifères, au nombre de 7 à 8 par chaque rangée, ce qui en donne 15 à 16 pour toute la largeur de la zone. Les aires interambulacraires sont fortement et longuement atténuées vers le haut et sensiblement convexes.

Péristome assez brusquement enfoncé, à peine excentrique en avant, ample, 15 millimètres de large, pentagonal; sillons ambulacraires très marqués s'étendant presque jusqu'au bord. Périprocte petit, rond, assez éloigné de la marge. Tubercules très petits, assez serrés partout, ceux du dessous à peine plus développés.

La forme presque régulièrement pentagonale de cette espèce par
suite de la brièveté de son côté postérieur, ses zones porifères non
arquées convergentes à l'extrémité ne permettent de la confondre
avec aucune autre.

Terrain éocène : Télégraphe de Tingemar ; Aïn-el-Hadjar ou Parmentier, à l'O. de Bel-Abbès.

2° Espèces déprimées, plus ou moins convexes ou rarement sub-
coniques au centre, à marge amincie étalée, à pétales convexes avec
les zones porifères déprimées, dépassant rarement le milieu du rayon
(section *Platypleura*). Elles ont vécu depuis les temps miocènes jusque à l'époque actuelle.

CLYPEASTER PLIOCENICUS

B. Pl. L, fig. 1 à 3.

Longueur, 0^{m}173 ; largeur, 0^{m}168 ; hauteur, 0^{m}040.

Grand oursin pentagonal allongé, à angles tronqués arrondis, à
côtés largement sinueux, le sinus du bord postérieur presque droit et
compris entre deux crans bien saillants correspondant au bord des
aires ambulacraires. Face supérieure assez élevée et convexe dans
la région pétalée, s'abaissant encore un peu au delà et très déprimée
sur les bords amincis. Face inférieure plane dans son ensemble,
abstraction faite de la bouche et des sillons ambulacraires.

Apex subcentral, son bord postérieur tombant juste au milieu de
la longueur, très petit (3^{mm},5), saillant en bouton arrondi dans une
étroite et faible dépression, avec les pores ocellaires contigus et les
5 pores génitaux rejetés sur les interambulacres à une distance égale
à sa largeur. Pétales en côtes largement lancéolées, subégaux, un
peu plus courts que l'espace qui les sépare de la marge et n'atteignant pas le bas de la forte déclivité de la gibbosité ; à zones porifères déprimées, insensiblement élargies vers l'extrémité, arquée
convergente vers sa voisine sans fermer le pétale, atrophiées au con-

traire vers le haut sur une longueur d'environ un centimètre, étant réduites à de petits pores peu visibles, d'abord doubles puis simples. Zone interporifère lancéolée, rétrécie et contractée au bout, de plus en plus relevée en côte saillante vers cette extrémité, mais faiblement convexe et même un peu déprimée sur le milieu du dos, les côtés étant flanqués par les zones porifères. La surface est couverte de petits tubercules peu distincts de la granulation grossière qui les entoure, égaux sur les deux zones; ceux des petites crêtes qui séparent les sillons de conjugaison dans la partie la plus large (5^{mm}) disposés en séries de 7; ceux de la zone interporifère formant trois rangées transversales sur chaque assule bigéminé. Les aires interambulacraires sont assez fortement convexes, beaucoup moins cependant que les côtes des pétales qui les avoisinent; elles se dépriment assez fortement contre la partie élargie des zones porifères et elles s'atténuent longuement vers le haut où elles s'effacent presque. L'impaire montre en arrière une large et faible convexité jusqu'au bord postérieur. La marge déprimée dans le reste de son étendue est presque unie ou montre des bosselures peu marquées à chaque assule. Péristome subcentral à infundibulum brusquement creusé, bien ouvert, pentagonal ainsi que l'ouverture petite et assez profonde. Sillons profonds, bien ouverts ne s'atténuant que près du bord; les assules qui les bordent un peu bosselés. Périprocte arrondi, assez grand, à 5 millimètres du bord. Tubercules du dessus semblables à ceux des pétales, moins serrés, ceux du dessous un peu plus gros et moins serrés encore.

Clypeaster marginatus a les bords bien moins sinués, la gibbosité contractée à sa naissance, largement déprimée au sommet, ses pétales très inégaux plus gibbeux, l'antérieur plus long que sa distance à la marge, tous plus acuminés et d'une toute autre forme.

Terrain pliocène : Bou-Zoudjar au N.-O. de Lourmel (assez commun).

CLYPEASTER SIMUS

B. Pl. XVI, fig. 1 à 7.

Longueur, 0ᵐ 135 ; largeur, 0ᵐ 130 ; hauteur, 0ᵐ 030.
— 0 124 — 0 116 — 0 028.

Assez grand oursin discoïde subpentagonal, ou même presque
carré par raccourcissement de la saillie ambulacraire antérieure qui
est très large et très obtuse ainsi du reste que les autres, d'où résulte
une division du pourtour en cinq larges lobes par des sinus qui correspondent aux interambulacres et paraissent s'accuser plus fortement
chez les grands exemplaires, sans doute avec l'âge. Face supérieure
relevée en gibbosité arrondie dans la région pétalifère, au-dessus
d'une marge faiblement déclive à partir des pétales et très amincie ;
face inférieure plane.

Apex assez petit à 5 pores ocellaires touchant au madréporide et 5
pores génitaux qui s'ouvrent à quelque distance sur l'interambulacre.
Pétales saillant en côte, obovales lancéolés, subégaux, s'étendant à
mi-distance du bord, au moins les pairs ; car l'impair la dépasse à
cause du raccourcissement de l'angle antérieur. Zones porifères déprimées, insensiblement élargies depuis leur naissance jusqu'auprès
de leur extrémité qui s'arque faiblement pour converger, laissant un
assez large espace ouvert. Zone interporifère lancéolée, oblongue
brièvement atténuée à l'extrémité, soulevée en côte large peu convexe, déprimée sur le dos, flanquée par les zones porifères. Les
tubercules très petits, à peine distincts des granules grossiers qui les
entourent, sont en séries de 5 à 6 sur les crêtes qui séparent les sillons de conjugaison dans le point le plus large (5ᵐᵐ) et forment deux
rangées transverses sur chaque assule bigéminé. Les interambulacres un peu ventrus entre les extrémités des pétales s'atténuent
longuement vers le haut en formant de petites costules déprimées
entre les zones porifères. La surface générale de la marge est assez
unie ou marquée de faibles dépressions sur les sutures des assules.

Péristome subcentral à large infundibulum abrupte, dont le côté postérieur est plus large; l'ouverture elle-même est inconnue. Sillons ambulacraires plus profonds à l'origine, assez étroits au-delà, puis s'effaçant avant la marge. Périprocte médiocre, arrondi, à une distance du bord qui égale son diamètre. Tubercules du dessus presque aussi petits que ceux des pétales, plus espacés; ceux du dessous un peu plus gros et plus espacés encore.

Cette espèce est voisine du *C. pliocenicus* par l'égalité de ses pétales, la petitesse de ses tubercules et la forte granulation qui les entoure; mais sa gibbosité centrale est plus limitée à la région pétalée, sa marge est bien moins étendue surtout en avant, son péristome est plus ample, ses pétales sont moins resserrés à l'extrémité et les zones porifères non atrophiées à leur origine. *C. marginatus* a la saillie de la région pétalée plus contractée à la base, largement tronquée au sommet, le péristome plus petit.

Terrain sahélien : Ravin d'Oran, couches à spicules.

CLYPEASTER SINUATUS
B. Pl. XVII, fig. 1 à 7.

Longueur, 0^m 130; largeur, 0^m 120; hauteur, 0^m 028 ?

Assez grand oursin presque régulièrement pentagonal, avec les angles latéraux et postérieurs tronqués et l'antérieur émoussé, des sinus ondulant fortement les côtés postérieurs. Face supérieure soulevée dans la région pétalée en une faible convexité presque régulière; la marge large étant un peu déclive jusqu'au bord très aminci. Face inférieure presque plane.

Apex subcentral, détruit dans notre exemplaire, les pores génitaux paraissent en avoir été peu séparés; car ils ne se montrent pas à une très petite distance du sommet. Pétales ovales lancéolés, subégaux, faiblement soulevés en côte plate sur le dos. Zones porifères faiblement déprimées, insensiblement élargies jusqu'auprès de l'extrémité un peu arquée convergente, mais laissant une assez large ouverture au pétale. Zone interporifère lancéolée, convexe suivant l'axe, presque plane en travers, la zone porifère qui la flanque étant peu déclive; les tubercules du pétale sont très petits, presque égaux dans les deux zones, très évidents sur une très fine granulation, ceux des crêtes qui séparent les sillons de conjugaison en série de 5 à 6 au point le plus large de la zone (5^{mm}), les autres en 2 rangées transversales sur les assules bigéminés. Interambulacres convexes entre les extrémités des pétales et presque aussi saillants qu'eux, s'atténuant longuement en une côte étroite qui finit par s'effacer.

Péristome un peu excentrique en arrière, assez grand, à infundibulum se creusant brusquement et indiquant une assez vaste ouverture à son fond. Sillons ambulacraires profonds et larges à leur origine et ne s'atténuant que près du bord. Tubercules du dessus aussi petits que ceux des pétales, mais un peu moins rapprochés, de même que ceux du dessous, sensiblement plus gros, partout très distincts de la granulation très fine.

Le développement de l'angle antérieur, le côté postérieur plus étroit, la faible saillie de la gibbosité de l'étoile ambulacraire, le peu de relief des pétales et leur aplatissement ne permettent la confusion avec aucune des deux espèces précédentes.

Terrain sahélien : Ravin d'Oran, couche à spicules.

CLYPEASTER TESSELATUS

B. Pl. XV, fig. 2 *a b c*.

Longueur, 0ᵐ 115?; largeur, 0ᵐ 105; hauteur, 0ᵐ 010.

Oursin de taille médiocre, pentagonal élargi en arrière, à bords peu sinueux et angles très arrondis. Face supérieure très légèrement convexe dans la région pétalée, très aplatie dans son ensemble, d'apparence tessélée par suite de la dépression des sutures des assules et de leur légère convexité (un peu exagérée dans le dessin) et remarquable par la minceur du bord. Face inférieure encroûtée.

Apex brisé, les pores génitaux devaient avoisiner le madréporide.

Pétales ovales lancéolés, convexes, les pairs égaux, l'antérieur un peu plus long, tous plus courts que l'intervalle qui les sépare du bord, arrondis et médiocrement ouverts à l'extrémité; zones porifères insensiblement élargies jusque auprès de leur extrémité brusquement contractée et peu arquée, légèrement déprimées du côté de l'interambulacre et remontant sur la paroi étalée du pétale. Zone interporifère lancéolée, assez longuement rétrécie vers l'extrémité, faiblement convexe en long, un peu plus fortement en travers, mais déprimée sur la suture médiane. Tubercules très petits, au nombre de 3 à 4 sur chaque crête qui sépare les sillons de conjugaison dans la partie la plus large (3^{mm}); ceux de la zone interporifère moins réduits, assez distants au milieu d'une granulation assez forte, formant sur chaque assule bigéminé deux rangées transverses peu régulières. Interambulacres légèrement en relief, convexes entre les pétales, longuement et fortement atténués vers le haut. Les tubercules des marges sont à peine plus gros que ceux des ambulacres, mais plus distants dans une granulation grossière et peu saillante. Péristome et périprocte inconnus.

Cette espèce, par son extrême aplatissement, le faible relief de son étoile ambulacraire, la grande largeur et l'amincissement de ses marges, ainsi que par sa surface tessélée, ne peut être confondue avec aucune autre de cette série. Celles qui s'en approcheraient un peu par leur minceur, tel que *C. crustulum*, ont leurs pétales plus allongés et dépassant de beaucoup le milieu du rayon.

Terrain helvétien : Hennaya, près de Tlemcen.

CLYPEASTER LABORIEI

B. Pl. LI, fig, 1 à 3.

Longueur, $0^m 124$; largeur, $0^m 118$; hauteur, $0^m 022$.

Oursin de moyenne taille, pentagonal un peu allongé, à angle antérieur plus arrondi, les latéraux plus largement tronqués; le côté postérieur un peu plus large, faiblement sinué ainsi que les autres.

Face supérieure médiocrement convexe sous l'étoile ambulacraire et en dehors d'elle à partir de la mi-distance du bord, qui est très aminci et presque tranchant; face inférieure presque plane.

Apex un peu excentrique en arrière, petit, en bouton (mal conservé), avec 5 pores génitaux rejetés en dehors du madréporide sur les aires interambulacraires. Pétales convexes lancéolés, un peu moins longs que l'intervalle qui les sépare du bord, les pairs antérieurs sensiblement plus courts que les autres égaux entre eux. Zones porifères insensiblement élargies jusque auprès de l'extrémité, où elles sont peu arquées mais resserrent notablement la zone interporifère, déprimées vers leur bord extérieur et occupant la déclivité assez forte du bord du pétale. Zone interporifère elliptique allongée et sublancéolée, atténuée et plus gibbeuse convexe dans sa moitié extérieure que dans l'autre, avec une légère dépression suturale. Les tubercules sont très petits, au nombre de 8 en série sur les crêtes qui séparent les sillons de conjugaison dans la partie la plus large de la zone (4^{mm}) ; ils sont un peu plus gros et forment deux rangées transversales peu serrées au milieu d'une assez grossière granulation sur chaque assule bigéminé. Les interambulacres, déprimés sur le bord des zones porifères, sont convexes mais bien moins saillants que les pétales et sont, vers le haut, longuement et fortement rétrécis. La partie déclive qui s'étend au-delà des pétales présente de légères ondulations et les sutures des assules y sont marquées par de légères lignes déprimées. Péristome légèrement excentrique en arrière, médiocre, pentagonal allongé, les côtés latéraux étant les plus longs, à infundibulum assez ouvert, avec des sillons ambulacraires larges et profonds qui s'atténuent tout près du bord. Périprocte assez grand, à 5 millimètres de la marge, ovale lancéolé, très aigu en avant. Tubercules du dessus de même grosseur que ceux des pétales, plus espacés dans une granulation semblable : ceux du dessous 2 à 3 fois plus gros et plus fortement scrobiculés.

Cet oursin diffère de *C. tesselatus* par une plus forte saillie de

l'étoile ambulacraire, plus de relief dans les pétales moins resserrés
à leur extrémité, par l'amincissement des bords sur une zone beaucoup plus étroite et par la surface à peine tessélée. L'épaississement
de la région centrale, partant de plus près des bords, le rapproche de.
C. scutellatus (M. de Serr. — Michelin); mais le grand élargissement
de ce dernier en arrière, la grande inégalité de ses pétales portant
surtout sur les pairs antérieurs très allongés, au contraire de ce qui a
ordinairement lieu, ne permettent pas de confusion entre eux. L'étoile
ambulacraire du *C. marginatus* est plus brusquement soulevée et
fortement déprimée en dessus, et les proportions des pétales entre
eux sont bien différentes. *C. simus* est plus aplati sur les bords,
plus fortement sinué, et *C. sinuatus* a ses pétales aplanis sur le
dos, etc.

Terrain helvétien : zone à mélobésies, au barrage du Tlélat.
(feu Laborie).

CLYPEASTER OGLEIANUS

B. Pl. XIX, fig. 1 à 6.

Longueur, 0^m 135 ; largeur, 0^m 132 ; hauteur, 0^m 042.

Assez grand oursin pentagonal, presque aussi large que long, à
bords paraissant avoir été sinueux (mais détériorés). Face supérieure
assez fortement convexe, un peu conoïde, plus gibbeuse dans la
région pétalée, mais assez fortement déclive jusqu'au voisinage du
bord étalé, très aminci sur une faible largeur; face inférieure à peu
près plane.

Apex petit (3^{mm}) saillant en bouton arrondi sur une étroite dépression avec les 5 pores génitaux contigus au madréporide. Pétales
convexes, ovales lancéolés, presque égaux en longueur et ne dépas
sant pas la moitié du rayon, leur extrémité dans le profil paraissant
très élevée au-dessus de la base, en raison de l'épaississement rapide
des bords. Zones porifères insensiblement élargies jusqu'auprès de
leur extrémité un peu plus arquée convergeante, mais laissant encore

le pétale assez ouvert, déprimées sur la déclivité latérale de la côte ambulacraire; la zone interporifère est lancéolée, assez brièvement rétrécie vers le bout, plus saillante vers le deuxième tiers, médiocrement convexe ou même un peu déprimée sur le dos. Les tubercules sont très petits, assez serrés dans une granulation dense, formant sur chaque crête entre les sillons de conjugaison une série de 8 dans la partie la plus large de la zone (5ᵐᵐ) et deux rangées transverses sur chaque assule bigéminé. Péristome petit, à infundibulum assez abrupte pentagonal, fortement échancré par des sillons ambulacraires assez ouverts qui s'oblitèrent près du bord. Périprocte inconnu (indiqué approximativement sur le dessin). Tubercules du dessus aussi petits que ceux des pétales, mais plus espacés, dans la même granulation rugueuse ; ceux du dessous beaucoup plus gros, relativement rapprochés.

La forme plus gibbeuse, plus élevée de la région pétalée et l'égalité des pétales suffisent pour différencier cette espèce de ses affines.

Terrain helvétien : environs d'Arbal (feu Ogle); calcaire à mélobésies de Lalla-Ouda, près d'Orléansville.

CLYPEASTER EXPANSUS

B. Pl. XVIII, fig. 1 à 7.

Longueur, 0ᵐ 170 ; largeur, 0ᵐ 165 ; hauteur, 0ᵐ 050.
—   0 170   —   0 170   —   0 042.
—   0 180   —   0 160?   —   0 050.

Très grand oursin pentagonal aussi large que long, le côté postérieur plus étendu que les autres, à angles très arrondis et comme tronqués et à bords plus ou moins fortement sinués, le sinus postérieur presque droit entre deux saillies en lobule. Face supérieure assez fortement convexe gibbeuse, la déclivité se prolongeant au-delà de la région pétalée en s'affaiblissant jusqu'à mi-distance du bord. Face inférieure presque plane ; bord très aminci.

Apex subcentral, petit, à fleur ou un peu déprimé, avec 5 pores génitaux presque contigus au madréporide. Pétales assez saillants en côte convexe, ovales oblongs, environ aussi longs que l'intervalle qui les sépare du bord. Zones porifères étroites, insensiblement élargies jusqu'à une faible distance de leur extrémité où elles se courbent un peu plus fort pour converger, tout en laissant le pétale bien ouvert; elles sont faiblement déprimées sur les côtés dont elles forment la déclivité. Zones interporifères sublancéolées faiblement atténuées au sommet et un peu contractées vers l'extrémité, plus ou moins convexes en travers, plus saillantes à leur moitié extérieure où elles se terminent par un relief plus ou moins accusé. Tubercules petits subégaux, ceux des crêtes entre les sillons de conjugaison en série de 7 à 8 sur la partie la plus large de la zone (5^{mm}); ceux de la zone interporifère serrés et formant trois rangées transverses sur chaque assule bigéminé. (La figure 5, Pl. XVIII est inexacte en cela.) Interambulacres convexes entre les pétales, contribuant par leur bord à former la dépression des zones porifères, moins saillants que les pétales, s'atténuant longuement et fortement en s'abaissant vers le haut. Péristome ample, à infundibulum pentagonal, profond, évasé, mais se séparant nettement de la surface générale bien plane. Sillons ambulacraires l'échancrant fortement, restant assez profonds jusqu'au voisinage du bord. Périprocte rapproché du bord, assez grand, ovale, un peu aigu en avant. Tubercules du dessus égaux à ceux des pétales, mais moins serrés dans une granulation assez fine; ceux du dessous bien plus gros et plus scrobiculés.

La grande taille de cette espèce et sa dilatation l'ont souvent fait confondre avec *C. marginatus* et elle a souvent été citée sous ce nom par les géologues qui ont publié des listes de fossiles algériens. Cependant comme elle n'a pas été la seule qui ait été ainsi déterminée et que les autres espèces ci-dessus décrites ont pu être dans le même cas, je me suis abstenu de toute synonymie à leur égard. Elle en diffère par sa gibbosité centrale bien plus étendue et se relevant beaucoup moins brusquement sur la marge qui est bien plus proclive; elle n'est pas déprimée et comme tronquée au sommet de cette gibbosité; ses pétales moins gibbeux vers le haut, ne sont ni inégaux, ni lancéolés; son péristome est moins étendu; enfin ses bords sont bien plus sinueux. Elle diffère des espèces décrites plus haut par sa convexité plus forte, plus saillante que dans C. *tesselatus* et *Laboriei*, plus étendue que dans C. *pliocenicus*, moins saillante et moins conoïde que dans C. *ogleianus*. C. *pliocenicus* a en outre son étoile ambulacraire bien plus petite et son péristome bien moins ample.

Terrain helvétien : zone à mélobésies et clypéastres à El-Massar, chez les Beni-Snous; à Msabia, à l'ouest d'Oran; à Tadjena, près Ténès; à Marceau, près Zurich.

CLYPEASTER SUBFOLIUM
B. Pl. LI, fig. 4 à 6; LII, fig. 4 à 6.

Longueur, 0ᵐ083 ; largeur, 0ᵐ080 ; hauteur, 0ᵐ017.
— 0 060 — 0 057 — 0 015.
— 0 062 — 0 057 — 0 012.

Petit oursin subdiscoïde, pentagonal à angles antérieurs mousses, les autres largement tronqués arrondis, à côtés latéraux et postérieurs fortement sinués, ce dernier droit entre les bords lobulés du sinus. Face supérieure conique surbaissée, la déclivité étant la même presque jusqu'à la marge. Face inférieure déprimée ou presque plane; bords plats et très minces.

Apex central, petit, saillant en bouton au sommet du test, à 5 pores génitaux contigus au madréporide. Pétales subégaux très peu convexes ovales oblongs, égalant environ l'intervalle qui les sépare du bord. Zones porifères étroites, peu élargies et un peu arquées, convergentes vers leur extrémité, laissant le pétale assez largement ouvert, un peu déprimées sur son côté qui est faiblement déclive. Zone interporifère en côte peu saillante et peu convexe, oblongue, très peu contractée à l'extrémité. Tubercules assez petits, rapprochés dans une granulation grossière, en série de 3 sur les crêtes séparant les sillons de conjugaison dans la partie large des zones porifères (2ᵐᵐ) et formant deux rangées transverses sur chaque assule bigéminé dans la zone interporifère. Interambulacres légèrement convexes entre les pétales contribuant à former par leur bord la dépression des zones porifères, très étroits et déprimés dans le haût. Péristome petit, pentagonal, à côté postérieur un peu plus étendu, peu enfoncé au fond d'un infundibulum très évasé occupant au moins le 1/3 de la largeur et se liant par une assez forte convexité au plan de la surface inférieure. Sillons ambulacraires évasés à leur origine et s'atténuant de manière à s'effacer très près de la marge. Périprocte rond, petit, à une distance du bord plus petite que son diamètre. Tubercules du dessus semblables à ceux des pétales un peu moins serrés ; ceux du dessous plus gros, plus fortement scrobiculés, assez épais.

Cette espèce a une très grande analogie avec le *C. folium* ; mais je crois qu'elle en diffère assez pour ne pas lui être identifiée. En effet, elle est plus conique, ses pétales sont plus ouverts, moins lancéolés, sensiblement plus grands (ceux du *folium* n'atteignant pas la moitié du rayon) ; leur zone interporifère est moins atténuée vers l'extrémité, l'infundibulum du péristome est beaucoup plus étalé, moins profond.

Terrain cartennien : Camp-du-Maréchal et Bou-Chenacha (M. Ficheur).

CLYPEASTER PELTARIUS

B. Pl. XX, fig. 1 à 7.

Longueur, 0ᵐ130 ; largeur, 0ᵐ125 ; hauteur, 0ᵐ025.

Assez grand oursin discoïde, pentagonal à angles assez brièvement tronqués, l'antérieur autant que les pairs, le côté postérieur un peu plus long que les autres, les bords latéraux et postérieur un peu flexueux. Face supérieure un peu convexe, plus au milieu que sur les bords. Face inférieure fortement déprimée depuis le bord très mince jusqu'à l'infundibulum buccal.

Apex un peu excentrique en arrière, non déprimé, mal conservé, mais devant porter les pores génitaux sur le bord du madréporide, puisqu'ils ne se rencontrent pas sur la partie voisine de l'interambulacre. Pétales ovales lancéolés, convexes, mais à peine saillants en côte, presque égaux, ayant au plus les 3/5 du rayon. Zones porifères insensiblement élargies jusque auprès du bout où elles se courbent pour confluer laissant le pétale bien ouvert, un peu déprimées occupant une bande faiblement déclive et comme étalée. Zones interporifères un peu ondulées dans leur longueur, convexes en travers, larges, lancéolées, assez brièvement contractés vers l'extrémité, limitées par une ligne anguleuse sur les côtés. Tubercules très petits, formant des séries de 7 sur les intervalles des sillons de conjugaison très rapprochés et deux rangées transverses sur les assules bigéminés dans la zone interporifère. Interambulacres contribuant par leur bord à la dépression qui borde les zones porifères, un peu gibbeux vis-à-vis le milieu des pétales et presque aussi saillants qu'eux, puis abaissés et fortement resserrés par l'élargissement des pétales jusque vers l'apex. Péristome peu étendu, pentagonal transverse au fond d'un infundibulum très creux et évasé, occupant presque le tiers de la surface inférieure et se rattachant presque insensiblement aux surfaces latérales. Périprocte petit, rond, à une distance du bord égale à son diamètre. Tubercules du dessus peu différents de ceux des pétales ; ceux du dessous bien plus gros et plus scrobiculés.

Par sa grande dépression inférieure, cette espèce est voisine de *C. placenta*, mais elle est plus onduleuse sur les bords, plus mince et beaucoup plus creusée en dessous et ses pétales sont beaucoup plus courts. Sa taille et ses pétales plus longs, moins saillants la différencient des grands individus de *C. subfolium*.

CLYPEASTER FICHEURI
B. Pl. LIII, fig. 1 à 4.

Longueur, 0^m^135 ; largeur, 0^m^130 ; hauteur, 0^m^020.
— 0 125? — 0 115 — 0 016.

Assez grand oursin discoïde très plat, très large, pentagonal à angles tronqués arrondis, à côtés flexueux, le postérieur très long.

Face supérieure faiblement convexe, non gibbeuse au centre, à bord assez mince, mais un peu pulviné. Face inférieure un peu ondulée, presque plate ou très faiblement déprimée au bord de l'infundibulum.

Apex subcentral, détruit dans nos exemplaires. Pétales ovales oblongs sublancéolés, les pairs antérieurs un peu plus longs que les autres, presque à fleur, mais paraissant subcostés au-dessus de la dépression des bords, égalant environ les 3/5 du rayon. Zones porifères un peu déprimées étalées, assez étroites, détruites dans le haut, peu courbées à l'extrémité très obtuse laissant le pétale assez largement ouvert. Zone interporifère lancéolée dans les pétales pairs antérieurs, oblongues lancéolées dans les autres, un peu convexes sur les côtés, presque planes en dessus, faisant un léger rebord sur les zones porifères. Tubercules très petits en série de 7 à 8 sur les crêtes séparant les sillons de conjugaison dans la partie la plus large (5^{mm}); ceux des zones interporifères un peu plus gros, assez irrégulièrement rapprochés, formant deux rangées transverses sur chaque assule. Intérambulacres convexes entre les pétales et contribuant à la formation des dépressions des zones porifères, presque aussi en relief que les pétales, très longuement et très fortement contractés vers le haut. Péristome petit, pentagonal, au fond d'un infundibulum très ouvert, mais assez bien séparé du reste de la surface. Sillons ambulacraires bien ouverts à leur origine, s'atténuant seulement près du bord. Périprocte inconnu. Tubercules du dessus peu différents de ceux des pétales. Ceux du dessous oblitérés.

Cette espèce paraît voisine de *C. peltarius*, mais elle est bien moins concave en dessous, et ses pétales sont bien plus plats et un peu plus longs. Ce dernier caractère et ses bords sinueux, plus anguleux, la séparent de *C. disculus*. Son extrême aplatissement ne permet du reste de la confondre avec aucune autre.

Terrain cartennien : Bou-Chenacha, près Haussonvillers (M. Ficheur).

CLYPEASTER DISCULUS

B. Pl. LII, fig. 1 à 3.

Longueur, 0ᵐ085 ; largeur, 0ᵐ080 ; hauteur, 0ᵐ016.
— 0 100 — 0 088 — ?

Oursin d'assez petite taille, discoïde subpentagonal, à angles tout à fait émoussés et s'arrondissant presque avec les bords non sinués ni onduleux. Face supérieure un peu convexe sous la région pétalée, à peine déclive en dehors, avec les bords minces mais très obtus. Face inférieure presque plane ou un peu pulvinée.

Apex subcentral petit, à fleur, non conservé, à pores génitaux contigus(?) au madréporide. Pétales ovales lancéolés, subégaux, médiocrement saillants en côte convexe, égalant les 3/5 du rayon et les postérieurs à peine plus longs que l'intervalle qui les sépare du bord. Zones porifères étroites, insensiblement élargies vers leur extrémité arquée convergente, mais laissant le pétale bien ouvert, assez déprimées sur la déclivité du côté. Zone interporifère oblongue lancéolée, assez brusquement contractée à l'extrémité médiocrement convexe en travers ; un peu ondulée en long par suite d'une légère gibbosité qui précède la région apiciale comme tronquée. Tubercules très petits au nombre de 5 sur chaque intervalle des sillons au point le plus large de la zone porifère (3ᵐᵐ) ; ils sont le double gros et forment deux séries transverses sur les assules bigéminés de la zone interporifère. Interambulacres contribuant à former la dépression du bout des zones porifères où ils sont faiblement convexes, puis déprimés, étroitement et longuement atténués vers leur partie supérieure. Péristome pentagonal élargi, à infundibulum peu profond, très évasé et se creusant insensiblement à partir du tiers du diamètre. Sillons ambulacraires peu profonds, évasés, s'atténuant assez longuement vers le bord. Périprocte très petit, rapproché du bord, qui derrière lui forme un léger rostre.

Le pourtour non sinué, très obtus, la face inférieure déprimée seulement à son centre différencient cette espèce de *C. peltarius* qui est beaucoup plus grand. Elle a aussi quelque ressemblance avec *C. crustulum*, mais elle est moins circulaire, son dessous est moins plat, son infundibulum plus étendu, ses zones porifères plus larges.

Terrain cartennien : El-Biar ; Camp-du-Maréchal (M. Ficheur).

CLYPEASTER POUYANNEI
B. Pl. LIV, fig. 1-2.

Longueur 0^m 190 ; largeur, 0^m 165 ; hauteur, 0^m 030.
— 0 160 — 0 130 — 0 020.

Grande espèce oblongue subpentagonale, rétrécie en arrière, arrondie aux angles antérieurs, un peu tronquée aux postérieurs, les côtés latéraux bien plus longs que les autres, presque droits, les antérieurs légèrement flexueux, le postérieur arrondi presque rostré. Face supérieure faiblement gibbeuse dans la région pétalée, déprimée au sommet, étalée largement sur les bords amincis. Face inférieure incomplètement connue, mais probablement plane.

Apex subcentral, petit, à peine saillant en bouton au milieu de la dépression du sommet, avec 5 pores génitaux contigus au madréporide. Pétales assez convexes, en côte étalée, oblongs sublancéolés, inégaux, l'impair le plus long égalant les 3/5 du rayon, les pairs postérieurs un peu plus courts, les pairs antérieurs notablement plus et dépassant à peine la moitié du rayon et plutôt ovales, car ils sont au moins aussi larges que les autres. Zones porifères déprimées, étalées sur les côtés peu déclives des pétales, insensiblement élargies jusque très près de l'extrémité qui se recourbe pour resserrer les zones interporifères sans les fermer. Celles-ci plus convexes près de leur extrémité, un peu gibbeuses au point où elles commencent à se déprimer, oblongues lancéolées, assez brièvement contractées vers leur extrémité. Les tubercules très petits, subégaux, en série de 10 à 11 sur les côtes entre les sillons de conjugaison au point le plus large de la zone porifère (6^{mm}) et deux rangées transverses par assule bigéminé sur la zone interporifère. Interambulacres convexes entre les extrémités des pétales et presque aussi saillants qu'eux au point où commence la dépression du sommet, dans laquelle ils s'abaissent et se resserrent longuement en une étroite bandelette. Tubercules du dessus aussi petits que ceux des pétales. Péristome inconnu. Périprocte petit, ovale, situé à une distance du bord un peu plus grande que son diamètre, entouré de tubercules assez rapprochés à peine plus gros que ceux du dessus.

C. melitensis a ses pétales plus longs, moins convexes, ses zones porifères plus larges au contraire des interporifères. Il n'est pas déprimé au sommet.

Terrain cartennien : au-dessus de Belle-Fontaine, à l'E. d'Alger.

3° Espèces assez peu renflées sous l'étoile ambulacraire, plus rarement soulevées en pyramide ou en dôme, à marge étalée plus ou moins déclive, plus ou moins amincie au bord, mais s'épaississant vers la base du renflement. Pétales à zones porifères déprimées, à zones interporifères saillantes, peu allongés puisqu'ils n'égalent que du 1/3 aux 2/5 de la longueur du rayon (section *Paratina*).

CLYPEASTER CONFUSUS
B. Pl. XXII, fig. 1 à 5 (9/10 de G. N.).

Longueur, 0^m 175 ; largeur, 0^m 160 ; hauteur, 0^m 050.

Grand oursin pentagonal, à angles arrondis, sensiblement rétréci à l'arrière, à côtés peu inégaux, peu ou pas flexueux. Face supérieure convexe en dôme médiocrement soulevé, à marge étalée assez large et bien déclive depuis l'étoile ambulacraire jusque vers le bord peu épais mais obtus. Face inférieure plane sur les bords, un peu déprimée au voisinage de l'infundibulum buccal.

Apex subcentral, médiocre (5^{mm}), à fleur, pentagonal, à 5 pores ocellaires dans les sinus de ses côtés et 5 pores génitaux contigus aux angles saillants. Pétales peu inégaux en côtes faiblement convexes, ovales lancéolés, élargis et arrondis à l'extrémité égalant un peu moins des 2/3 du rayon. Zones porifères déprimées, étalées, très peu déclives sur les côtés de l'ambulacre, insensiblement élargies et arquées vers l'extrémité et resserrant notablement l'entrée du pétale. Zones interporifères lancéolées, brièvement resserrées à l'extrémité, bien convexes en portion de fuseau, surtout près de l'extrémité, leur bord étant peu élevé sur la zone porifère, leur sommet assez longuement atténué et moins en relief. Tubercules très petits, en série de 8 à 9 sur chaque crête entre les sillons de conjugaison de la partie large de la zone porifère (6^{mm}); ceux de la zone interporifère à peine plus gros formant deux rangées transverses sur chaque assule bigéminé. (La figure de Pl. XXII est inexacte pour les zones porifères). Interambulacres convexes entre les pétales et aussi saillants qu'eux, promptement rétrécis et longuement atténués en s'abaissant du côté du sommet. Péristome pentagonal subrégulier, assez profond dans un infundibulum abrupt et dont l'évasement mesurant environ le 1/5 du diamètre se lie à une légère dépression du pourtour. Sillons ambulacraires peu profonds, étroits, s'effaçant avant le bord. Périprocte très petit, arrondi, tout à fait infra-marginal. Tubercules du dessus semblables à ceux des pétales, mais moins serrés ; ceux du dessous un peu plus gros fortement scrobiculés et rapprochés.

J'avais pris originairement cet oursin pour *C. Partschii* dont le pourtour est le même, mais il en diffère par son profil plus surbaissé, par ses pétales plus courts, sa marge plus développée, plus étalée. C'est peut-être cette espèce qui a été citée par divers géologues sous le nom de *C. melitensis ;* mais ce dernier est encore plus surbaissé, sa marge est beaucoup plus étalée, plus mince et presque tranchante ; son pétale antérieur est bien plus long, plus oblong et non lancéolé.

Terrain cartennien : flanc N. du Djebel-Mouzaïa ; gorge du Boutan, près d'Affreville ; environs de Ténès (feu Badinski).

CLYPEASTER SUBOBLONGUS

B. Pl. XXIII, fig. 1 à 6.

CLYPEASTER OBLONGUS Pom. *antea* (non Sow.).

Longueur, 0ᵐ 166 ; largeur, 0ᵐ 143 ; hauteur, 0ᵐ 050.
— 0 150 — 0 130 — 0 040.

Grand oursin pentagonal oblong, fortement arrondi à l'avant, à peine rétréci à l'arriére, beaucoup plus long que large ; à angles émoussés arrondis et à bords peu ou pas flexueux. Face supérieure gibbeuse, mais médiocrement élevée, sous l'étoile ambulacraire et plus fortement en arrière par la saillie des côtes, bordée par une marge médiocrement étalée et assez fortement déclive jusqu'au bord presque aigu. Face inférieure presque plane.

Apex petit, pentagonal, presque à fleur dans une dépression assez étendue en avant du sommet de figure, à 5 pores génitaux contigus aux angles du madréporide. Pétales soulevés en grosses côtes de melon, ovales oblongs, les antérieurs pairs un peu plus courts que les autres, subégaux, égalant environ les 2/3 du rayon. Zones porifères un peu déprimées sur les côtés des pétales, assez larges, rétrécies seulement dans leur moitié supérieure, peu arquées à l'extrémité et laissant le pétale assez ouvert ; zones interporifères très peu convexes en portion de fuseau, contractées et s'abaissant vers l'extrémité, un peu gibbeuses vers le haut avant de s'incliner vers le sommet apécial. Tubercules très petits en série de 7 à 8 sur les crêtes des zones porifères dans la partie la plus large (7ᵐᵐ) ; ceux de l'interporifère formant deux rangées transverses sur chaque assule. Inter-ambulacres assez convexes entre les pétales et contribuant à former les dépressions qui les bordent, mais restant bien plus bas qu'eux, fortement et longuement contractés vers le haut, où la côte s'efface après avoir formé une faible gibbosité vers la moitié de leur longueur.

Péristome profond, pentagonal un peu allongé suivant l'axe, mé-

diocrement étendu, à infundibulum presque abrupt. Sillons ambulacraires assez accusés à leur origine, puis étroits mais bien anguleux et ne s'effaçant qu'au voisinage du bord ; les assules qui les
bordent sont souvent un peu bosselés. Périprocte arrondi, médiocre,
rapproché du bord. Tubercules du dessus semblables à ceux des
pétales ; ceux du dessous le double plus gros, quoique encore très
petits et assez rapprochés.

La forme étroite de cette espèce, ses grosses côtes ovales, la déclivité régulière de la marge sur les aires de toute espèce, son péristome abrupt ne permettent de la confondre avec aucune autre, ni
même avec *C. intermedius* dont elle est la plus voisine sous tous les
rapports. Un exemplaire de Corse ne diffère des algériens que par
des bords légèrement sinueux et un péristome encore plus petit.

Terrain cartennien : Djebel Bohi, près de Zurich ; Bou-Chenacha
(M. Ficheur).

CLYPEASTER PETASUS

B. Pl. XXVIII, fig. 1 à 6.

Longueur, 0^m 145 ; largeur, 0^m 140 ; hauteur, 0^m 058.

Grand oursin presque circulaire, un peu plus long que large. Face
supérieure fortement soulevée en dôme à sommet un peu déprimé, à
côtés tombant presque brusquement sur une marge mince, étalée en
visière, un peu déclive, presque tranchante au bord ; face inférieure
subplane ou même légèrement convexe sur les bords.

Apex brisé. Pétales oblongs subégaux, légèrement saillants en
côtes presque planes, ayant environ les 2/3 de la longueur du rayon.
Zones porifères étalées sur les côtés des côtes, déprimées, assez rapidement élargies à leur naissance, puis faiblement jusque vers l'extrémité peu courbée, presque à fleur et laissant le pétale bien ouvert.
Zones interporifères étroitement oblongues, plus fortement atténuées
vers le haut que vers le bas, un peu déprimées le long du milieu, formant latéralement un léger bourrelet sur la zone porifère et se ter-

23

minant sans ressaut sur la marge. Tubercules très petits en série serrée de 10 à 11 sur les costules des zones interporifères dans la partie
la plus large (6^{mm}) ; ceux des interporifères un peu moins petits, formant trois rangées transversales sur chaque assule. Interambulacres
convexes entre les pétales où ils forment des côtes un peu moins en
relief que ceux-ci, déprimés sur le dos avec des gibbosités bien sensi-
bles sur chaque assule, assez brièvement contractés vers le sommet.

Péristome petit, probablement à infundibulum abrupt, mais détruit
dans notre exemplaire. Sillons ambulacraires peu profonds, mais
bien aigus et un peu évasés. Périprocte assez grand, arrondi, s'ouvrant près du bord. Tubercules du dessus semblables à ceux des
pétales; ceux du dessous plus gros, plus scrobiculés et très rapprochés.

Cet oursin forme un type assez aberrant par la forme circulaire de
sa base et le soulèvement de sa région pétalée en dôme à peu près
régulier et dont l'orientation n'est possible que par la position de
l'anus. Peut-être serait-il mieux placé dans la section *Oxypleura*.

Terrain cartennien : Aïn-Ouillis, dans le Dahra.

CLYPEASTER PILEUS

B. Pl. LV, fig. 1 à 3.

Longueur et largeur, 0^{m}200 ; hauteur, 0^{m}056.

Grand oursin discoïde subcirculaire, mais à pourtour incomplètement connu et brisé en arrière ; face supérieure faiblement convexe
dans la région pétalée à marge un peu étalée pulvinée et très obtuse
au bord. Face inférieure un peu concave.

Apex petit faiblement déprimé avec pores génitaux contigus. Pétales oblongs lancéolés, soulevés en côte aplanie sur le dos, plus gonflés et plus saillants vers leur extrémité, presque égaux, et ayant en
longueur les 2/3 du rayon. Zones porifères assez fortement déprimées et déclives sur les côtés des ambulacres, s'élargissant insensiblement jusque près de leur extrémité brièvement falciforme pour en

resserrer un peu l'entrée; les interporifères faiblement convexes en
anse de panier, longuement atténuées vers le haut, brusquement et
faiblement contractées vers leur extrémité. Tubercules petits mais
bien saillants, ceux des zones porifères en série de 13 à 14 sur chaque costule épaissie et dans la partie la plus large (9^{mm}) ; ceux des zones
interporifères un peu plus gros, très serrés, formant trois rangées
transverses sur chaque assule. Interambulacres à fleur de la marge,
convexes entre les zones porifères et même un peu gibbeux vers le
milieu de leur longueur, puis très atténués et abaissés vers le haut.

Péristome pentagonal à infundibulum profond, étroit, presque
abrupt, bien entaillé par les sillons ambulacraires creusés en étroite
gouttière anguleuse et effacés vers le bord. Périprocte inconnu. Tubercules du dessus semblables à ceux des zones interporifères, aussi
rapprochés, aussi saillants et donnant l'apparence de chagrin à la
surface; ceux du dessous plus gros, mais presque partout oblitérés
dans notre exemplaire.

Cet oursin si remarquable par sa grande taille, son pourtour circulaire, ses pétales saillants en côte, son profil bas et ses fins tubercules, ne ressemble à aucune autre espèce connue. *C. confusus* s'en
éloignerait moins que les autres, mais ses pétales à peine saillants et
sa forme pentagonale l'en distinguent très nettement.

Terrain helvétien ; Oued Moula à l'Est de Bou-Medfa (M. Welsch).

CLYPEASTER PARATINUS

B. Pl. XXVII, fig. 1 à 6.

Longueur, 0^m195 ; largeur, 0^m175 ; hauteur, 0^m070.

Grand oursin pentagonal à côté postérieur plus long que les autres, à angles tronqués arrondis, l'antérieur bien moins fortement;
les bords latéraux et postérieurs émarginés flexueux, le sinus postérieur borné par des lobules très marqués. Face supérieure soulevée dans la région pétalée en pyramide trapue, tronquée au sommet,
s'élevant d'une base étalée, à déclivité régulière jusqu'au bord peu

épais mais arrondi et montrant une légère dépression correspondant aux sinus des aires interambulacraires. Face inférieure plane sur la plus grande étendue, déprimée assez légèrement autour de l'infundibulum buccal.

Apex subcentral, pentagonal, petit (5^{mm}), saillant un peu en bouton dans une dépression apiciale produite par l'inflexion du sommet des ambulacres, à 5 pores génitaux s'ouvrant sur l'aire interambulacraire à 5 millimètres des angles du madréporide. Pétales ovales oblongs, fortement saillants en côte de melon, les pairs antérieurs à peine plus courts que les autres, ceux-ci égalant environ les 3/5 du rayon. Zones porifères déprimées, un peu étalées sur les côtés du pétale, insensiblement élargies jusque auprès du milieu, puis un peu resserrées et arquées pour contracter assez fortement l'ambulacre qui reste encore bien ouvert. Zones interporifères oblongues lancéolées, brièvement contractées à l'extrémité, qui se détache par un léger ressaut de la marge, gibbeuses vers le haut au point où le pétale s'abaisse vers l'apex, convexes en anse de panier, c'est-à-dire presque planes sur le dos et arrondies en bourrelet qui surplombe un peu la zone porifère. Tubercules très petits en série de 11 sur chaque costule de la zone porifère dans la partie la plus large (8^{mm}); ceux de l'interporifère un peu moins petits, rapprochés, formant trois rangées transversales sur chaque assule. Interambulacres un peu convexes entre les pétales, mais très enfoncés au-dessous d'eux, fortement et longuement contractés en haste et formant dans le haut le fond du sillon étroit qui sépare les côtes ambulacraires.

Péristome pentagonal, très enfoncé (3 centimètres), assez grand (12^{mm}), à infundibulum abrupt dans la plus grande partie de sa profondeur, puis évasé sur les bords pour se fondre avec la dépression peu étendue qui l'entoure. Sillons ambulacraires assez profonds mais étroits à leur naissance, puis s'atténuant et s'effaçant avant le bord; les assules qui les bordent étant un peu bosselés. Périprocte arrondi à une distance du bord (8^{mm}) égale à son diamètre. Tubercules du dessus semblables à ceux des pétales, mais plus espacés ; ceux du dessous notablement plus gros, plus scrobiculés, assez rapprochés.

Cette belle espèce rappelle celles de la section *Platypleura*, mais elle en diffère par sa marge beaucoup moins déprimée, son étoile ambulacraire fortement soulevée pyramidale, avec des pétales bien plus en relief. Ces pétales rappellent ceux des espèces du type du *C. crassicostatus*, mais ils sont moins comprimés latéralement et leur extrémité soulève moins la zone marginale. Elle constitue un type à part très nettement caractérisé.

Terrain helvétien : Aïn-el-Arba, au Sud de Lourmel.

CLYPEASTER CINALAPHI

B. Pl. LVI, fig, 1-3.

Longueur, 0^m 150 ; largeur, 0^m 135 ; hauteur, 0^m 060.

Assez grand oursin pentagonal à angles tronqués arrondis, notablement plus long que large, peu rétréci en arrière, à bords peu flexueux, sauf le postérieur largement émarginé entre deux lobules. Face supérieure assez fortement gibbeuse, conique arrondie au sommet avec petite dépression au centre, bordée d'une assez large marge étalée, déclive jusqu'au bord aminci. Face inférieure plane en dehors de la cavité buccale.

Apex petit, pentagonal, légèrement saillant dans la dépression dont il occupe le fond ; 5 pores génitaux s'ouvrant sur les interambulacres, à une petite distance des angles du madréporide. Pétales oblongs, égaux, assez convexes en côte de melon, ayant presque les 3/5 de la longueur du rayon. Zones porifères un peu déprimées, déclives, étalées sur les côtés de l'ambulacre, assez brusquement élargies, légèrement courbées à l'extrémité de manière à rétrécir notablement l'entrée du pétale. Zone interporifère lancéolée oblongue, assez fortement contractée près de son extrémité, obtuse et peu gibbeuse au sommet par suite de son inflexion vers l'apex, convexe en anse de panier formant léger bourrelet sur le bord de la zone porifère. Tubercules petits, subégaux dans les deux zones ; ceux des costules de la zone porifère en série de 6 dans la partie la plus large (5^{mm}) ; ceux de l'interporifère serrés et formant trois rangées transverses peu régulières sur chaque assule bigéminé. Interambulacres déprimés sur les bords des zones interporifères, un peu relevés en côtes déprimées dans la partie large, convexes dans la partie contractée, mais peu saillantes et s'atténuant longuement jusqu'au sommet en occupant le fond du sillon formé par la saillie des pétales.

Péristome assez grand, pentagonal, profond, à infundibulum presque abrupt (déformé par refoulement du côté droit correspondant à l'interambulacre pair postérieur) et brièvement évasé à son bord. Sillons ambulacraires assez profonds à leur origine, puis étroits et peu creusés mais aigus, ne s'atténuant que près du bord. Périprocte subcirculaire, à une distance du bord égale à son diamètre (6^{mm}). Tubercules du dessus semblables à ceux des pétales, mais beaucoup moins serrés au milieu d'une granulation grossière quoique peu saillante ; ceux de la face inférieure plus gros du double et plus fortement scrobiculés, très rapprochés près du bord et de plus en plus espacés au voisinage de la bouche.

Cette espèce a quelque affinité avec *C. paratinus;* mais elle en diffère par une taille bien moindre, une gibbosité centrale plus conique, plus soulevée, moins étendue, des pétales beaucoup moins larges, beaucoup moins saillants au-dessus des interambulacres, un péristome et un périprocte plus amples. Elle a quelque analogie avec *C. ogleianus*, mais sa gibbosité ambulacraire est bien plus contractée, plus élevée et ses pétales sont plus longs, beaucoup plus oblongs. Elle a aussi quelque analogie avec *C. decemcostatus* par sa gibbosité ambulacraire, mais ses pétales bien plus courts et sa dilatation marginale l'en distinguent suffisamment.

Terrain helvétien : calcaire à mélobésies de l'Oued-Riou.

CLYPEASTER BERINGERI

B. Pl. LVII, fig. 1 à 3.

Longueur, 0ᵐ143; largeur, 0ᵐ140; hauteur, 0ᵐ068.

Assez grand oursin pentagonal, presque aussi large que long, très arrondi sur les angles, à bords un peu flexueux. Face supérieure fortement gibbeuse conico-convexe, à dix côtes alternativement inégales, avec marge étalée déclive, amincie aux bords obtus. Face inférieure tout à fait plane.

Apex petit un peu déprimé, avec 5 pores génitaux très ouverts en dehors du madréporide sur les interambulacres. Pétales oblongs, saillants en côte de melon, presque égaux, égalant environ les 5/7 du rayon. Zones porifères médiocrement et insensiblement élargies puis un peu rétrécies vers leur extrémité à peine falciforme, déprimées en gouttière et en partie déclives sur les côtés du pétale; les interporifères convexes en anse de panier rebordant les porifères, un peu gibbeuses autour du sommet apicial, ayant leur plus grande largeur vers le milieu de leur longueur, un peu rétrécies vers leur extrémité bien ouverte. Tubercules très petits, ceux des zones porifères granuliformes en série de 10 sur chaque costule dans la partie la plus large (5ᵐᵐ); ceux des interporifères moins exigus, formant trois rangées transverses sur chaque assule, assez rapprochées. Interambulacres hastiformes entre les zones porifères, un peu déprimés sur le milieu de leur base, puis se relevant en côte convexe entre les gouttières porifères, mais bien moins saillants que les pétales, s'effaçant et enfin se déprimant vers le sommet très étroit.

Péristome petit, pentagonal, peu profond, dans un infundibulum presque abrupt et à peine évasé, bien entaillé par les sillons ambulacraires qui s'effacent avant le bord. Périprocte arrondi rapproché du bord. Tubercules du dessus semblables à ceux du dos des pétales, mais moins rapprochés; ceux du dessous plus gros, plus fortement scrobiculés, rapprochés.

Cette espèce a une grande analogie avec *C. Cinalaphi*, mais elle en diffère par une marge moins amincie, des pétales plus oblongs, plus ouverts à leur extrémité, descendant beaucoup plus bas sur les flancs. Elle présente également quelque ressemblance avec *C. decem-costatus* décrit plus loin ; mais cette dernière n'a pas sa marge amincie ni aussi étalée ; elle est plus conoïde, plus élevée, ses pétales sont moins saillants au contraire des interambulacres et bien plus élargis, spatulés ; les assules ambulacraires ont quatre rangées transverses de tubercules et non trois. On ne peut les confondre entre elles.

Terrain helvétien : zone à mélobésies, Oued-Riou (Dastugue).

CLYPEASTER DELAGEI
B. Pl. LVIII, fig. 1 et 2.

Longueur, 0^m175 ; largeur, 0^m168 ; hauteur, 0^m045.

Grand oursin pentagonal très élargi, à peine rétréci à l'arrière, à angles tronqués en arc peu étendu, l'antérieur simplement arrondi, à bords à peine flexueux, sauf le postérieur largement émarginé. Face supérieure renflée gibbeuse dans la région pétalée, fortement costée mais médiocrement soulevée, déprimée au sommet ; la marge étalée large, un peu ondulée par un léger relief des aires ambulacraires, bien déclive jusqu'au bord assez mince, mais obtus pulviné. Face inférieure encroûtée, paraissant être plane sur une assez grande étendue de son pourtour.

Apex petit à fleur, pentagonal avec 5 pores génitaux contigus aux angles du madréporide. Pétales fortement convexes en côte de melon surtout près de leur extrémité, ovales oblongs, les antérieurs pairs un peu plus courts que les autres, ceux-ci égalant les 3/5 du rayon. Zones porifères insensiblement élargies presque jusqu'à l'extrémité où elles se resserrent et se courbent pour contracter un peu l'ambulacre qui reste encore très largement ouvert. Elles sont faiblement déprimées contre le côté de la côte qu'elles flanquent en s'étalant un peu vers la partie supérieure et plus fortement vers leur partie la plus

large. Zone interporifère très convexe en portion de fuseau et presque
régulièrement entre les faibles rebords qui la séparent de la zone
interporifère, séparée par un ressaut bien marqué de la déclivité de
la marge, s'effaçant au contraïre de plus en plus à partir de la gibbosité d'inflexion vers la dépression du centre. Tubercules petits en série
de 5 à 6 sur chaque costule dans la partie la plus large de la zone
porifère (6^{mm}); ceux de l'interporifère un peu plus gros, serrés, formant deux rangées transverses sur chaque assule bigéminé ; ceux de
la marge et des interambulacres aussi gros et presque aussi serrés.
Interambulacres presque plats et déprimés entre les pétales; se soulevant en légère côte vers le milieu de leur longueur, très atténués
et déprimés en sillon vers le haut.

Le péristome (encroûté ainsi que toute la face inférieure) doit être
pourvu d'un infundibulum assez profond et fortement évasé, si on
en juge par une section oblique. Le périprocte est petit, arrondi, ouvert à une distance du bord (14^{mm}) égale au double de son diamètre.

Cette belle espèce semble faire la transition du *C. paratinus* au
groupe du *C. crassicostatus*; elle a presque la marge étalée et élargie
du premier, le peu de saillie de la gibbosité pétalée du second en
même temps que ses interambulacres déprimés et le relief qui prolonge les côtes des pétales jusqu'au bord; mais ce relief est moins
accusé, les pétales ont leur côte plus étalée, plus ventrue, moins
comprimée latéralement. Elle diffère, en outre, de tous par son grand
élargissement, surtout dans sa région postérieure. *C. suboblongus* a
aussi quelque ressemblance, mais il a sa marge moins étalée, moins
étendue, ses zones porifères fortement déprimées entre les interporifères et les aires interambulacraires; ses pétales sont moins saillants;
son péristome est beaucoup plus petit, son périprocte plus marginal;
il en est très distinct.

Terrain cartennien : grès d'El-Biar (M. Delage).

CLYPEASTER INTERMEDIUS Dsml.

B. Pl. LIX, fig. 1 à 4.

Clypeaster intermedius Desmoulins. *Etudes sur les Échinides,* p. 218, n° 15. —
Michelin, *Monog. Clypéastres,* p. 128, Pl. XXXI, fig. 1.

Clypeaster scutellatus Ag. et Des. *Catal. raisonné,* p. 73; moulages R 11,
R 12 (non Marcel de Serres).

Clypeaster scillæ Desor. *Synopsis Echin.* p. 241 (non Dsml.).

Clypeaster grandiflorus Desor. *Loc. cit. partim.* Pl. XXIV, exclus le moule 55
(non Bronn.).

Longueur, $0^m 147$; largeur, $0^m 134$; hauteur, $0^m 036$.
  —   0 127   —   0 120   —   0 032.
  —   0 120   —   0 110   —   0 030.

Assez grand oursin pentagonal, peu rétréci à l'arrière, à angles
tronqués arrondis, surtout les postérieurs, plus ou moins flexueux sur
les bords. Face supérieure médiocrement gibbeuse en toit, plus ou
moins fortement costée, un peu déprimée au sommet, à côtés régulièrement déclives jusqu'aux bords plus ou moins étalés en une
marge moins amincie en avant que vers l'arrière et un peu pulvinée
sur le prolongement des ambulacres. Face inférieure plane, ou peu
déprimée au voisinage de la cavité buccale.

Apex assez petit, pentagonal, à 5 pores génitaux contigus aux
angles du madréporide. Pétales ovales lancéolés, plus ou moins
saillants en portion d'ovoïde ou de fuseau ; les antérieurs pairs un
peu plus courts; l'impair à peine aussi long que les postérieurs n'égalant pas tout à fait les 2/3 du rayon. Zones porifères un peu déprimées, assez brusquement élargies, arquées vers l'extrémité et resserrant notablement l'entrée du pétale; elles en occupent le côté plus ou
moins déclive et s'étalent vers leur extrémité. Zones interporifères
paires lancéolées, l'impaire oblongue, brièvement atténuées vers le
haut, assez longuement et fortement contractées, dans les pétales
pairs, vers leur extrémité qui forme un léger ressaut sur la marge,
élargies au milieu de leur longueur et plus ou moins arrondies sur le

dos. Tubercules très petits, en série de 7 à 8 sur chaque costule de la zone porifère dans sa partie la plus large (6^{mm}), ceux de l'interporifère un peu plus gros, rapprochés, formant deux rangées transverses sur chaque assule bigéminé. Interambulacres à peine convexes entre les extrémités des zones porifères, prolongeant le plan déclive de la marge presque jusqu'au sommet en se contractant fortement en une longue bande très étroite et déprimée entre les zones.

Péristome subpentagonal, médiocrement enfoncé dans un infundibulum plus ou moins ample, évasé, dont les bords se séparent assez brusquement du plan de la base. Sillons ambulacraires assez ouverts mais peu profonds, en étroite gouttière qui s'efface près du bord. Périprocte arrondi, médiocre, voisin de la marge. Tubercules du dessus peu différents de ceux des pétales et presque aussi serrés ; ceux du dessous un peu plus gros, plus fortement scrobiculés, moins rapprochés du moins à une certaine distance des bords.

Cette espèce ne présente quelque analogie qu'avec le *C. Delagei* parmi celles décrites plus haut ; mais sa taille beaucoup plus petite, ses pétales moins gibbeux et moins saillants, sa marge plus étroite et beaucoup moins étalée l'en séparent très nettement.

Mes exemplaires algériens présentent de notables différences avec ceux d'Europe, dont j'ai sous les yeux une série très homogène de quatre, l'un de Boutonnet, reçu de M. de Rouville, un autre de Saucats acquis de Deyrolles, et les deux moules d'Agassiz. Ils forment eux-mêmes deux séries : la première (fig. 1), a le large infundibulum campanulé du type, mais ses pétales sont fortement convexes avec les zones porifères plus fortement déclives et les interambulacres sont plus enfoncés et plus plats, surtout le postérieur, le profil est encore plus abaissé que dans les moins gibbeux du type ; la seconde (fig. 2 à 4) a le profil encore plus surbaissé, avec des pétales aussi peu saillants, mais c'est l'antérieur (et non les postérieurs) qui est le plus long ; les interambulacres sont encore presque plats entre les zones porifères et un peu déprimés. Le péristome est bien plus petit, moins évasé dans son infundibulum ; le périprocte plus petit ; les bords sont plus fortement sinués surtout le postérieur. La marge paraît être plus étalée en raison du peu de convexité du milieu. Ce sont au moins deux variétés faciles à caractériser, qu'il y aura lieu de comparer de nouveau avec des sujets mieux conservés que les nôtres.

Terrain cartennien : Camp-du-Maréchal ; El-Biar (M. Delage).

4° Espèces plus ou moins allongées, peu élevées, à pétales saillant en grosses côtes entre des interambulacres déprimés, à bords arrondis assez épais au moins vers l'avant et surtout dans le prolongement des pétales qui est plus ou moins gonflé ; la marge est peu ou pas étalée et assez étroite (section *Bunactis*).

CLYPEASTER BUNOPETALUS

B. Pl. XXVI, fig. 1 à 7 ; Pl. LX, fig. 1 à 2 ; Pl. LXI, fig. 1.

CLYPEASTER SCILLÆ ? Pom. Expl. Pl. XXVI (non Desml.).

Longueur 0^{m}107 ; largeur, 0^{m}085 ; hauteur, 0^{m}034.
—   0 120   —   0 104   —. 0 038.

Oursin de taille assez médiocre pour le genre, pentagonal, un peu allongé, peu rétréci à l'arrière, à angles fortement arrondis, à côtés flexueux ou même sinués surtout les latéraux et le postérieur. Face supérieure saillante en pyramide basse, à angles arrondis, à côtés déprimés entre les interambulacres, à sommet tronqué et à bords un peu étalés mais très arrondis, plus épaissis et comme gonflés vers les angles en continuation de la côte des pétales. Face inférieure plane ou un peu convexe pulvinée.

Apex un peu excentrique en arrière, petit (4^{mm}), en bouton convexe dans une dépression du sommet, ayant les pores génitaux contigus au madréporide. Pétales ovales lancéolés, saillants en côte convexe, peu inégaux ; l'impair le plus long plus large en avant ; les pairs antérieurs les plus courts égalant à peine les 2/3 du rayon. Zones porifères déprimées, étalées sur les côtés plus ou moins déclives des

pétales, s'élargissant jusqu'auprès de leur extrémité arquée convergente, mais laissant le pétale bien ouvert. Zones interporifères lancéolées, un peu resserrées à leur extrémité, atténuées brièvement et
gibbeuses au sommet, bien convexes en travers et rebordant la zone
porifère. Tubercules petits, bien scrobiculés ; ceux des zones porifères,
chez les grands sujets, espacés en série de 6 à 7 sur chaque costule
dans la partie la plus large (6^{mm}) ; ceux des interporifères presque
doubles en grosseur, formant deux rangées transverses serrées sur
chaque assule. Interambulacres assez fortement déprimés entre les
pétales et comme enfoncés, rapidement contractés en une longue
bandelette sublinéaire jusqu'au sommet apicial.

Péristome pentagonal, petit, très enfoncé dans un infundibulum
très peu évasé occupant à peine le 1/5e du diamètre de la face inférieure. Sillons ambulacraires très marqués dans la cavité buccale,
superficiels en dehors et effacés avant le bord. Périprocte petit,
arrondi, rapproché du bord. Tubercules du dessus peu différents en
grosseur de ceux des zones porifères, peu serrés ; ceux du dessous
bien plus gros, plus scrobiculés, très rapprochés, surtout au voisinage
des bords.

L'exemplaire de Pl. XXVI très altéré à sa face supérieure avait été
attribué avec doute au *C. Scillæ* (*C. crassus* Ag.). De meilleurs sujets
ne permettent pas de conserver cette identification. Ce dernier, en
effet, a des tubercules plus saillants surtout sur les côtés et en dessous ; ses bords plus épais, ses pétales plus longs (7/10 du rayon),
moins saillants avec leurs zones porifères très étalées, les interambulacres à peine enfoncés, le péristome plus évasé l'en séparent
nettement. La marge moins étalée, plus épaisse, et l'infundibulum
buccal beaucoup plus petit distinguent notre fossile de la variété à
pétales saillants de *C. intermedius*.

Terrain cartennien : versant Nord du Djebel Mouzaïa, sur le chemin
muletier ; Beni-bou-Mileuk, près du moulin (M. Schopin).

CLYPEASTER CRASSICOSTATUS Ag.

B. Pl. XXIV, fig. 1 à 7.

CLYPEASTER CRASSICOSTATUS Ag. *Cat. syst.,* moule Q 12; — SISMONDA, *Ech. foss. Piém.* Pl. III, fig. 1-3. — Ag. *Cat. rais.* p. 73.

Longueur, 0^m120 ; largeur, 0^m100 ; hauteur, 0^m038.
  — 0 110   —   0 096   — 0 036.

Oursin de taille médiocre pour le genre, pentagonal, un peu rétréci à l'arrière avec les angles très arrondis et les côtés un peu flexueux, surtout les latéraux postérieurs. Face supérieure peu élevée, à côtes saillantes digitiformes, donnant un profil un peu gibbeux déprimé au sommet, à flancs déprimés concaves se fondant avec une marge étroite un peu pulvinée et peu épaisse, mais un peu plus en avant qu'en arrière et gonflée aux angles en prolongement de la saillie des pétales. Face inférieure plane ou à peu près en dehors de la cavité buccale.

Apex petit, pentagonal, formant un petit bouton dans la dépression du sommet, les 5 pores génitaux contigus aux angles saillants du madréporide. Pétales étroitement oblongs, très soulevés en côte digitiforme presque comprimée latéralement, un peu inégaux, les pairs antérieurs les plus courts, l'impair le plus long dans les rapports suivants : 38, 44, 46 ; ce dernier égalant les 7/10° du rayon. Zones porifères assez insensiblement élargies, déprimées sur les côtés abrupts ou très fortement déclives de l'ambulacre, un peu arquées vers leur extrémité, mais dans un sens qui ne resserre presque pas le pétale. Zones interporifères presque demi cylindriques, légèrement fusiformes, ayant une tendance à se caréner longitudinalement sur le dos, peu atténuées au sommet, à peine contractées à leur extrémité et se continuant par un épatement qui renfle la partie correspondante de la marge. Tubercules très petits. peu serrés, en série de 6 à 7 sur chaque costule de la zone porifère dans sa partie la plus large (6^{mm}), ceux de l'interporifère un peu plus gros formant deux rangées transverses assez serrées sur chaque assule bigéminé. Interambulacres fortement enfoncés, plats ou légèrement convexes, se contractant en une longue et étroite pointe vers l'apex et s'étalant en une marge plus basse que l'épatement du bout des pétales.

Péristome pentagonal assez grand? au fond d'un ample infundibulum occupant au moins le tiers de la largeur de la base, assez abrupt, puis s'évasant notablement pour se fondre avec la surface générale. Sillons ambulacraires bien anguleux. mais peu profonds à leur origine puis superficiels jusque vers le bord. Périprocte arrondi, petit, à une distance du bord un peu moindre que son diamètre. Tubercules du dessus de même grosseur que ceux des zones porifères, très épars, surtout sur le milieu des interambulacres, la surface paraissant presque lisse; ceux du dessous à peine plus gros, un peu mieux scrobiculés et rapprochés surtout près des bords.

Cette espèce est bien reconnaissable à ses pétales oblongs et comprimés latéralement. Les exemplaires algériens sont presque identiques au moule du type distribué par Agassiz et à un exemplaire que je possède de l'île de Corse; mais celui figuré par Michelin sous le nom de *C. crassicostatus* en diffère beaucoup plus par son épaississement considérable en avant, par le grand développement relatif de ses tubercules, à la face inférieure surtout, et la réduction au nombre de trois de ceux qui occupent les costules des zones porifères; ce n'est certainement pas la même espèce. Pensant que le type de Michelin était bien celui d'Agassiz, j'avais été conduit à rapprocher mes fossiles algériens du *C. intermedius*; mais l'examen du moule Q 12 ne peut laisser aucun doute sur l'erreur où m'avait conduit la description de Michelin.

Clypeaster bunopetalus en diffère par ses pétales ovales, ses zones porifères plus larges et étalées, sa marge plus étalée et son péristome moins évasé.

Terrain helvétien : zone à mélobésies près Tiaret : Djebel-Gharibou (Ville).

CLYPEASTER RHABDOPETALUS
B. Pl. XXV, fig. 1 à 8; Pl. LX, fig. 3 à 4; Pl. LXII, fig. 4.

Clypeaster crassicostatus Michelin, *Mon. Clypéastres,* p. 115, Pl. XVII, fig. 1
à *à f* ; — Pomel, Explic. de la Pl. XXV (non Ag.).

Longueur, 0^{m}110 ; largeur, 0^{m}090 ; hauteur, 0^{m}040.

Oursin de taille médiocre pour le genre, pentagonal, allongé, à peine rétréci à l'arrière, à angles latéraux très effacés, les postérieurs fortement arrondis, à bords peu flexueux. Face supérieure assez gibbeuse, soulevée en cinq côtes très saillantes, un peu tronquée au sommet, très déprimée entre les côtes, à bord assez épais peu étalé, plus épaissi encore vers les angles par l'épatement qui prolonge la côte ambulacraire. Face inférieure assez convexe, pulvinée entre le bord et la fosse buccale.

Apex petit, dans une dépression apiciale, avec les 5 pores génitaux presque contigus au madréporide. Pétales ovales oblongs, saillants en grosses côtes un peu ventrues, les pairs antérieurs un peu plus courts que les autres, égaux entre eux et dans le rapport de 35 à 40, ces derniers égalant environ les 2/3 du rayon. Zones porifères assez longuement élargies, peu courbées vers l'extrémité, déprimées sur les côtés des côtes ambulacraires, un peu étalées ; zones interporifères oblongues, très convexes, un peu gibbeuses au sommet pour s'infléchir autour de l'apex en se resserrant assez brusquement, bien ouvertes et à peine contractées à leur extrémité. Tubercules assez gros, bien scrobiculés, formant sur chaque assule bigéminé deux rangées transversales assez serrées, parfois incomplètes ; ceux des zones porifères un peu plus petits, espacés, formant série de 3 à 4 sur chaque costule au point le plus large (5^{mm}). Interambulacres fortement déprimés au pied des zones porifères, en forme de fosses qui remontent en sillon étroit et plus ou moins profond jusque vers le sommet.

Péristome pentagonal peu développé, au fond d'une cavité campanulée bien évasée, ample (un tiers au moins de la largeur du test) et se fondant assez vite dans la convexité de son bord. Sillons ambula-

craires peu profonds, bien évasés à leur origine puis superficiels.
Périprocte très petit, arrondi, très voisin du bord. Tubercules du
dessus de même grosseur que ceux des zones porifères, très épars sur
les fosses interambulacraires, plus serrés sur les bords et aussi gros
que ceux des zones interporifères et fortement scrobiculés. Ceux du
dessous connus seulement sur les bords, bien plus gros et plus fortement scrobiculés encore, rapprochés et rendant la surface très rugueuse. (La fig. 8 représente une zone touchant au sillon ambulacraire ; la fig. 6 montre des tubercules trop petits et inexacts comme
nombre sur les costules).

Cette espèce se distingue nettement de *C. bunopetalus* par sa forme
étroite, ses pétales moins resserrés à l'extrémité, ses zones porifères
plus étroites à tubercules rares, son bord moins étalé, son péristome
à infundibulum plus évasé. Elle se distingue nettement de *C. crassicostatus* par ses côtes ambulacraires moins comprimées latéralement
et un peu plus courtes, par son bord un peu plus arrondi, plus épais,
surtout en avant, et surtout par ses tubercules plus gros, plus scrobiculés, plus rares et plus petits au contraire sur les costules des zones
porifères. (Le test très épais ayant été presque entièrement usé sur
notre exemplaire, le dessin du profil n'est pas assez épais en avant.)
Au contraire, il me paraît être identique au *C. crassicostatus* de Michelin, qui n'est pas celui d'Agassiz.

J'ai de Bas (Autriche-Hongrie) un jeune exemplaire, que j'ai fait
figurer P. LXII et Pl. LX, dont le bord postérieur est plus arrondi,
les pétales un peu plus étroits, les zones porifères avec 1 à 2 petits
tubercules seulement sur chaque costule, les interporifères n'ayant
qu'une rangée transverse complète de tubercules un peu plus gros,
la deuxième rangée apparaissant vers le milieu de la zone. Du reste,
cette deuxième rangée n'est pas toujours complète sur notre exemplaire plus âgé. Ces différences sont dues au jeune âge.

Terrain helvétien : zone à mélobésies au Chabet-el-Kota, près de
Hammam-Rhira.

CLYPEASTER ACCLIVIS

B. Pl. XXI, fig. 1 à 9; Pl. LXII, fig. 1 à 3.

Longueur, 0ᵐ078; largeur, 0ᵐ064: hauteur, 0ᵐ019.
—   0 084   —   0 075   —   0 026.
—   0 088   —   0 075   —   0 023.
—   0 140   —   0 120   —   0 046.

Grand oursin pentagonal étalé, à peine rétréci en arrière, à angle antérieur obtus, les latéraux effacés, les postérieurs tronqués arrondis, les bords antérieurs et latéraux peu flexueux, le postérieur émargé par un sinus toujours bien marqué occupant la zone interambulacraire. Face supérieure gibbeuse et fortement costée dans la région pétalée, profondément déprimée entre les côtes, un peu étalée sur les bords obtus mais peu épais, mince en avant. Face inférieure presque plane ou un peu creusée dans les jeunes.

Apex à peine excentrique en arrière, en bouton pentagonal, assez grand dans une dépression toujours assez faible du sommet à 5 pores génitaux contigus aux angles du madréporide. Pétales saillants en grosses côtes digitiformes subdemi-cylindriques ou très peu fusiformes, les pairs antérieurs plus courts (9/10) que les autres presque égaux entre eux et égalant à peine les 2/3 du rayon. Zones porifères assez étroites, presque abruptes sur la face du pétale, se rapprochant un peu vers l'extrémité, mais le laissant bien ouvert. Zones interporifères très convexes en travers, brusquement atténuées au sommet faiblement gibbeux, un peu contractées à l'extrémité qui se fond avec l'épatement marginal. Tubercules très petits, peu serrés, ceux des costules des zones porifères en série de 5 à 6 (3 dans les jeunes) dans la partie la plus large (5ᵐᵐ); ceux des interporifères presque aussi petits et formant trois rangées transverses alternantes sur chaque assule. Interambulacres très déprimés entre les pétales prolongeant la surface unie de la marge et se contractant insensiblement en remontant vers l'apex où le rétrécissement est extrême sur une petite longueur.

Péristome assez enfoncé, petit, pentagonal, dans un infundibulum campanulé très ample, occupant le 1/3 environ du diamètre. Périprocte rond, médiocre, à une distance du bord égale à son diamètre. Tubercules du dessus semblables à ceux des pétales, très peu serrés; ceux du dessous notablement plus gros, plus fortement scrobiculés et rapprochés.

Cet oursin paraît varier notablement, mais il est souvent déformé, ce qui est dû au peu d'épaisseur de son test, et ses surfaces sont rarement assez dégagées d'une gangue gréseuse très dure pour qu'on puisse facilement en apprécier les caractères. Les sujets typiques se distinguent toujours de *C. crassicostatus* par leur madréporide plus grand, leurs interambulacres plus renfoncés, leurs pétales plus comprimés latéralement, l'antérieur pas plus long que les postérieurs, par leur gibbosité plus élevée, plus pyramidale, et surtout par leur marge beaucoup moins épaisse et plus large et par une forme générale beaucoup plus large et plus étalée.

On trouve dans le même gisement des exemplaires encore beaucoup plus gibbeux et à pétales plus épais, dont les zones porifères sont sensiblement élargies, dont la marge est moins étalée, le bord plus épais et dont le péristome a un infundibulum beaucoup moins ample, ayant seulement le 1/4 du diamètre. Mais les proportions des pétales sont les mêmes, la largeur du pourtour est dans les mêmes proportions, les tubercules paraissent semblables, les dimensions de l'un d'eux sont: longueur, 0^{m}126; largeur, 0^{m}116, hauteur, 0^{m}055. Leur conservation laissant à désirer, on peut provisoirement les considérer comme n'en étant qu'une forte variété.

Terrain cartennien : El-Biar; Beni-Messous (M. Delage).

CLYPEASTER ACCLIVIS var. *PONSOTI*

B. Pl. LXI, fig. 2 à 4.

Longueur, 0ᵐ120; largeur, 0ᵐ104; hauteur, 0ᵐ036.

Cet oursin diffère du type par ses pétales fortement élargis, fusiformes et non presque cylindroïdes, plus gibbeux au sommet autour de la dépression apiciale, par ses interambulacres bien moins renfoncés entre les extrémités des pétales et remontant presque dans le même plan jusqu'auprès du sommet comme dans *C. intermedius*. La vaste cavité du péristome et la grande largeur du pourtour sont comme dans le type, sauf que les côtés sont moins flexueux. Les tubercules paraissent être semblables, mais ils sont trop oblitérés pour l'affirmer.

Il présente beaucoup de ressemblance avec la variété à pétales gonflés de *C. intermedius*, mais la marge est beaucoup moins étalée et moins large et les zones porifères sont peu ou pas étalées. Par la forme de ses pétales, il rappelle *C. bunopetalus;* mais la cavité buccale est beaucoup plus vaste, ses zones porifères sont beaucoup moins étalées vers l'extrémité et les interambulacres sont moins renfoncés entre les pétales. Si des échantillons mieux conservés confirmaient la différenciation avec *C. bunopetalus* et *C. acclivis*, on pourrait lui conserver le nom de *C. Ponsoti*.

Terrain cartennien : Téniet-el-Haàd, près du village (M. Ponsot).

CLYPEASTER BADINSKII

B. Pl. LXIII, fig. 1 et 2 ; LXIV, fig. 1 à 3.

Longueur, 0ᵐ160 ; largeur, 0ᵐ160 ; hauteur, 0ᵐ050.
—   0 160   —   0 140   —   0 052.
—   0 146   —   0 125   —   0 048.

Grand oursin pentagonal, raccourci en avant, élargi en arrière, à angles très arrondis, à côtés latéraux et postérieur un peu flexueux, émarginés. Face supérieure renflée, gibbeuse en forme de toit, relevée en cinq côtes larges subpyriformes, au-dessus d'une marge étroite et

déclive jusqu'au bord simplement obtus. Face inférieure presque
plane jusqu'à la dépression buccale.

Apex subcentral mal conservé avec les pores génitaux probablement contigus au madréporide. Pétales saillants en côtes étalées,
larges, peu épaisses, subpyriformes, ayant un peu plus des 2/3 de la
longueur du rayon. Zones porifères insensiblement élargies presque
jusqu'auprès de l'extrémité assez fortement arquée pour resserrer
l'entrée du pétale, un peu déprimées et assez déclives sur les côtés de
la côte. Zones interporifères convexes en travers, en anse de panier,
assez longuement atténuées vers le haut, plus gibbeuses près de leur
extrémité fortement contractée et se prolongeant plus ou moins sans
à-coup dans l'épatement marginal assez bien marqué. Tubercules
très petits, rapprochés, en série de 9 à 10 sur chaque costule dans la
partie la plus large de la zone porifère (7^{mm}); ceux des interporifères
un peu plus gros, formant deux rangées transverses sur chaque assule
bigéminé. Interambulacres à peine convexes entre les pétales ou
même presque plats dans la dépression peu profonde qu'ils occupent
et qui s'atténue vers le haut, tandis qu'elle se fond vers le bas avec la
déclivité marginale.

Péristome petit, subpentagonal, au fond d'un grand infundibulum
campanulé assez évasé sur les bords. Sillons ambulacraires bien
anguleux mais assez ouverts à leur origine puis en gouttière superficielle qui s'atténue et s'efface près du bord. Périprocte petit, rapproché
du bord, elliptique en travers. Tubercules du dessus semblables à
ceux du dos des pétales et un peu moins serrés; ceux du dessous
encore un peu plus gros, plus largement scrobiculés, très rapprochés
partout.

Nos trois exemplaires sont passablement bien conservés dans les
détails de leur surface, mais ils ont été déformés dans des sens différents qui ont altéré les lignes du profil. Celui de Pl. LXII a été comprimé et étalé de manière à présenter une plus grande largeur d'environ un centimètre de chaque côté et la partie de la marge qui

correspond aux pétales pairs antérieurs est fortement relevée. L'exemplaire de Pl. LXI, fig. 1, est au contraire assez fortement comprimé latéralement, mais il a le profil moins altéré dans sa forme générale. La fig. 2 de la même planche représente un sujet un peu disloqué par des fractures et assez peu déformé obliquement pour donner une image assez exacte du pourtour et du dessus de l'oursin.

Cette espèce présente une certaine affinité avec *C. Delagei* par la forme de ses pétales et son pourtour assez élargi ; mais ses pétales sont pyriformes plutôt qu'oblongs, plus contractés à leur extrémité. Le périprocte est bien plus rapproché du bord et la marge, plus déclive, un peu comme dans *C. intermedius*, est beaucoup plus étroite et bien moins étalée, d'où il résulte que les pétales sont proportionnellement plus longs par rapport au rayon.

Terrain cartennien : El-Biar, près d'Alger.

CLYPEASTER PULVINATUS

B. Pl. XXXIV, fig. 1 à 7.

Longueur, 0ᵐ 128 ; largeur, 0ᵐ 109 ; hauteur, 0ᵐ 047.
— 0 115 — 0 100 — 0 042.

Oursin de taille médiocre, subpentagonal, à angles très arrondis, à côtés antérieurs et postérieurs arqués, les latéraux presque flexueux. Face supérieure peu élevée, gibbeuse sous les pétales costiformes, déprimée au sommet de la convexité, à marge étroite épaisse plus arrondie en avant et sur les côtés. Face inférieure un peu convexe pulvinée.

Apex médiocre, en bouton circulaire convexe dans la dépression du sommet, à 5 pores génitaux presque contigus au madréporide. Pétales ovales lancéolés assez saillants en côte peu convexe, les pairs antérieurs un peu plus courts que les autres, dont la longueur égale environ les 5/7ᵉ du rayon et parfois les 2/3 pour l'impair. Zones porifères déprimées et déclives sur les côtés de l'ambulacre, élargies jusqu'au bout obtus ou tronqué, un peu falciforme et étalé ; les interporifères lancéolées convexes en anse de panier rebordant la zone porifère, gibbeuses et assez atténuées autour de la dépression apiciale; assez brièvement contractées à l'extrémité et se continuant sans à-coup avec le léger épatement de la marge. Tubercules des zones porifères petits, en série assez serrée de 7 à 8 sur chaque costule dans la partie la plus large (7^{mm}) : ceux des interporifères beaucoup plus gros, saillants, rapprochés, formant deux rangées transverses sur chaque assule bigéminé. Interambulacres un peu déprimés entre les extrémités des zones porifères, fortement contractés hastiformes en longue pointe sublinéaire convexe, formant une côte basse entre les pétales.

Péristome pentagonal, profond, dans un infundibulum presque abrupt ou peu campanulé, limité par des gibbosités interambulacraires bien saillantes. Sillons des ambulacres bien anguleux dans la fosse, puis en gouttière un peu évasée et s'effaçant brusquement près du bord. Périprocte petit, arrondi, rapproché du bord. Tubercules du dessus un peu plus petits que ceux des pétales, très espacés sur les interambulacres, un peu moins près des angles, ceux du dessous bien plus gros, rapprochés et fortement scrobiculés.

Un de nos exemplaires plus petit a ses tubercules ambulacraires et inférieurs un peu plus petits et ses pétales ont les zones interporifères plus étroites, plus longuement contractées vers leur extrémité et une forme plus oblongue lancéolée ; il est très ressemblant pour le reste.

Cette espèce, voisine du *C. bunopetalus*, en diffère par ses pétales moins comprimés latéralement et moins saillants, par ses interambulacres moins enfoncés et sa marge plus étroite. Elle diffère de *C. Scillæ* par son bord moins épaissi convexe, par son péristome plus abrupt dont l'infundibulum est limité par de fortes gibbosités, par ses tubercules bien plus petits, et ses interambulacres moins rétrécis dans le haut.

Terrain helvétien : Tessala (feu Ville) ; la variété au Bled-Mediouna, Dahra.

CLYPEASTER PIERREDONI

B. Pl. LXV, fig. 1 à 3.

Longueur, 0ᵐ 160 ; largeur, 0ᵐ 120 ; hauteur, 0ᵐ 068.
— 0 160 — 0 128 — 0 056.
— 0 132 — 0 098 — 0 048.

Grand oursin pentagonal, très allongé, d'un tiers plus long que large, flexueux sur les bords, mais offrant à cet égard d'assez grandes variations au point de ressembler parfois à un fer à repasser, peu ou pas rétréci en arrière. Face supérieure plus ou moins gibbeuse dans la région pétalée, déprimée au sommet, à côtes fortement convexes, avec leurs intervalles déprimés, à marge un peu étalée mais étroite et épaisse, arrondie. Face inférieure presque plane ou un peu pulvinée.

Apex subcentral médiocre (5ᵐᵐ), déprimé, subpentagonal, à 5 pores génitaux rejetés en dehors du madréporide sur la zone interporifère. Pétales ovales lancéolés ou oblongs, en larges côtes saillantes, non comprimés latéralement ; les pairs antérieurs notablement plus courts, l'impair sensiblement plus long que les postérieurs ; ceux-ci un peu plus longs que les 2/3 du rayon. Zones porifères assez brièvement atténuées vers le haut, élargies près de l'extrémité qui s'arque plus ou moins pour resserrer l'entrée du pétale, légèrement déprimées sur les côtés de la côte pétalée et plus ou moins déclives et étalées dans la partie élargie ; les interporifères bien convexes en travers, gibbeuses vers le haut autour de la dépression apiciale, contractées vers l'extrémité, surtout dans les pétales pairs antérieurs. Tubercules petits plus ou moins serrés, en série de 8 à 10 sur chaque costule dans les grands individus et au point le plus large des zones porifères (8ᵐᵐ) ; ceux des zones interporifères un peu plus gros, serrés, formant deux rangées transversales sur chaque assule bigéminé. Interambulacres déprimés entre les pétales en une concavité qui se fond avec le bord des zones porifères entre lesquelles ils remontent en une très longue pointe presque linéaire et un peu moins enfoncée.

Péristome pentagonal, au fond d'un infundibulum profond, hypo-cratériforme, assez étendu, plus long que large, s'évasant presque brusquement sur une faible étendue de son bord. Sillons ambulacraires bien anguleux dans la cavité buccale, mais superficiels en dehors. Périprocte petit, arrondi, à une distance de la marge égale à son diamètre. Tubercules du dessus de même volume que ceux des zones porifères et assez espacés sur la partie remontante des interambula-cres ; ceux du dessous et des bords un peu plus gros, plus fortement scrobiculés et rapprochés partout.

, Cette espèce varie un peu dans la saillie de la gibbosité de la région pétalée, dans l'étendue des sinuosités des bords, dans l'éloignement plus ou moins grand des pores génitaux en dehors de l'apex et un peu aussi dans les rapports de la largeur à la longueur. Mais tous les exemplaires, et ils sont nombreux, n'en conservent pas moins une grande ressemblance. Elle se distingue des *C. rhabdopetalus*, *cras-sicostatus* et *acclivis* par ses pétales larges et non comprimés latéralement; de *C. bunopetalus* par ses pétales plus longs, sa marge plus épaisse, sa forme plus allongée, sa cavité du péristome plus ample. Elle a quelque analogie avec *C. Scillæ* Desml. par sa marge épaisse et étalée, mais ses pétales sont plus gonflés, sa taille est bien plus grande, son pourtour plus allongé et ses tubercules moins saillants ne rendent pas sa surface aussi rugueuse.

Terrain helvétien : Oued-Moula, à l'Est de Bou-Medfa (M. Welsch) ; Oued-Arbil, entre Médéa et Amoura (M. Pierred m).

CLYPEASTER SIMONI

B. Pl. LXVI, fig. 1 à 3.

Longueur, 0^m 150 ; largeur, 0^m 144 ; hauteur, 0^m 062.
— 0 140 — 0 130 — 0 055.

Oursin de taille moyenne, pentagonal, élargi, à angles tronqués, à côtés latéraux et postérieurs flexueux. Face supérieure soulevée en pyramide surbaissée avec les angles costiformes, le sommet un peu déprimé et la marge un peu étalée, épaisse, à bord convexe. Face inférieure un peu ondulée, subplane ou légèrement pulvinée. Apex médiocre dans une légère dépression, pentagonal, avec les pores génitaux contigus aux angles du madréporide. Pétales ovales oblongs, sublancéolés, saillants en côte plus ou moins convexe, les pairs antérieurs un peu plus courts que les autres subégaux, égalant à peine les 2/3 du rayon. Zones porifères très peu déprimées, étalées sur les côtés du pétale, s'élargissant insensiblement jusqu'auprès de leur extrémité un peu falciforme pour resserrer l'entrée de celui-ci qui reste encore largement ouvert ; les interporifères plus ou moins convexes sur le dos, un peu gibbeuses autour de la dépression apiciale, assez brusquement contractées à leur extrémité, qui se confond avec la surface marginale. Tubercules petits, ceux des zones porifères par série de 6, rarement 7, dans la partie la plus large (6^{mm}) ; ceux des interporifères bien plus gros, serrés et formant deux rangées transversales sur chaque assule bigéminé. Interambulacres hastiformes, rétrécis sur une grande longueur et déprimés entre les pétales, à surface presque plane en travers ou se confondant avec celle des zones porifères.

Péristome pentagonal, petit, au fond d'un infundibulum largement campanulé et très vaste, occupant presque le tiers du diamètre. Sillons ambulacraires bien marqués à leur origine, mais s'effaçant bien avant le bord. Périprocte petit, elliptique en travers, submarginal et regardant un peu en arrière. Tubercules du dessus un peu moins gros que ceux du dos des pétales, moins rapprochés, surtout sur la partie enfoncée des interambulacres ; ceux du dessous, au contraire, aussi gros, plus scrobiculés et rapprochés surtout près du bord.

Cette espèce diffère des voisines par son élargissement et par l'ampleur de son infundibulum buccal ; ses pétales sont quelquefois aussi peu en relief que dans *C. Scillæ* ; mais sa marge moins épaisse et plus large, son vaste péristome, ses tubercules plus petits, ne permettent pas la confusion.

Terrain helvétien : Oued Moula, à l'Est de Bou-Medfa (M. Welsch) ;
Oued Bou-Roumi, sous Mouzaïa-les-Mines (feu Simon, garde-mines).

CLYPEASTER LATUS
B. Pl. LXVII, fig. 1 à 3.

Longueur, 0^m145 ; largeur, 0^m145 ; hauteur, 0^m070.
— 0 150 — 0 150 — 0 060.
— 0 180? — 0 180 — 0 082.

Grand oursin pentagonal, aussi large que long, à angles arrondis,
l'antérieur relativement court, à côtés latéraux et postérieur flexueux.
Face supérieure pyramidale plus ou moins saillante, tronquée, arrondie au sommet, avec la marge étroite et peu étalée, épaisse et arrondie
au bord. Face inférieure subplane.

Apex un peu déprimé, médiocre, pentagonal, à pores génitaux un
peu séparés des angles du madréporide. Pétales oblongs, subfusiformes, saillants en grosses côtes très convexes, les pairs postérieurs un
peu plus longs que les autres égaux entre eux, égalant environ les
2/3 du rayon. Zones porifères un peu déprimées, déclives sur les côtés,
insensiblement élargies presque jusqu'à l'extrémité, un peu falciforme
et rétrécissant peu l'entrée du pétale ; les interporifères très convexes
sur le dos, un peu gibbeuses au sommet autour de la dépression
apicale, un peu contractées à l'extrémité qui fait plus ou moins ressaut sur la marge. Tubercules petits en série de 9 à 10 sur chaque
costule des zones interporifères au point le plus large (7^{mm}); ceux des
interporifères notablement plus gros, formant trois rangées transverses serrées sur chaque assule bigéminé. Interambulacres déprimés
et même enfoncés entre les pétales et peu ou pas convexes, hastiformes et longuement rétrécis vers le haut.

Péristome pentagonal, petit, au fond d'un infundibulum campanulé,
brièvement évasé aux bords, n'ayant guère plus du 1/5 du diamètre,
plus court que large, bien entaillé par les sillons ambulacraires qui
se prolongent en s'atténuant jusqu'au bord. Périprocte petit, arrondi,
rapproché du bord. Tubercules du dessus à peine plus gros que ceux

des zones porifères, espacés sur les flancs, plus serrés sur le bord ; ceux du dessous plus gros, plus scrobiculés, rapprochés partout.

Cette espèce est très voisine de *C. Simoni* par son grand élargissement ; mais elle en est très distincte par ses pétales en côtes bien plus saillantes, moins étalées et surtout par son péristome beaucoup moins ample, moins évasé ; par ses tubercules des pétales plus serrés formant trois rangées transverses sur chaque assule. Ses pétales saillants, sa marge plus large, moins arrondie, ses tubercules plus petits, le séparent très nettement de *C. Scillæ*.

Terrain helvétien : Oued Moula, près Bou-Medfa (M. Welsch).

CLYPEASTER PLANICOSTATUS

B. Pl. LXVIII, fig. 1 à 3.

Longueur, 0m 145 ; largeur, 0m 125 ; hauteur, 0m 063.

Oursin de moyenne taille, pentagonal, un peu allongé, peu flexueux sur les côtés, à angles très arrondis. Face supérieure gonflée, subpyramidale peu élevée, tronquée, arrondie au sommet à peine déprimé, à marge étroite un peu étalée assez épaisse et arrondie sur les bords. Face inférieure aplanie. Apex assez grand (7mm), un peu convexe, pentagonal étoilé, à pores génitaux presque contigus aux angles du madréporide. Pétales lancéolés, longs, saillant en côte applanie sur le dos, les pairs antérieurs un peu plus courts que les autres, égalant environ les 5/7 du rayon. Zones porifères déprimées, déclives sur les côtés des côtes, insensiblement élargies et falciformes près de leur extrémité, mais laissant le pétale bien ouvert ; les interporifères étroitement lancéolés, presque planes sur le dos, sauf près du sommet où elles sont plus convexes, flexueuses dans leur longueur et affleurant la marge vers leur extrémité médiocrement contractée. Tubercules des zones porifères très petits, en série lâche de 6 à 7 sur chaque costule au lieu le plus large (8mm) ; ceux des interporifères bien plus gros, plus serrés, formant deux rangées transverses sur chaque assule bigéminé. Interambulacres déprimés entre les pétales, fortement contractés en une longue pointe presque linéaire, à peine convexe entre les zones porifères et ne faisant plus dans le haut avec celles-ci qu'une seule dépression en gouttière.

Péristome pentagonal au fond d'un infundibulum assez profond, campanulé, peu évasé sur la face avec un bord très gibbeux, bien entaillé par les sillons ambulacraires qui se prolongent en étroites gouttières jusqu'auprès du bord. Périprocte petit elliptique en long, voisin du bord. Tubercules du dessus un peu plus gros que ceux des zones porifères, espacés sur les interambulacres, plus rapprochés sur la partie un peu gonflée de la marge qui fait suite aux pétales ; ceux du dessous un peu plus gros que ceux des pétales, plus scrobiculés et rapprochés entre eux.

Cette espèce a beaucoup d'analogie avec les *Bunactis* du second type, tels que *C. Simoni* et *C. latus*; elle diffère du premier par son péristome à infundibulum plus étroit, moins campanulé et par ses pétales aplanis sur le dos ; du second par son pourtour moins élargi et ses pétales moins saillants et plus larges et plats en dessus ; elle a quelque analogie avec *C. cœlopleurus* par ses interambulacres déprimés, mais elle est plus obtuse, ses pétales sont moins étroits et ses tubercules ont d'autres proportions sur les différentes aires.

Terrain sahélien : couches conglomérées de la base, près de Negmaria au Dahra.

Espèces plus ou moins conoïdes ou pyramidales, à pétales plus ou moins convexes très ouverts, à tubercules très petits partout, à face inférieure plane et à bord mince subanguleux tout autour, que la marge soit un peu étalée ou non. (Section *Oxypleura*.)

CLYPEASTER SUBHEMISPHÆRICUS
B. Pl. LXIX, fig. 1 à 3.

Longueur, 0ᵐ160 ; largeur, 0ᵐ150 ; hauteur, 0ᵐ070.

Grand oursin à pourtour circulaire elliptique, l'axe antéro-postérieur ayant 1/16ᵉ de plus que le transverse, ni anguleux, ni flexueux sur les bords. Face supérieure subhémisphérique à peine déprimée au sommet, à marge un peu étalée presque tranchante tout autour. Face inférieure plane jusqu'au bord de l'infundibulum.

Apex central, déprimé, subpentagonal, petit (5^{mm}) ; les cinq pores génitaux contigus au madréporide. Pétales longs, subégaux, ovales lancéolés, faiblement convexes, égalant environ les deux tiers du rayon. Zones porifères déprimées en gouttière presque superficielle, très peu déclives de chaque côté du pétale, arquées falciformes vers l'extrémité, mais le laissant encore bien ouvert. Zones interporifères lancéolées, médiocrement convexes en travers en anse de panier, mais presque également jusque vers le sommet en s'atténuant régulièrement, assez fortement et brièvement contractées à l'extrémité, qui se confond presque avec la surface de la marge. Tubercules très petits, ceux des zones porifères presque contigus en série de 11 à 12 dans la partie la plus large (6^{mm}) ; ceux des interporifères aussi petits, formant 4 rangées transverses serrées sur chaque assule bigéminé. Interambulacres presque à fleur entre les extrémités des zones porifères, puis se soulevant en côte presque aussi saillante que celle des pétales et s'atténuant insensiblement jusqu'au sommet un peu déprimé.

Péristome médiocrement profond, pentagonal, dans un infundibulum étroit, abrupt, très peu évasé à son bord, bien échancré par des sillons ambulacraires se prolongeant en gouttière étroite sur la face et ne s'effaçant qu'au bord. Périprocte arrondi, médiocre, très rapproché du bord. Tubercules du dessus très homogènes, seulement un peu moins serrés que sur les pétales ; ceux du dessous sensiblement moins exigus, plus scrobiculés et très rapprochés partout.

Cette magnifique espèce se caractérise surtout dans le groupe dont elle fait partie par son pourtour subcirculaire sans angles ni sinus et par sa forme subhémisphérique et ses pétales s'arrêtant à une assez grande distance du bord. Elle a une grande analogie avec *C. Reidii* Wright ; mais ce dernier est pentagonal, ses pétales moins élargis à

leur extrémité sont bien moins ouverts et descendent bien plus près
de la marge qui est moins étalée. Le sommet, au lieu d'être arrondi,
est sensiblement acuminé avec un apex plus petit et séparé des pores
génitaux et avec les zones porifères un peu atrophiées sur une certaine longueur. *C. gibbosus* qui appartient au même groupe en est
bien plus éloigné par son sommet comme tronqué et largement
aplani, par ses interambulacres très gibbeux, plus saillants que les
pétales : son pourtour est en outre pentagonal. *C. petasus* aurait peut-
être plus d'affinité (et serait peut-être mieux placé ici que dans la
section des *Paratini*) par ses petits tubercules et son pourtour plus
arrondi ; mais ses pétales oblongs, son profil plus élevé et turrité, sa
marge bien plus fortement étalée l'en séparent très nettement.

Terrain helvétien : zone à mélobésies, oued Tirezert, au Sud de
Saint-Cyprien-des-Attafs (M. Pouyanne).

CLYPEASTER DOMA
B. Pl. XXXII, fig. 1 à 6.

Longueur, 0ᵐ 160 ; largeur, 0ᵐ 145 ; hauteur, 0ᵐ 068.
  —   0 165   —   0 155   —   0 065.
  —   0 175   —   0 165   —   0 050.

Grand oursin pentagonal, à angles arrondis, à bords à peine
flexueux, plus large vers le milieu qu'à l'arrière. Face supérieure
fortement convexe en dôme un peu aplani au sommet, à marge un
peu étalée, moins amincie à l'avant que sur les côtés et à l'arrière.
Face inférieure tout à fait plane.

Apex central petit (6ᵐᵐ), pentagonal, un peu en bouton par suite
d'une légère dépression de ses bords ; les 5 pores génitaux petits, un
peu en dehors du madréporide sur les zones interporifères. Pétales
ovales lancéolés, peu saillants, subégaux, égalant les 2/3 du rayon.
Zones porifères déprimées en larges gouttières entre les zones interporifères et les aires interambulacraires, mais légèrement plus relevées contre le bord des premières, arquées falciformes vers leur
extrémité et resserrant un peu l'entrée du pétale, insensiblement ré-

trécies vers le haut où elles affleurent et perdent leurs sillons de conjugaison sur une certaine étendue autour de l'apex. (Ce détail a échappé au dessinateur.) Zones interporifères un peu en saillie au dessus des sillons porifères peu convexes en travers, arquées mais non gibbeuses au niveau de la troncature supérieure sur laquelle elles s'aplanissent et s'effacent, tandis que vers leur extrémité elles se contractent assez fortement en même temps qu'elles se soulèvent un peu. Tubercules très petits, formant sur les costules des zones porifères une série de douze au point le plus large (7^{mm}) ; ceux des interporifères un peu plus gros, disposés par 3 rangées transverses sur chaque assule bigéminé. (Figures grossies 2 fois.) Interambulacres d'abord à fleur de la surface générale entre les extrémités des pétales puis se gonflant en s'atténuant en côtes convexes, aussi saillantes que les pétales au dessus des zones porifères et enfin s'effaçant comme elles sur la troncature.

Péristome petit, pentagonal, au fond d'un infundibulum étroit, abrupt, assez profond, à peine évasé à son bord, bien entaillé par les sillons ambulacraires qui se prolongent en gouttières arrondies bien creusées et ne s'effaçant qu'au bord. Périprocte médiocre, arrondi près du bord. Tubercules du dessus semblables à ceux des pétales ; ceux du dessous un peu plus gros et plus fortement scrobiculés.

Cette espèce avoisine un peu *C. gibbosus* par sa troncature supérieure, mais elle en diffère par sa gibbosité moins turritée, plus étroite au sommet, par ses interambulacres beaucoup moins renflés à leur partie moyenne. *C. Reidii* lui ressemble par l'atrophie du sommet des zones porifères, mais son sommet est subaigu, ses pétales sont plus convexes, moins élargis à leur extrémité et descendent bien plus bas.

Terrain helvétien : zone à mélobésies chez les Cheurfa, à l'Est de Zemora ; Sud-Ouest d'Orléansville (Nicaise).

CLYPEASTER DEMAEGHTI

B. Pl. LXX, fig. 1 à 3.

Longueur, 0ᵐ 190; largeur, 0ᵐ 170; hauteur, 0ᵐ 098.

Grand oursin trapu, pentagonal, à angles très arrondis, l'antérieur
raccourci, à bords assez fortement flexueux. Face supérieure élevée,
subprismatique, convexe en dessus, à côtés presque abrupts sur une
marge élevée, très peu étalée et subanguleuse. Face inférieure plane
ou à peine pulvinée.

Apex un peu excentrique en arrière, détruit, mais paraissant avoir
été presque à fleur, assez grand, les 5 pores génitaux rejetés sur les
interambulacres en dehors du madréporide. Pétales grands ovales
lancéolés, larges et arrondis à leur extrémité, presque déprimés, à
peu près égaux entre eux, égalant les 5/7 du rayon. Zones porifères
élargies insensiblement presque jusqu'à leurs extrémités convergentes pour resserrer l'entrée du pétale, faiblement déprimées, déclives
sur le côté de l'ambulacre près de l'extrémité et au contraire se relevant sur le côté de l'interambulacre dans leur partie moyenne. Les
interporifères lancéolées, assez fortement contractées à leur extrémité
saillante un peu en base de socle, presque plats en travers, légèrement flexueux en long. Tubercules petits pour la grande taille de
l'espèce; ceux des larges costules des zones porifères en série de 10
dans la partie la plus large (11ᵐᵐ); ceux des interporifères notablement plus gros, scrobiculés assez fortement, assez serrés, formant
trois séries transverses sur chaque assule bigéminé. Interambulacres
un peu déprimés entre l'épatement des bases ambulacraires, puis se
soulevant en côte à mesure qu'ils se contractent en remontant et formant jusqu'auprès du sommet un bourrelet convexe très saillant au
dessus du pétale et paraissant avoir sa base sur la zone porifère, ce
qui renverse les relations habituelles de ces parties.

Péristome pentagonal, profond, dans un infundibulum assez étroit,
médiocrement campanulé et à peine évasé sur le plan de la face infé-

rieure, bien entaillé par les sillons ambulacraires qui forment sur cette face des gouttières bien ouvertes, s'atténuant vers la marge. Périprocte arrondi, relativement grand, séparé du bord par un intervalle plus petit que son diamètre. Tubercules du dessus peu différents de ceux des zones interporifères et aussi serrés sur les côtes interambulacraires, sensiblement plus gros et plus espacés sur la marge; ceux du dessous un peu plus gros encore, plus largement scrobiculés et très rapprochés partout.

Cette remarquable espèce ne se rapproche un peu que de *C. gibbosus*, à cause de la forte saillie en bourrelet de ses interambulacres entre les pétales; mais elle en diffère considérablement par sa forme haute et gibbeuse et surtout par l'aplatissement des zones interporifères, disposées en écusson au dessous de la forte saillie des aires interambulacraires, contre laquelle la zone porifère se relève à l'inverse de ce qui a lieu d'habitude. Notre unique exemplaire est un peu endommagé au pourtour et a dû être consolidé par un revêtement de plâtre, qui ne peut différer sensiblement de la forme réelle.

Terrain helvétien? Côte Ouest de la province d'Oran (Nemours ou Teni Kremt?) communiqué par M. le commandant Demaeght, conservateur du musée d'Oran.

CLYPEASTER TURGIDUS

B. Pl. XLV, fig. 1 à 6.

Longueur, 0^m 160; largeur, 0^m 145; hauteur, 0^m 062.

Grand oursin subpentagonal, arrondi, à angles très effacés (ceux qui correspondent aux pétales pairs antérieurs sont trop accentués dans le dessin), à côtés très peu ou non flexueux. Face supérieure gibbeuse convexe en dôme, déprimée concave au sommet, à marge un peu étalée amincie, subtranchante aux bords. Face inférieure plane ou légèrement versante vers le centre.

Apex subcentral dans la dépression du sommet, mal conservé, mais paraissant montrer des pores génitaux très rapprochés du madréporide. Pétales en ovale allongé, atténué au sommet, peu saillants subégaux, égalant les 2/3 du rayon. Zones porifères assez déprimées, un peu déclives sur les flancs des pétales, un peu arquées falciformes à l'extrémité resserrant peu son entrée, mais un peu plus fortement dans les pairs antérieurs ; les interporifères convexes en anse de panier, rebordant un peu la zone porifère, arquées et un peu gibbeuses au sommet autour de la dépression apiciale. Tubercules très petits ; ceux des zones porifères en série de 9 à 10 sur chaque costule dans la partie la plus large (7^{mm}) ; ceux des interporifères un peu plus gros, formant trois rangées transverses sur chaque assule. Interambulacres longuement rétrécis dans le haut, un peu convexes dans leur milieu, mais moins saillants que les pétales, déprimés dans le haut et se confondant dans le bas avec la déclivité de la marge.

Péristome pentagonal au fond d'un infundibulum petit, à parois presque abruptes, très brièvement évasé à son bord, bien entaillé par les sillons ambulacraires qui se prolongent en gouttière anguleuse s'effaçant près du bord. Périprocte mal conservé, arrondi, médiocre (trop petit sur le dessin). Tubercules du dessus semblables à ceux du dos des pétales, mais plus espacés ; ceux du dessous le double gros, plus fortement scrobiculés, rapprochés partout, mais plus encore vers les bords.

Cette espèce est voisine du *C. subhemisphæricus* ; elle en diffère par la dépression de son sommet, par ses pétales plus saillants en côte, n'ayant que 3 et non 4 rangées de tubercules sur chaque assule bigéminé, par son pourtour moins arrondi. Elle diffère de *C. doma* par son sommet déprimé et non aplani, ses pétales antérieurs et postérieurs plus ouverts, ses angles pentagonaux plus effacés, les trois rangées (au lieu de 4) des tubercules sur chaque assule du dos des pétales. Notre exemplaire a sa surface en assez médiocre état de conservation surtout au sommet ; sa marge est un peu corrodée et incertaine.

Terrain cartennien : Aïn-Ouillis, au Dahra.

CLYPEASTER MYRIOPHYMA

R. Pl. XLIV, fig. 1 à 6.

Longueur, 0^m 200 ; largeur, 0^m 180 ; hauteur, 0^m 078.
   —   0 205   —   0 185   —   0 085.
   —   0 165   —   0 150   —   0 060.

Grand oursin circulaire, subpentagonal un peu allongé, les côtés latéro-postérieurs moins arrondis ou presque droits. Face supérieure gibbeuse. convexe dans la région pétalée, légèrement déprimée au sommet, un peu étalée dans la marge dont le bord est presque anguleux même en avant. Face inférieure tout à fait plane, mais souvent enfoncée par compression dans les grands exemplaires.

Apex subcentral déprimé, pentagonal, médiocre (7^{mm}), à 5 pores génitaux rejetés sur l'interambulacre à une petite distance du madréporide. Pétales ovales lancéolés plus ou moins larges, arrondis à l'extrémité, presque égaux, les pairs antérieurs étant un peu plus courts que les autres et égalant environ les 2/3 du rayon. Zones porifères un peu déprimées, faiblement arquées, falciformes à leur extrémité, mais laissant le pétale très ouvert ; les interporifères un peu en saillie sur les bords arrondis, aplanies en travers sur les flancs, arquées dans leur tiers supérieur correspondant à la dépression et plus convexes. Tubercules très petits, rapprochés en série de 11 à 12 sur chaque costule au lieu le plus large de la zone porifère (8^{mm}) ; ceux des interporifères aussi petits, formant 4 rangées transverses serrées sur chaque assule bigéminé. Interambulacres un peu convexes rebordant la zone porifère, fortement et longuement contractés vers le sommet déprimé, tandis qu'ils se soulèvent un peu en côte plus basse que les pétales à partir du milieu de leur longueur, pour s'effacer ensuite en se confondant avec la marge.

Péristome pentagonal, enfoncé dans un infundibulum abrupt, peu évasé à son bord, petit et n'occupant que le 1/6 du diamètre, bien entaillé par des sillons ambulacraires se prolongeant en une forte gouttière qui ne s'efface que près des bords. Périprocte arrondi, assez grand, touchant presque au bord. Tubercules du dessus semblables à ceux des pétales, séparés par des scrobicules très finement granuleux, très nombreux, et donnant l'apparence d'une surface chagrinée ; ceux du dessous moins minuscules, mais encore petits, serrés, donnant une apparence granulée.

On observe quelques variations dans nos exemplaires, les petits sont un peu moins gibbeux et leur marge est notablement plus étalée, la face inférieure est plutôt un peu convexe que plane et présente des bourrelets péristomaux presque en relief. Un des grands exemplaires, le plus gibbeux, a ses pétales plus longs, moins élargis, avec ses interambulacres moins fortement et plus insensiblement contractés. Leur facies est, du reste, tout à fait semblable. Cette espèce est remarquable par sa grande taille et par l'exiguité de ses tubercules ; elle diffère de *C. domo* par son sommet convexe et non aplani, de *C. subhemisphæricus* par son pourtour subpentagonal, de *C. turgidus* par ses pétales descendant plus bas, et dont les tubercules du dos sont plus gros que ceux des zones porifères, quatre rangées au lieu de trois sur chaque assule, de *C. Partschii* par ses tubercules plus fins, ses pétales plus larges et moins allongés, ses interambulacres moins saillants en côte.

Terrain helvétien : zone à mélobésies, Beni-Chougran sous Kallel ; Sidi Daho, à l'Est de Saint-Hippolyte de Mascara (M. H. Gouin).

CLYPEASTER PARVITUBERCULATUS

R. Pl. XLVI, fig. 1 à 6.

Longueur, 0^m 145; largeur, 0^m 140; hauteur, 0^m 058.

Assez grand oursin, pentagonal, presque aussi large que long, à angles tronqués arrondis, à bords légèrement flexueux. Face supérieure subpyramidale conoïde, surbaissée, à déclivité presque régulière du sommet à la marge, un peu moins amincie à l'avant qu'à l'arrière. Face inférieure tout à fait plane.

Apex petit (5^{mm}), pentagonal, en bouton dans une étroite dépression ; les cinq pores génitaux bien en dehors du madréporide sur les inter-ambulacres (à 6 à 8^{mm}) ; (le dessin est incorrect à cet égard.) Pétales en côtes clavellées peu saillantes, subégaux, égalant à peine les 2/3 du rayon. Zones porifères déprimées en gouttière peu profonde, un peu plus relevées du côté de la côte pétalée atrophiées avant d'atteindre le sommet, insensiblement élargies vers leur extrémité très brièvement arquée-falciforme pour resserrer un peu le pétale. Zones interporifères un peu convexes en massue, brièvement resserrées au sommet et à peine gibbeuses autour de l'apex, un peu plus saillantes près de l'extrémité qui se resserre assez brusquement et se relie par un ressaut avec la surface marginale. Tubercules très petits ; ceux des zones porifères rapprochés en série de 11 à 12 sur chaque costule dans la partie la plus large (6^{mm}) ; ceux des interporifères presque aussi petits, formant quatre rangées transverses sur chaque assule bigéminé. Interambulacres un peu gonflés entre les extrémités des pétales par suite de la dépression des zones porifères, puis déprimés et longuement rétrécis dans leur moitié supérieure jusqu'à l'apex.

Péristome petit, pentagonal, au fond d'un étroit infundibulum un peu évasé sur ses bords presque abrupts, bien entaillé par les sillons ambulacraires qui se continuent sur la face inférieure par des gouttières arrondies, étroites, effacées près du bord. Périprocte petit, arrondi, rapproché du bord. Tubercules du dessus semblables à ceux des pétales, mais moins rapprochés, ceux du dessous un peu plus gros, plus fortement scrobiculés, rapprochés partout. Les assules de la partie contractée des aires interambulacraires et ceux qui bordent les sillons de la face inférieure sont un peu bosselés.

Cette espèce diffère de toutes celles déjà décrites du même groupe par sa forme conique surbaissée, ses pétales en massue, ses interambulacres gibbeux sous leur milieu, déprimés et rétrécis dans le haut. Cette disposition est plus exagérée dans *C. acuminatus* qui diffère en outre par son sommet très acuminé et bien plus élevé.

Terrain helvétien : Oued-Riou et plaine de Gri au Nord de Mazouna (Dastugue).

CLYPEASTER CULTRATUS
B. Pl. LXIX, fig. 1 à 5.

Longueur, 0ᵐ 147 ; largeur, 0ᵐ 140 ; hauteur, 0ᵐ 063.

Assez grand oursin pentagonal, presque aussi large que long, rétréci en arrière, à angles très arrondis et côtés flexueux. Face supérieure élevée, pyramidale conoïde, obtuse et même un peu déprimée au sommet, à marge assez large prolongeant la déclivité des flancs et un peu étalée, avec le bord presque aigu tout autour. Face inférieure subplane ou légèrement pulvinée.

Apex petit, déprimé, pentagonal, avec les pores génitaux presque contigus au madréporide. Pétales lancéolés, en côte convexe peu proéminante, les pairs postérieurs un peu plus longs que ceux du trivium, égaux entre eux et ayant en longueur les 3/5 du rayon. Zones porifères déprimées et un peu déclives sur les côtés des pétales, étroites, un peu convergentes à leur extrémité falciforme ; les porifères subclavellées, un peu plus en relief près de leur extrémité assez brièvement contractée, bien convexes jusqu'au sommet légèrement infléchi dans la dépression apiciale. Tubercules très petits ; ceux des zones porifères en série de 9 à 10 sur chaque costule dans la partie la plus large (5ᵐᵐ), ceux des interporifères sensiblement plus gros et formant trois rangées transverses sur chaque assule. (Le dessin est inexact en ce qu'il ne figure que 2 rangées et que ces tubercules sont trop gros.) Interambulacres très peu convexes entre les zones porifères et se resserrant insensiblement jusqu'au sommet.

Péristome pentagonal dans un infundibulum un peu campanulé, brièvement évasé au bord, plus ample que dans les espèces voisines, mais encore assez petit (1/7ᵉ du diamètre), bien échancré par les sillons ambulacraires qui se prolongent sur la face en étroites gouttières s'effaçant vers le bord. Tubercules du dessus presque aussi minuscules que ceux des zones porifères, bien séparés dans une granulation à peine visible ; ceux du dessous un peu plus gros que ceux des zones interporifères, très peu serrés. Périprocte médiocre, arrondi, voisin du bord.

Cette espèce est surtout remarquable par la brièveté de ses pétales et son pourtour presque régulièrement pentagonal. Elle rappelle un peu *C. parvituberculatus* par ses trois rangées de tubercules sur chaque assule des pétales, mais elle est bien plus obtuse au sommet, moins élargie en arrière, sa cavité buccale est plus ample et ses pétales sont bien plus courts.

Terrain helvétien : zone à mélobésies, Beni-Chougran de Mascara, sous le village de Kallel.

CLYPEASTER LETOURNEUXI

B. Pl. LXXI, fig. 1 à 3.

Longueur, 0ᵐ135 ; largeur, 0ᵐ120 ; hauteur, 0ᵐ055.

Oursin de taille médiocre pour le genre, pentagonal un peu allongé, arrondi en avant au droit des trois pétales antérieurs, un peu flexueux sur les côtés et en arrière avec les angles postérieurs très effacés. Face supérieure convexo-conique peu élevée, presque régulière, déclive jusqu'au bord de la marge, mince en arrière, mais assez épaisse et arrondie sur les côtés antérieurs. Face inférieure plane ou même légèrement convexe.

Apex déprimé, petit, pentagonal, avec les 5 pores génitaux un peu séparés des angles du madréporide. Pétales ovales, un peu lancéolés convexes, à peine inégaux, les postérieurs étant sensiblement plus longs, égalant à peine les 2/3 du rayon. Zones porifères déprimées et étalées sur les côtés des pétales, insensiblement élargies presque jusqu'au bout très obtus, falciforme et resserrant notablement l'ambulacre ; les interporifères lancéolées contractées à leur extrémité, un peu convexes, légèrement gibbeuses vers le haut et se confondant vers le bas avec la surface marginale. Tubercules très petits, en série de 10 à 11 sur chaque costule des zones porifères dans la partie la plus large (7ᵐᵐ) ; ceux des interporifères moins exigus, formant trois rangées transverses sur chaque assule et médiocrement serrés. Interambulacres hastiformes entre les pétales, un peu convexes même vers la marge, puis déprimés dans leur 1/3 supérieur se confondant avec les dépressions des zones porifères.

Péristome pentagonal, petit, enfoncé dans un infundibulum presque étoilé par la saillie des lèvres interambulacraires, un peu campanulé et très peu évasé aux bords sur la face inférieure, bien entaillé par des sillons se prolongeant en gouttières atténuées et effacées avant le bord. Périprocte petit, arrondi, séparé du bord légèrement rostré par un intervalle égal à son diamètre. Tubercules du dessus semblables à ceux du dos des pétales, mais plus espacés sur les flancs, plus serrés vers le bord ; ceux du dessous plus gros, plus largement scrobiculés et rapprochés partout.

Cette espèce se rapproche beaucoup de *C. parvituberculatus*, mais elle en diffère par son bord antérieur épais et arrondi et non aminci, par ses pétales beaucoup plus resserrés à leur extrémité, par sa forme moins étalée, ses rangées de tubercules ambulacraires au nombre de trois et non de quatre. *C. cultratus*, semblable pour ce dernier caractère, a son bord aminci plus étalé, son profil plus élevé, ses pétales à zones porifères plus étroites, son péristome beaucoup plus ample, son angle antérieur plus saillant, moins arrondi.

Terrain pliocène ? : à l'Ouest d'El-Biar (M. Letourneux).

CLYPEASTER SCYPHAX
B. Pl. LXXII, fig. 1 à 3.

Longueur, 0ᵐ125 ; largeur, 0ᵐ120 ; hauteur, 0ᵐ062.

Oursin de moyenne taille, pentagonal, presque aussi large que long, à angles très arrondis, l'antérieur raccourci à côtés à peine flexueux. Face supérieure subconoïde, arrondie au sommet, à marge assez large prolongeant la déclivité des faces jusqu'au bord presque anguleux, mais obtus surtout à l'avant. Face inférieure plane.

Apex inconnu. Pétales ovales lancéolés, un peu convexes, les pairs antérieurs un peu plus courts que les autres, égalant environ les 2/3 du rayon. Zones porifères déprimées en gouttière superficielle entre le dos des pétales et la zone interambulacraire, insensiblement élargies et un peu plus creusées vers l'extrémité faiblement falciforme ; l'interporifère étroitement lancéolée, médiocrement contractée à l'extrémité bien ouverte, rendue simplement convexe par la dépression porifère. Tubercules très petits, ceux des zones porifères en série serrée de 9 sur chaque costule dans la partie la plus large (6^{mm}) ; ceux des interporifères un peu moins exigus, formant trois rangées assez serrées sur chaque assule bigéminé. Interambulacres hastiformes convexes et aussi saillants que les pétales, mais assez longuement déprimés dans le haut dans la partie la plus rétrécie.

Péristome petit, pentagonal, à infundibulum presque abrupt, très peu évasé au bord, fortement entaillé par les sillons ambulacraires qui se prolongent en petite gouttière jusqu'auprès du bord. Périprocte arrondi, assez grand pour le genre, assez rapproché du bord. Tubercules du dessus semblables à ceux du dos des pétales, mais un peu moins serrés ; ceux du dessous guère plus gros, mais plus fortement scrobiculés, rapprochés surtout près de la marge.

Cette espèce est bien voisine de *C. decemcostatus* ; elle en diffère par sa base plus courte, son cône plus gonflé au lieu d'être contracté dans la région pétalée, ses pétales et interambulacres bien moins saillants et presque à fleur ; par son péristome plus petit, plus abrupt, son périprocte plus grand. Son profil rappelle plutôt *C. Letourneuxii*, mais son sommet est plus arrondi, ses pétales sont plus longs et plus ouverts, et la marge est moins épaisse en avant. *C. parvituberculatus* en diffère bien plus par ses pétales plus convexes, sa forme plus régulièrement conique surbaissée, ses tubercules plus petits en quatre rangées transverses sur chaque assule ambulacraire.

Terrain helvétien : zone à clypéastres dans les falaises de Nemours (M. Pouyanne).

CLYPEASTER DECEMCOSTATUS

B. Pl. XLVIII, fig. 1 à 5; LXXIII, fig. 1 à 3.

CLYPEASTER CONOIDEUS Pom. Explic. Pl. XLVIII (non Goldffus.)

Longueur, 0^m130 ; largeur, 0^m117 ; hauteur, 0^m051.
—   0 135   —   0 126   —   0 060.
—   0 163   —   0 150   —   0 079.

Assez grand oursin subpentagonal, un peu allongé, à angles très effacés, arrondis, à côtés peu ou pas flexueux. Face supérieure conoïde, acuminée, plus ou moins élevée, un peu tronquée, arrondie au sommet, à dix côtes inégales, très peu saillantes, surmontant une marge assez large un peu étalée, terminée en un bord presque aigu. Face inférieure plane ou un peu pulvinée.

Apex petit, pentagonal dans une dépression du sommet, avec les 5 pores génitaux contigus au madréporide. Pétales allongés, lancéolés claviformes, convexes en côte surbaissée, peu inégaux, les pairs postérieurs étant un peu plus longs que les autres, égalant les 2/3 du rayon. Zones porifères déprimées en gouttière, insensiblement élar·gies jusqu'auprès de leur extrémité arquée falciforme pour resserrer un peu l'entrée du pétale. Zones interporifères claviformes surbaissées, un peu gibbeuses, arquées au sommet autour de l'apex, légèrement flexueuses suivant l'axe et se fondant par leur extrémité contractée avec la surface de la marge déclive. Tubercules très petits; ceux des zones porifères rapprochés en série de 9 à 10 sur chaque costule dans la partie la plus large (6^{mm}); ceux des interporifères peu différents en grosseur, formant 4 rangées transverses sur chaque assule. Interambulacres faiblement convexes entre les extrémités des zones porifères, puis se relevant en côte convexe très insensiblement atténuée et presque aussi saillante que les pétales au milieu de leur longueur, puis rétrécis et déprimés entre le sommet des pétales.

Péristome pentagonal, dans un infundibulum étroit et profond, abrupt sur ses parois qui s'évasent peu sur la face inférieure; sillons

ambulacraires assez creusés à leur origine, puis étroits et s'effaçant
avant d'atteindre le bord. Périprocte petit, arrondi, voisin du bord.
Tubercules du dessus semblables à ceux des pétales, mais plus espacés ; ceux du dessous notablement plus gros, plus fortement scrobiculés, rapprochés partout. Les assules sont un peu gonflés de chaque
côté des sillons ambulacraires.

Cette espèce, dont le type adulte est figuré Pl. LXXIII, paraît être
moins élevée dans le jeune âge, avec un pourtour plus elliptique, les
angles étant encore plus effacés. La saillie des interambulacres, le
peu de largeur des pétales, la distinguent de toutes les espèces affines.

Terrain helvétien : zone à mélobésie, Oued-Riou ; plaine de Gri au
Nord de Mazouna (Dastugue).

CLYPEASTER ÆGYPTIACUS Wright, var. *PUNCTALATUS*

B. Pl. LXXIV, fig. 1 à 3.

Longueur, 0^m 160 ; largeur, 0^m 150 ; hauteur, 0^m 062.

Oursin de moyenne taille, pentagonal, presque aussi large que
long, à angles très arrondis, à côtés flexueux. Face supérieure gibbeuse conoïde, un peu convexe, arrondie au sommet à peine déprimé,
à marge assez étroite peu étalée, peu épaisse au bord très obtus (et
non anguleux). Face inférieure subplane ondulée.

Apex petit, un peu convexe dans la dépression, à pores génitaux
presque contigus aux angles du madréporide. Pétales oblongs lancéolés, en côte peu convexe, subégaux, égalant un peu moins des 3/4
du rayon. Zones porifères déprimées en gouttière un peu déclive sur
le côté de la côte, médiocrement élargies et assez longuement falciformes vers leur extrémité. Les interporifères les rebordant, convexes
en travers en anse de panier, un peu flexueuses dans leur longueur,
assez longuement contractées mais encore bien ouvertes vers l'extrémité qui se fond presque sans à-coup avec la marge. Tubercules
presque microscopiques et punctiformes, en série de 10 à 12 sur
chaque costule des zones porifères dans la partie la plus large (7^{mm}) ;

ceux des interporifères aussi petits, mais un peu plus scrobiculés,
très serrés et paraissant disposés en trois rangées transverses plus
ou moins distinctes sur chaque assule bigéminé. Interambulacres
hastiformes convexes, surtout sur le bord des zones porifères, formant
des côtes basses qui s'effacent et sont fortement rétrécies dans leur
tiers supérieur.

Péristome pentagonal paraissant avoir été peu profond dans un
infundibulum presque abrupt dans ses côtés antérieurs et latéraux,
assez gibbeux mais un peu étalé dans le postérieur moins convexe,
bien entaillé par les sillons ambulacraires qui sur la face se creusent
en gouttières très marquées, dont les bords convexes sont mamelonnés par le gonflement des assules ambulacraires ; elles ne s'oblitèrent
que près des bords et assez brusquement. Périprocte rapproché du
bord, médiocre (brisé à son bord antérieur). Tubercules du dessus
semblables à ceux des pétales, mais moins serrés sur le haut des
zones porifères, encore plus serrés si possible sur toutes les autres
parties, où ils se disposent en séries flexueuses dont les scrobicules
très marqués se touchent presque, ce qui donne une apparence finement ponctuée à toute la surface. Ceux du dessus sont sensiblement
plus gros et tout aussi rapprochés et ils paraissent très homogènes.

Ce n'est pas sans une certaine hésitation que j'attribue ce fossile
au *C. ægyptiacus*: il en diffère, en effet, notablement. Son profil est
moins convexe, moins obtus au sommet, les pores génitaux sont
moins écartés du madréporide ; les pétales sont plus étroits, moins
étalés et leurs zones porifères sont plus étroites et plus déprimées ; le
péristome est plus petit et bien moins campanulé, le périprocte plus
grand, les tubercules du dessous plus homogènes, plus petits ; enfin
ceux du dessus sont bien plus entassés dans toutes les parties et donnent à sa surface une apparence finement vermiculée et ponctuée qui
est bien différente. Ces différences se reproduisent sur trois exemplaires d'Egypte reçus de M. Letourneux et paraissent constantes ;
si elles se confirmaient sur un plus grand nombre d'exemplaires, il y

aurait lieu de distinguer cet oursin comme espèce spéciale sous le nom de *C. punctulatus*. Les *C. parvituberculatus* et *C. decemcostatus* ont une certaine ressemblance avec le *C. punctulatus*, mais le premier est plus surbaissé, le second plus élevé avec des interambulacres plus saillants et tous deux ont les pétales moins longs, descendant moins près du bord, la marge plus amincie presque tranchante et les bords bien moins flexueux. *C. Létourneuxi* est plus convexe, avec une marge plus haute, moins étalée, plus épaisse ; ses pétales sont bien plus courts, ses côtés moins sinueux, son péristome bien plus petit ; il manque de bosselures le long des sillons ambulacraires de la face inférieure.

Terrain helvétien : zone à mélobésies de l'Oued Riou, près d'Inkerman (Dastugue).

CLYPEASTER INSIGNIS

B. Pl. LXXV, fig. 1 ; Pl. LXXVI, fig. 1 et 2.

Longueur, 0ᵐ 236 ; largeur, 0ᵐ 200 ; hauteur, 0ᵐ 090.
— 0 165 — 0 150 — 0 067.

Très grand oursin pentagonal, à peine rétréci en arrière, à angles fortement émoussés arrondis, à côtés légèrement flexueux. Face supérieure assez fortement soulevée sous l'étoile ambulacraire en convexité subconoïde au-dessus d'une marge étalée assez large et peu épaisse. Face inférieure plane jusqu'à l'infundibulum.

Apex subcentral non conservé. Pétales grands subégaux, très largement ouverts, convexes mais peu saillants, pyriformes allongés, ayant environ les 2/3 de la longueur du rayon. Zones porifères déprimées en gouttière étalée, relativement étroites, insensiblement atténuées dans leur moitié supérieure, peu arquées à leur extrémité très peu convergente. Zone interporifère convexe, plus sur les côtés qu'au milieu, très large et un peu bossue près de l'extrémité, longuement atténuée vers le haut et même un peu contractée. Tubercules très petits, formant sur les costules des zones porifères une série serrée

de 10 à 11 dans la partie la plus large (7^{mm}) ; ceux des zones interporifères peu différents, disposés en 4 rangées transversales sur chaque
assule bigéminé. Interambulacres convexes entre les pétales, mais
moins saillants et même se déprimant sensiblement vers le haut,
assez brièvement contractés entre les bases des pétales, puis insensiblement vers le haut et égalant environ en largeur la moitié des
zones interporifères.

Péristome petit, à infundibulum pentagonal étroit et abrupt, fortement entaillé par les sillons ambulacraires étroits et profonds presque
jusqu'au bord. Périprocte rapproché du bord, paraissant avoir été
petit arrondi. Tubercules très rapprochés, très petits, peu différents
de ceux des pétales, si ce n'est que ceux du dessous sont plus fortement scrobiculés.

La grande taille de cette espèce, ses bords étalés, ses pétales très
ouverts, larges et convexes, sa forme conoïde, ne permettent de le
confondre avec aucune autre de son groupe.

Terrain helvétien : Oued Moula, à l'Est de Bou-Medfa ; Oued Arbil,
entre Médéa et Amoura (M. Pierredon).

CLYPEASTER WELSCHII

B. Pl. LXXVII, fig. 1 à 3.

Longueur, 0^m198 ; largeur, 0^m196 ; hauteur, 0^m100.
— 0 160 — 0 176 — 0 076.

Grand oursin pentagonal, presque aussi large que long, à angles
très arrondis, à côtés à peine flexueux. Face supérieure élevée
conoïde, plus ou moins obtuse ou même arrondie au sommet en portion de sphère, avec marge assez large déclive comme le reste de la
surface jusqu'au bord peu épais et obtus, rarement un peu étalée.
Face inférieure tout à fait plane.

Apex faiblement déprimé au sommet de figure, médiocre, pentagonal ; les 5 pores génitaux un peu séparés des angles du madréporide. Pétales lancéolés presque dès la base arrondie, légèrement

saillants en large côte déprimée, subégaux ou les pairs antérieurs un peu plus courts, égalant environ les 5/7 du rayon. Zones porifères déprimées en gouttière presque superficielle, étalées sur les côtés du pétale, insensiblement élargies jusqu'auprès de l'extrémité courbée falciforme, mais laissant le pétale largement ouvert ; les interporifères très peu convexes sur le dos, mais rebordant la zone porifère, longuement et insensiblement atténuées vers le haut, assez brusquement contractées vers leur extrémité, presque effacées vers le haut au voisinage de l'apex, à fleur vers le bas avec la marge. Tubercules très petits, ceux des zones porifères en série de 12 sur chaque costule dans la partie la plus large (8^{mm}) ; ceux des interporifères un peu moins exigus formant trois rangées transverses et quelquefois une quatrième sur chaque assule bigéminé. Interambulacres un peu convexes entre les bases des zones porifères et contribuant à former la gouttière porifère, puis s'élevant vers leur milieu en côte aussi saillante que le pétale, mais se déprimant jusqu'à s'effacer vers le sommet longuement rétréci.

Péristome petit, pentagonal, enfoncé dans un infundibulum abrupt à peine évasé sur la face inférieure, bien entaillé par les sillons ambulacraires qui se prolongent en gouttière étroite, presque effacée vers les bords. Périprocte arrondi, médiocre, voisin du bord. Tubercules du dessus semblables à ceux du dos des pétales et presque aussi serrés ; ceux du dessous plus gros, plus largement scrobiculés contigus partout.

Cette grande et belle espèce se rattache encore à ce groupe par les tubercules très petits, formant plus de deux rangées transverses sur chaque assule ambulacraire bigéminé ; mais son bord est moins tranchant, quoique médiocrement arrondi à l'avant et plutôt obtus. Son péristome étroit le rattache également ici. Il a une certaine analogie avec *C. insignis* ; mais il en diffère par son pourtour bien moins allongé, sa marge bien moins étalée et ses pétales descendant plus bas, son profil plus élevé, plus épais vers le haut, ses interambulacres

plus fortement rétrécis vers le haut ; les tubercules forment trois rangées et non quatre sur chaque assule ambulacraire. *C. acuminatus*,
du moins sa forme algérienne, présente également une grande ressemblance et pourrait n'en être qu'une déformation ; il en diffère par
ses tubercules plus exigus, ses pétales et ses interambulacres beaucoup plus saillants et contractés vers le haut, le sommet prenant un
profil acuminé. Les interambulacres sont plus gonflés et plus larges.
C. subhemisphæricus a également de l'analogie avec les exemplaires
très arrondis au sommet ; mais ses pétales encore plus superficiels,
descendent beaucoup moins bas sur les flancs, ce qui donne une marge
plus large ; ses bords plus aigus et son pourtour tout à fait circulaire, ·
sans angles ni flexions, ne permettent pas d'hésitation sur leur différenciation.

Terrain helvétien : zone à clypéastres à l'Oued Moula, près Bou-
Medfa (M. Welsch).

CLYPEASTER ACUMINATUS Desor.

B. Pl. LXXVIII, fig. 1 à 3.

CLYPEASTER ACUMINATUS Desor. *Cat. rais.* p. 72 ; moule R 63.— *Synop.* p. 252.—
Michelin, *Monog. Echinides*, p. 119, Pl. XXI.

Longueur, 0^{m}185 ; largeur, 0^{m}184 ; hauteur, 0^{m}095.

Grand oursin à base pentagonale élargie, très arrondie vers les
angles, à bords peu ou pas flexueux. Face supérieure pyramidale
acuminée, étroitement tronquée au sommet, à marge étroite prolongeant presque la déclivité générale jusqu'au bord peu épais et presque
aigu vers l'arrière. Face inférieure subplane (enfoncée sur notre
exemplaire).

Apex assez grand, pentagonal, un peu déprimé, avec cinq pores
génitaux séparés du madréporide. Pétales allongés, saillants en côte
peu convexe, presque spathulée, un peu contractés dans le milieu de
leur longueur, largement ouverts, égalant environ les 3/4 du rayon.
Zones porifères assez longuement atrophiées vers le haut, déprimées
en gouttière, étroites, un peu falciformes à leur extrémité ; les interpo-

rifères presque aplanies sur le dos, ou plutôt convexes en anse de panier, un peu ventrues et élargies dans leur tiers terminal, assez longuement rétrécies vers le haut, faiblement gibbeux au-dessus de l'apex, à surface inférieure se confondant avec celle de la marge. Tubercules très petits, ceux des zones porifères en série de 10 à 11 sur chaque costule dans la partie la plus large (7^{mm}); ceux des inter-porifères presque aussi exigus, formant trois rangées transverses sur chaque assule, médiocrement rapprochées. Interambulacres d'abord à fleur vers la marge, puis se soulevant en côte convexe un peu gibbeuse vers son tiers inférieur et presque aussi saillante que le pétale, puis s'abaissant au-dessus et comme contractée et déprimée entre le haut des ambulacres.

Péristome pentagonal à infundibulum campanulé, peu évasé au bord, bien échancré par les sillons ambulacraires en gouttière étroite qui s'efface près du bord. Périprocte arrondi, assez grand, voisin du bord. Tubercules du dessus semblables à ceux des zones interpori-fères, presque aussi rapprochés, entourés d'un cercle de granules scrobiculaires bien détachés mais extrêmement petits ; ceux du dessous notablement plus gros, mais oblitérés dans notre exemplaire.

Cet oursin me paraît présenter la plus grande analogie avec le type de l'espèce. Le profil est le même et se caractérise surtout par la forme acuminée. La gibbosité des interambulacres est semblable ; le péristome est relativement ample. Cependant il en diffère par ses pétales plus spathulés, un peu plus longs, par le haut de ses inter-ambulacres moins enfoncés, moins rétrécis, ce qui tient peut-être à une déformation dans le sujet moulé. Le pourtour est moins sinueux. Le dessin de Michelin ne figure que deux rangées de tubercules sur les assules ambulacraires, mais il n'est peut-être pas très exact en cela. Notre exemplaire est endommagé et a dû être restauré pour en consolider les fragments, ainsi que le montre du reste la photogra-phie ; il est remarquable par sa grande taille.

Terrain helvétien : Oued Moula, près Bou-Medfa.

CLYPEASTER ALTICOSTATUS Michelin.

B. Pl. LXXIX, fig. 1 à 3.

Clypeaster alticostatus Michelin, *Monog. Clyp. fossiles*, p. 126, Pl. XXIX.

Longueur, 0ᵐ 175 ; largeur, 0ᵐ 150 ; hauteur, 0ᵐ 065.

Grand oursin pentagonal un peu allongé, peu rétréci à l'arrière, à angles très arrondis, à côtés peu ou pas flexueux. Face supérieure élevée en pyramide tronquée au sommet, dont les angles sont formés par cinq grosses côtes saillantes, avec une base un peu étalée, amincie en arrière, un peu moins sur les côtés et surtout en avant où les bords sont plus épais et plus arrondis. Face inférieure un peu convexe pulvinée.

Apex subcentral déprimé, médiocre, avec les cinq pores génitaux contigus au madréporide. Pétales oblongs en côtes sub-clavellées saillantes et comprimées sur les côtés, un peu inégaux, l'impair le plus long, les pairs antérieurs les plus courts, égalant les 2/3 du rayon. Zones porifères peu arquées, un peu déprimées, déclives sur les côtés des pétales, peu convergentes à l'extrémité ; les interporifères bien convexes rebordant la zone porifère, un peu flexueuses suivant le rayon et un peu gonflées avant de se contracter et formant ressaut sur la marge. Tubercules très petits, en série serrée de 10 à 11 sur chaque costule de la zone porifère dans la partie la plus large (6ᵐᵐ,5) ; ceux de l'interporifère un peu plus gros, formant trois rangées transverses sur chaque assule bigéminé. Interambulacres paraissant déprimés entre les côtes des pétales mais un peu convexes, s'aplanissant en même temps qu'ils se rétrécissent insensiblement vers le haut.

Péristome pentagonal au fond d'un infundibulum campanulé vaste et évasé, par conséquent mal limité. Sillons ambulacraires très marqués à leur origine, puis un peu moins et effacés avant le bord. Périprocte arrondi, petit, rapproché du bord. Tubercules du dessus semblables à ceux du dos des pétales, un peu moins rapprochés, ceux du dessous le double gros mais encore bien petits, plus fortement scrobiculés, rapprochés partout.

Cette espèce, par sa forme élevée et ses gros pétales saillants en côte et sa grande cavité buccale, ne ressemble qu'à *C. alticostatus*; cependant elle en diffère par son pourtour moins flexueux, ses pétales moins longs et descendant moins bas, moins comprimés par le côté et surtout par sa marge beaucoup moins amincie et étalée, probablement aussi par ses interambulacres moins déprimés entre les zones porifères; ce n'est qu'avec certaines réserves que je propose ce rapprochement, d'autant plus que notre exemplaire laisse à désirer pour son état de conservation.

Terrain helvétien : Oued Moula, à l'Est de Bou-Medfa (M. Welsch).

CLYPEASTER OBELISCUS
B. Pl. LXXX, fig. 1 à 3.

Longueur, 0^m175 ; largeur, 0^m160 ; hauteur, 0^m092.

Grand oursin pentagonal à peine rétréci en arrière, à angles très émoussés largement arrondis, à bords un peu flexueux. Face supérieure élevée pyramidale, un peu tronquée et souvent irrégulière au sommet, à cinq côtes saillantes sur des faces régulièrement déclives du sommet à la marge subanguleuse et à peine plus obtuse en avant qu'en arrière. Face inférieure plane un peu ondulée.

Apex petit, pentagonal, presque à fleur, mais souvent déformé ainsi que le sommet des aires ambulacraires et interambulacraires, avec les cinq pores génitaux presque contigus au madréporide. Pétales oblongs subfusiformes, saillants en côte plane sur le dos, ceux du trivium égaux, ceux du bivium un peu plus longs et n'égalant pas les 2/3 du rayon, laissant au dessous d'eux une marge assez haute. Zones porifères atrophiées vers le sommet dans la partie déformée, déprimées et fortement déclives sur les côtés de l'ambulacre, presque droites, sauf vers les extrémités un peu falciformes et resserrant notablement l'entrée du pétale ; les interporifères un peu gibbeuses vers le haut lorsqu'elles ne sont pas déformées, aplanies sur le dos, qui continue la déclivité de la marge, un peu arrondies en anse de panier du côté des zones porifères qu'elles rebordent légèrement. Tubercules petits, étroitement mais profondément scrobiculés; ceux des zones porifères en série de 10 sur chaque costule vers la partie la plus large (8^{mm}) ; ceux des interporifères à peine plus gros, très serrés et formant quatre rangées transverses sur chaque assule bigéminé. Interambulacres hastiformes, déprimés entre les saillies des pétales, mais convexes et formant une légère côte en relief sur les gouttières des zones porifères, insensiblement resserrés en longue pointe qui finit par s'aplanir vers le haut entre les saillies des pétales.

Péristome médiocre, pentagonal au fond d'un infundibulum médiocrement campanulé, à bords presque abrupts, à peine évasé sur le plan de la face inférieure, bien entaillé par des sillons ambulacraires qui s'étendent sur la surface en gouttière peu profonde, évasée et effacée avant la marge. Périprocte petit, circulaire, à une distance de la marge égale à son diamètre. Tubercules du dessus semblables à ceux des pétales, aussi serrés dans les aires ambulacraires marginales que sur le dos des pétales, plus espacés et de même volume que ceux des zones porifères dans les aires interambulacraires surtout à la marge; ceux du dessous le double gros au moins, plus largement scrobiculés et rapprochés partout, donnant une apparence chagrinée à la surface.

Cette espèce paraît être voisine de *C. pyramidalis* par sa grande taille, sa forme pyramidale et ses tubercules très petits et par sa marge non gonflée ; mais ses pétales sont beaucoup plus courts, et plus en relief au contraire des interambulacres, les zones porifères sont bien moins élargies, l'infundibulum buccal est plus étroit, plus abrupt. Elle diffère de *C. alticostatus* par ses pétales bien plus courts et sa base non étalée et plus haute. *C. portentosus* a aussi quelque ressemblance, mais sa marge beaucoup moins haute, ses interambulacres beaucoup plus resserrés et saillants et ses tubercules plus gros le distinguent bien nettement.

Terrain helvétien : zone à mélobésies, Lala Ouda, près d'Orléansville (Nicaise).

CLYPEASTER CARTENNIENSIS

B. Pl. LXXXI, fig. 1; Pl. LXXXII, fig. 1-2.

Longueur 0^{m}182 ; largeur, 0^{m}160; hauteur, 0^{m}068 ?.

Grand oursin pentagonal oblong, un peu rétréci et allongé à l'arrière avec les côtés flexueux (mais un peu éraillés et à contour incertain dans notre sujet). Face supérieure conoïde assez soulevée et probablement un peu tronquée et déprimée au sommet, à côtes très
convexes un peu en saillie au dessus d'une marge un peu étalée,
assez amincie sur les bords simplement obtus. Face inférieure presque plane ou faiblement déprimée vers l'infundibulum buccal.

Apex probablement déprimé (déformé ainsi que toute la région
supérieure qui a été renfoncée par compression). Pétales longuement
ovales lancéolés assez saillants, en côte convexe et comme gonflée au
dessus de la surface marginale, paraissant avoir été un peu inégaux,
les pairs antérieurs plus courts, ayant un peu plus des 2/3 de la longueur du rayon. Zones porifères déprimées et un peu étalées sur les
côtés du pétale, insensiblement élargies jusqu'auprès de l'extrémité
falciforme resserrant notablement son entrée ; les interporifères
convexes clavellées, rebordant un peu les porifères et se contractant
assez fortement vers l'extrémité nettement gibbeuse sur la marge.
Tu'ercules très petits, ceux des zones porifères en série de 13 à 14
sur chaque costule très granuleuse et dans leur partie la plus large
(7^{mm}) ; ceux des interporifères moins exigus, très serrés, formant quatre rangées transversales sur chaque assule bigéminé. Interambulacres fortement hastés convexes et contribuant un peu à former par
leur relief la dépression de la zone porifère, soulevés en côte dans
leur partie moyenne mais bien moins saillants que le pétale.

Péristome pentagonal, petit, au fond d'un infundibulum étroit
faiblement campanulé et très peu évasé à son bord, bien entaillé par

des sillons ambulacraires qui au-delà sont médiocrement creusés jusqu'au bord. Périprocte médiocre, arrondi, près du bord qui est légèrement rostré en ce point. Tubercules du dessus aussi petits que ceux des pétales, moins serrés, un peu enfoncés sur une surface très finement granuleuse, ceux du dessous paraissant avoir été un peu plus gros, mais oblitérés sur nos exemplaires.

Cette espèce est voisine de *C. obeliscus*, mais elle est moins élevée, plutôt conoïde que pyramidale, avec les interambulacres plus convexes, les pétales moins oblongs, plus convexes, la marge plus étalée, le pourtour plus oblong.

Terrain cartennien : Ténès (Badinski).

Espèces conoïdes ou pyramidales, à pétales plus ou moins convexes bien ouverts, à tubercules très petits formant plus de deux rangées sur chaque assule ambulacraire, à marge plus ou moins épaisse et obtuse (Section *Pliophyma*).

CLYPEASTER OBTUSUS
B. Pl. XXX, fig. 1 à 6; Pl. LXXXIII, fig. 1-2.

Longueur, 0^m 180; largeur, 0^m 100; hauteur, 0^m 074.

Assez grand oursin pentagonal, un peu allongé, à angles légèrement tronqués, à côtés très flexueux. Face supérieure gibbeuse subpyramidale, largement tronquée au sommet, à marge étalée assez large, peu épaisse mais bien arrondie, obtuse sur les bords. Face inférieure faiblement convexe, un peu ondulée.

Apex à fleur (détruit ainsi que les pores génitaux). Pétales oblongs brièvement lancéolés au sommet, bien saillants en côte peu convexe, très retombant sur les côtés; les antérieurs pairs un peu plus courts que les autres, égalant environ les 2/3 du rayon. Zones porifères un peu déprimées et déclives sur les côtés du pétale, insensiblement élargies jusqu'auprès de l'extrémité brièvement falciforme ; les interporifères convexes en anse de panier, assez gibbeuses à la naissance

de la troncature supérieure qui devait être à peine déprimée au centre, plus saillantes et assez longuement contractées vers l'extrémité
qui semble s'épater sur la marge. Tubercules très petits; ceux des
zones porifères en série de 9 sur chaque costule dans la partie la plus
large (8ᵐᵐ); ces costules sont assez larges et les tubercules y sont peu
serrés; ceux des interporifères à peine plus gros, médiocrement serrés et formant quatre rangées transverses parfois irrégulières sur
chaque assule bigéminé. Interambulacres fortement hastiformes, déprimés entre les pétales et un peu sur la marge, légèrement convexes
dans la partie médiane de la longue pointe qu'ils forment en remontant.

Péristome pentagonal petit, très enfoncé dans un infundibulum
étroitement campanulé, brièvement évasé à son bord, égalant le 1/6
du diamètre, à côtés subplans, fortement échancré par les sillons
ambulacraires qui, au-delà, deviennent superficiels et s'effacent
avant le bord. Périprocte petit, arrondi, séparé du bord par un intervalle presqu'égal à son diamètre. Tubercules du dessus aussi petits
que ceux des zones porifères, peu serrés, grossissant un peu et se
rapprochant vers le bord; ceux du dessous rapprochés partout, le
double gros au moins et bien plus largement scrobiculés.

Cette espèce, par la petitesse de ses tubercules montre une grande
affinité avec le groupe des *Oxypleura*, mais elle en diffère par sa
marge épaisse, arrondie au bord et gonflée dans le prolongement des
pétales; elle est très largement tronquée au sommet comme *C. gibbosus*, *C. Demaeghti*, *C. doma*, mais elle diffère de tous par ses interambulacres déprimés entre les côtes des pétales. Ce dernier caractère la rapprocherait des espèces de la section *Bunactis*, mais elle
est bien moins étroite que la plupart d'entre elles, beaucoup plus
gibbeuse pyramidale. *C. latus* est, au contraire, plus raccourci, plus
large et il est bien moins obtus, moins élevé, ses pétales sont plus
étroits et sa marge moins étalée. Le *C. Badinskii*, celui du groupe qui
s'en rapprocherait le plus, a ses pétales d'une autre forme, clavellés

au lieu d'être oblongs et plus gonflés vers leur extrémité. La gibbosité ambulacraire très obtuse et la marge étalée le rapprochent également du *C. productus* qui est décrit plus loin ; mais la petitesse de ses tubercules l'en distinguent bien suffisamment pour ne pas chercher les autres différences, telles que la saillie des pétales, etc.

Les figures de Pl. XXX étant mal venues au tirage et présentant quelques imperfections, on a cru devoir en donner des photographies Pl. LXXXI.

Terrain cartennien : Ouillis au Dahra.

CLYPEASTER SOUMATENSIS

B. Pl. LXXXIV, fig. 1 à 3.

Longueur, 0^m 154 ; largeur, 0^m 135 ; hauteur, 0^m 072.
    —   0 178   —   0 150   —   0 074.

Assez grand oursin pentagonal oblong, à angles latéraux effacés, l'antérieur et les postérieurs arrondis, à bords peu ou pas flexueux. Face supérieure élevée subpyramidale plus ou moins obtuse ou arrondie au sommet, à côtés presque déclives régulièrement jusqu'au bord, avec marge étroite et épaisse. Face inférieure aplanie versant légèrement vers le centre.

Apex assez grand pentagonal, un peu en bouton dans une dépression plus ou moins marquée, avec pores génitaux assez séparés des angles du madréporide. Pétales allongés oblongs, en côte convexe peu saillante, les pairs antérieurs un peu plus courts que les autres, égalant environ les 5/7 du rayon. Zones porifères presque droites un peu déprimées et faiblement déclives sur les côtés du pétale, insensiblement et peu élargies vers l'extrémité brièvement falciforme ; les interporifères médiocrement convexes, à peine gibbeuses autour de la dépression apiciale, plus saillantes près de l'extrémité à peine contractée et se confondant avec la surface marginale. Tubercules très petits, bien scrobiculés, ceux des zones porifères en série de 7 à 8 sur chaque costule dans la partie la plus large (8^{mm}) ; ceux des interporifères un peu plus gros et plus largement scrobiculés, formant sur chaque assule deux à trois rangées transversales irrégulières et très serrées, les tubercules plus séparés sur chaque rangée. Interambulacres déprimés assez fortement entre les extrémités des pétales, mais légèrement convexes en travers, atténués en montant dans presque toute leur longueur et s'aplanissant au sommet.

Péristome petit pentagonal, dans un infundibulum assez étroitement campanulé et évasé au bord du plan inférieur, bien entaillé par les sillons ambulacraires, qui sur la face sont étroits et s'atténuent vers le bord. Périprocte assez grand, arrondi, voisin du bord. Tubercules semblables à ceux des zones porifères, mais serrés sur une surface très finement granuleuse autour de chaque scrobicule ; les inférieurs le double gros, encore plus largement scrobiculés et très rapprochés partout.

Cette espèce a quelque analogie avec *C. obtusus* par la forme de ses interambulacres, mais elle en diffère par ses pétales plus longs, plus étroits, sa marge non étalée beaucoup plus étroite et beaucoup plus épaisse, par son sommet plus atténué et non largement tronqué, par son pourtour beaucoup moins flexueux. Elle a quelque affinité avec *C. latus*, mais elle s'en distingue par sa forme plus élevée, son pourtour beaucoup plus allongé et ses pétales bien plus long et beaucoup moins saillants. *C. Simoni* en diffère également par sa forme plus basse, plus large et son grand péristome.

Terrain helvétien : Oued Moula, à l'Est de Bou-Medfa (M. Welsch).

CLYPEASTER PETALODES
B. Pl. XLIII, fig. 1 à 6.

Longueur, 0ᵐ200 ; largeur, 0ᵐ190 ; hauteur, 0ᵐ090.

Très grand oursin pentagonal, à côtés presque égaux, à angles largement arrondis, à bords très flexueux, surtout le postérieur fortement sinué. Face supérieure conoïde, obtuse au sommet, à côtés régulièrement déclives ou un peu étalés vers la marge haute, épaisse et très obtuse au bord. Face inférieure aplanie, un peu convexe ou même pulvinée près des bords.

Apex (déformé) médiocre, paraissant avoir été à peine déprimé, avec les pores génitaux s'ouvrant un peu en dehors des angles du madréporide. Pétales lancéolés ovales, à peine saillants, subégaux, égalant les deux tiers du rayon. Zones porifères larges très légèrement déprimées et parfois presque à fleur, élargies presque jusqu'au bout arrondi, falciformes et rétrécissant un peu l'entrée du pétale qui reste encore très ouverte ; les interporifères légèrement convexes, pas plus que ne le comporte la forme générale conoïde, se soulevant cependant un peu en s'approchant de l'apex. Tubercules très petits, souvent difficiles à voir, ceux des zones porifères en série de 10 à 11 sur chaque costule dans la partie la plus large (9^{mm}) ; ceux des interporifères à peine plus gros formant trois rangées transverses assez rapprochées sur chaque assule bigéminé. (Le dessin de Fig. 4 en montre quatre par erreur.) Interambulacres légèrement déprimés entre les extrémités des pétales, puis se relevant en côte dans la partie médiane très longuement rétrécie, pas plus saillante que l'ambulacre et quelquefois même à peine marquée surtout dans la zone impaire.

Péristome pentagonal dans un infundibulum abrupt, peu étendu, fortement échancré par des sillons ambulacraires aigus qui sur la face sont superficiels et ne s'effacent qu'au bord. Périprocte elliptique médiocre, à une distance du bord égale à son diamètre. Tubercules du dessus semblables à ceux des pétales, assez rapprochés surtout près des bords : ceux du dessous un peu plus gros et serrés partout.

Cette magnifique espèce ne peut être confondue avec aucune autre ; ses tubercules très petits, ses grands pétales presque à fleur et sa large marge rappellent le type de *C. subhemisphæricus* dans la section *Oxypleura*, mais l'épaisseur du bord ne permet pas de l'y rattacher ; les espèces du type de *C. obeliscus* en diffèrent suffisamment par leurs pétales cosiiformes.

Terrain cartennien : Ouillis dans le Dahra ; environs de Ténès (Badinski).

CLYPEASTER ATLAS

B. Pl. XXXV, fig. 1-2 ; Pl. XXXVI, fig. 1 à 4.

Longueur, 0ᵐ 200 ; largeur, 0ᵐ 180 ; hauteur, 0ᵐ 100.

Très grand oursin pentagonal à côtés presque égaux, à angles très arrondis, les latéraux antérieurs presque effacés, les bords un peu flexueux. Face supérieure très élevée conoïde, épaisse et arrondie au sommet déprimé, à marge non étalée, étroite, épaisse et très obtuse au bord. Face inférieure aplanie, pulvinée sur les bords, un peu déprimée au pourtour de l'infundibulum.

Apex grand, pentagonal étoilé, un peu convexe dans sa dépression, les pores génitaux s'ouvrant à 7^{mm} des angles du madréporide. Pétales lancéolés très élargis à l'extrémité, en forme de côte aplanie, les pairs antérieurs un peu plus courts que les autres égalant les 3/4 du rayon. Zones porifères déprimées en large gouttière aplanie, bien étalées sur les côtés des interporifères, élargies jusque près de l'extrémité brièvement falciforme, souvent atrophiées au voisinage du sommet ; les interporifères presque planes dans la partie inférieure, relevées en côte convexe dans la supérieure et un peu gibbeuses autour de l'apex, presque en forme de spatule obtuse, légèrement gonflées au dessus de la marge. Tubercules médiocres bien scrobiculés en série de 9 sur chaque costule des zones porifères dans la partie la plus large (12^{mm}) ; ceux des interporifères médiocrement serrés, un peu plus gros, formant trois rangées transverses un peu irrégulières sur chaque assule. Interambulacres hastiformes à longue pointe insensiblement atténuée, convexes costiformes en relief sur les zones porifères, mais moins saillants que les pétales, presque déprimés au sommet.

Péristome pentagonal assez grand, au fond d'un infundibulum bien campanulé, à côtés peu convexes, brièvement évasé au bord et égalant un peu moins du quart du diamètre, assez entaillé par les sillons ambulacraires qui sur la face sont bientôt superficiels et s'effacent avant le bord. Périprocte assez grand, arrondi, à une distance du bord presque égale à son diamètre. Tubercules du dessus semblables à ceux des pétales, peu serrés, bien scrobiculés, sur une surface finement granulée, ceux de la face inférieure à peine différents.

Cette espèce a quelque analogie avec *C. petalodes*, mais elle en diffère par sa forme moins étalée, plus élevée, par ses pétales plus longs, ses zones porifères déprimées et surtout par ses tubercules bien moins exigus. Ses larges zones porifères bien déprimées, sa forme trapue et épaisse dans le haut, ses côtés tombants jusqu'aux bords très épais, son grand madréporide étoilé, ne permettent de confondre cette espèce avec aucune autre.

Terrain helvétien : au pied Sud du Tessala.

CLYPEASTER PRODUCTUS
B. Pl. XXIX, fig. 1 à 6.

Longueur, 0ᵐ 175 ; largeur, 0ᵐ 145 ; hauteur, 0ᵐ 062.
— 0 198 — 0 165 — 0 080.

Grand oursin pentagonal allongé, à angles pairs tronqués, l'antérieur obtus assez proéminant, à côtés flexueux surtout les latéraux et le postérieur. Face supérieure gibbeuse, très convexe dans la région pétalée, déprimée plus ou moins au sommet, à marge large et étalée, peu épaisse, mais bien arrondie aux bords. Face inférieure paraissant avoir été aplanie, mais un peu enfoncée dans nos exemplaires.

Apex un peu déprimé pentagonal, médiocre, les pores génitaux un peu séparés des angles du madréporide. Pétales lancéolés, un peu spatulés, arrondis à l'extrémité, un peu saillants en côte basse peu convexe, les antérieurs pairs plus courts que les autres, égalant environ les 2/3 du rayon. Zones porifères déprimées en gouttière peu profonde, s'élargissant jusqu'auprès de l'extrémité brièvement et assez fortement falciforme ; les interporifères les rebordant d'un faible bourrelet, presque aplanies dans leur milieu, plus convexes vers le haut, un peu gibbeuses autour de la dépression apiciale, fortement contractées vers leur extrémité et un peu gonflées, faisant ressaut sur la marge. Tubercules médiocres, ceux des zones porifères en série de 6 à 7 sur chaque costule dans la partie la plus large (7^{mm}) ; ceux des interporifères plus gros, bien scrobiculés, formant trois rangées transverses sur chaque assule (deux seulement chez les plus jeunes sujets). Interambulacres montrant une légère dépression entre les extrémités des pétales et fortement contractés hastiformes, à pointe longuement étroite, costiforme presque jusqu'au sommet.

Péristome pentagonal, assez grand, dans un profond infundibulum à parois planes presque abruptes ou un peu campanulé, plus ou moins brusquement évasé sur le bord de la face, échancré angulairement par les sillons ambulacraires peu profonds sur la face et s'effaçant près du bord. Périprocte médiocre, arrondi plus ou moins, voisin du bord. Tubercules du dessus semblables à ceux des pétales, mais un peu moins rapprochés, ceux du dessous un peu plus gros et rapprochés partout.

Cette espèce est surtout caractérisée par sa forme gibbeuse convexe et par sa marge étalée mais restant épaisse. *C. Atlas* lui ressemble par la disposition des tubercules et par la forme des pétales ; mais il est plus élevé, bien plus conoïde avec une marge étroite, très épaisse non étalée et restant dans le plan de la déclivité extérieure. Il est plus gonflé et ses zones porifères sont plus larges et plus déprimées en gouttière. L'apex est bien plus développé.

Je rapporte à cette espèce, du moins provisoirement comme race locale, un très grand oursin, bien plus élevé que le type, moins épais vers le haut et plus conoïde, dont les ambulacres sont plus longs et la marge moins large et moins étalée, dont la face inférieure est presque convexe. Il rappelle un peu *C. Atlas* par sa hauteur, mais il en diffère par son apex moins grand, par ses zones porifères moins

— 255 —

larges, sa marge sensiblement dilatée et sa forme bien moins massive. Ses dimensions sont : longueur, 0ᵐ 205 ; largeur, 0ᵐ 168 ; hauteur, 0ᵐ 100. Je ne connais qu'un seul exemplaire et aucune transition vers le type dont il pourrait cependant n'être que le grand âge.

Terrain helvétien : zone à mélobésies à Médiouna du Dahra ; Bab-el-Djemel, près de Marceau (M. Delage) ; Lala Ouda, près d'Orléans-ville (Nicaise).

CLYPEASTER PRODUCTUS, var. TIGAUDENSIS

B. Pl. LXXXV, fig. 1 à 3.

Longueur, 0ᵐ 200 ; largeur, 0ᵐ 180 ; hauteur, 0ᵐ 095.

C'est avec plus d'hésitation encore que je rapproche du type un autre exemplaire aussi volumineux, qui par sa marge, ses zones porifères, ses interambulacres un peu convexes, rappelle cependant assez bien le précédent ; mais sa gibbosité est plus conique, presque aigue, étroitement tronquée au sommet par un apex subétoilé logé dans une forte dépression avec les pores génitaux contigus aux angles du madréporide. Sa base est notablement plus large, moins oblongue, bien plus sinueuse, avec un infundibulum péristomal plus ample, plus évasé ; les tubercules des zones interporifères sont disposés en trois rangées moins régulières sur chaque assule. La forme générale est beaucoup moins trapue et l'éloigne encore davantage de C. Atlas. Je connais un seul exemplaire de cette forme remarquable et si d'autres venaient confirmer la persistance de ses caractères, il y aurait lieu de l'ériger en espèce ; on pourrait alors lui appliquer le nom de tigaudensis, de Tigauda, ancien nom d'Orléansville, conservé dans celui de la rivière voisine, l'Oued Tigaout.

Terrain cartennien : zone à mélobésies de Lalla Ouda, près d'Or-léansville (Nicaise).

CLYPEASTER SUBCONICUS

B. Pl. XXXVII, fig. 1 à 7.

Longueur, 0ᵐ 156 ; largeur, 0ᵐ 135 ; hauteur, 0ᵐ 075.
— 0 168 — 0 150 — 0 078.

Grand oursin pentagonal à angles arrondis et bords flexueux. Face supérieure très gibbeuse, conoïde tronquée, arrondie au sommet déprimé, avec une marge un peu étalée dont les bords peu épais sont arrondis. Face inférieure subplane un peu ondulée.

Apex petit pentagonal, subétoilé dans la dépression (6ᵐᵐ), à pores génitaux un peu séparés des angles du madréporide. Pétales convexes lancéolés, arrondis plus ou moins à leur extrémité, les pairs antérieurs un peu plus courts que les autres, égalant les 5/7 du rayon. Zones porifères faiblement déprimées, étalées sur les côtés des interporifères, élargies insensiblement presque jusqu'à l'extrémité falciforme et resserrant plus ou moins l'entrée du pétale. Zones interporifères plus ou moins convexes rebordant les porifères dans leur partie médiane, plus saillantes et gibbeuses autour de la dépression apiciale, assez contractées quoique encore très largement ouvertes à leur extrémité qui passe sans à-coup ni ressaut sur la surface marginale. Tubercules des zones porifères très petits, en série de 7 à 8 peu serrée sur chaque costule au lieu le plus large (8ᵐᵐ) ; ceux des interporifères plus gros, fortement mamelonnés, formant trois rangées transversales, incomplètes dans les sujets moins âgés et paraissant alors simplement doubles vers le milieu de chaque assule. (Le dessin grossi de Pl. XXXVII est inexact en ceci.) Interambulacres peu ou pas déprimés entre les extrémités des pétales, contractés hastiformes en une pointe assez large pour avoir jusqu'auprès du sommet plus de deux rangs de tubercules, très peu convexes et faisant légère saillie au dessus des zones porifères avec lesquels ils constituent un large sillon entre les pétales.

Péristome pentagonal grand, au fond d'un infundibulum profond à parois aplanies presque abruptes, parfois un peu campanulé et peu évasé sur la face inférieure. Sillons ambulacraires très accusés à leur origine, puis devenant presque superficiels et effacés au bord ; les assules qui les bordent sont parfois un peu bosselés. Périprocte arrondi médiocre, voisin du bord. Tubercules du dessus semblables à ceux des pétales, mais un peu moins serrés sur la branche montante des interambulacres ; ceux du dessous plus gros, plus scrobiculés et rapprochés entre eux sur toutes les parties.

Les grands exemplaires sont souvent déformés, leurs assules presque désarticulés ont leurs tubercules rendus plus saillants par suite d'une sorte de décortication des scrobicules.

Cette espèce rappelle un peu *C. Atlas*, mais elle en diffère par sa marge étalée beaucoup moins épaisse, par ses tubercules plus petits, ses zones porifères moins larges, ses interambulacres moins convexes, son apex bien plus petit et moins étoilé. Elle diffère de *C. productus* par sa marge bien moins étalée, ses pétales plus longs, ses interambulacres moins saillants, son apex plus petit et à peine étoilé. Elle rappelle *C. curtus* par sa forme trapue, ses interambulacres peu saillants ; mais elle en diffère par sa forme moins prismatique, moins tronquée au sommet, ses pétales moins saillants et plus longs, ses rangées de tubercules moins nombreuses sur les pétales. Sa face inférieure est plus aplanie.

Terrain sahélien : conglomérat argileux de la base à Negmaria (Dahra) ; Aïn-Begoga, près de Sidi-Bachti, au Nord-Ouest de Bou-Tlélis.

CLYPEASTER SUPERBUS

B. Pl. LXXXVI et LXXXVII, fig. 1 et 2.

Longueur, 0ᵐ 200 ; largeur, 0ᵐ 170 ; hauteur, 0ᵐ 072.

Grand oursin pentagonal à angles très arrondis, à bords flexueux, le postérieur émarginé entre deux lobules. Face supérieure subpyramidale surbaissée, tronquée, arrondie au sommet, à marge un peu étalée, large, assez amincie aux bords très obtus. Face inférieure pulvinée, convexe, un peu ondulée.

Apex médiocre pentagonal, presque à fleur, à pores génitaux presque ou tout à fait contigus au madréporide. Pétales simplement convexes, ovales, lancéolés au sommet, les pairs antérieurs un peu plus courts que les autres, n'égalant pas les 2/3 du rayon. Zones porifères un peu déprimées, déclives étalées sur les côtés des pétales, s'élargissant notablement avant l'extrémité falciforme, mais laissant très ouvertes les zones porifères ; celles-ci larges presque oblongues, convexes en anse de panier et rebordant la série interne des pores, presque aplanies sur le milieu, à peine gibbeuses sur la partie convexe du sommet, droites sur le reste de leur longueur et à peine gonflées et un peu contractées au dessus de la surface de la marge. Tubercules des zones porifères très petits, plus ou moins serrés en série de 9 à 10 sur chaque costule dans la partie élargie (8^{mm}) ; ceux des interporifères bien plus gros, très rapprochés et formant trois rangées transverses sur chaque assule. Interambulacres un peu déprimés entre les zones porifères, contractés en pointe longuement acuminée, à peine convexe et aplanie au sommet, la dépression de l'impair ou postérieur s'étendant sur la marge.

Péristome médiocre, subpentagonal dans un profond infundibulum étroitement campanulé, un peu étalé sur les lèvres qui s'y terminent en bosses arrondies, bien échancré par des sillons ambulacraires qui sur la face sont assez évasés, effacés avant le bord, bordés d'assules gonflés et gibbeux. Périprocte arrondi assez grand, séparé du bord par un intervalle égal à son diamètre. Tubercules du dessus un peu plus petits que ceux des pétales, moins serrés sur les interambulacres que sur la marge et surtout que sur les bords ; ceux du dessous un peu plus gros que ceux des pétales, plus scrobiculés, rapprochés ; ceux des bosselures des sillons formant des groupes plus petits.

Cette espèce remarquable ressemble beaucoup à *C. altus* ; elle en diffère par sa marge plus étalée, plus amincie surtout en avant, par ses pétales moins lancéolés et plutôt ovales, plus larges vers le haut, plus plats sur le dos, ayant trois rangées de tubercules et non deux seulement sur chaque assule, par la face inférieure plus convexe pulvinée et son infundibulum buccal plus profond, moins évasé, enfin par les pores génitaux contigus au madréporide. *C. productus* a sa gibbosité plus contractée au dessus de la marge plus étalée, et convexe conoïde plutôt que pyramidale : ses interambulacres sont plus costiformes. *C. cœlopleura* a ses interambulacres plus déprimés encore et ses pétales plus étroits, plus longs, plus gonflés.

Terrain helvétien : zone à mélobésies aux environs d'Orléansville (Nicaise).

CLYPEASTER OBESUS

B. Pl. LXXXVIII, fig. 1-3.

Longueur, 0ᵐ 152; largeur, 0ᵐ 138; hauteur, 0ᵐ 076.

Oursin de taille moyenne, pentagonal, à angles tronqués arrondis, à bords flexueux. Face supérieure conoïde, à dix côtes alternativement inégales, largement et obliquement tronquée, arrondie et déprimée au sommet, à marge étroite peu ou pas étalée, si ce n'est un peu au côté postérieur, avec les bords épais et convexes, plus à l'avant qu'à l'arrière. Face inférieure aplanie, un peu onduleuse.

Apex déprimé, petit, subpentagonal, avec les pores génitaux un peu irréguliers presque contigus au madréporide. Pétales longuement lancéolés, bien ouverts à l'extrémité, en côtes peu saillantes convexes, les postérieurs un peu plus longs que les autres, égalant environ les 5/7 du rayon. Zones porifères déprimées en gouttière, insensiblement élargies jusqu'auprès de l'extrémité falciforme : les interporifères convexes en anse de panier, flexueuses dans le sens de leur longueur, gonflées gibbeuses surtout les postérieures, plus saillantes autour de la dépression apiciale, rétrécies contractées à partir de leur tiers supérieur et sensiblement gonflées en passant sur la marge. Tubercules petits; ceux des zones porifères en série peu serrée de

6 à 7 sur chaque costule dans la partie la plus large (8^{mm}); ceux des interporifères à peine plus gros, peu serrés, formant deux ou trois rangées irrégulières au bout, sur chaque assule bigéminé. Interambulacres aplanis ou faiblement déprimés dans leur partie marginale, fortement contractés entre les pétales où ils se gonflent en côte très convexe presque aussi saillante que les pétales et ne s'atténuant que près du sommet.

Péristome pentagonal dans un profond infundibulum abrupt, médiocre, à peine évasé sur la face qui est brusquement infléchie et forme cinq fortes gibbosités presque à fleur. Sillons ambulacraires bien anguleux à leur origine, puis peu profonds, bordés d'assules un peu gonflés. Périprocte elliptique en travers, médiocre, voisin du bord. Tubercules du dessus semblables à ceux des ambulacres, un peu plus espacés sauf au bord ; ceux du dessous le double plus gros quoique encore petits, très rapprochés.

Cette espèce rappelle un peu *C. productus*, mais elle est bien moins étalée à la marge plus gibbeuse, avec les interambulacres plus saillants en côte, les pétales plus étroits ; son péristome est plus abrupt, ses tubercules sont plus petits. Par ses côtes interambulacraires et ses petits tubercules, elle se rapproche de *C. decemcostatus;* mais son bord très arrondi et non tranchant, sa forme moins élancée, plus obtuse, l'en éloignent notablement, ainsi que les rangées transverses de ses tubercules ambulacraires au nombre de deux seulement malgré leur petitesse, ce qui est dû à l'étroitesse des costules et des sillons de conjugaison des zones porifères.

Terrain helvétien : zone à mélobésies, Bab-el-Djemel, près de Marceau à l'Ouest de Marengo.

Espèces conoïdes ou pyramidales à pétales plus ou moins convexes b'en ouverts, à tubercules plus ou moins développés ne formant pas plus de deux rangées transverses sur chaque assule ambulacraire. Marge étalée ou non, mais toujours épaisse et très obtuse (Section *Miophyma*).

CLYPEASTER ALTUS Lamarck

B. Pl. XLI, fig. 1 à 7.

CLYPEASTER ALTUS, Michelin, *Monog. Clypéastres fossiles*, p. 122, Pl. XXV.

Longueur, 0ᵐ 082 ; largeur, 0ᵐ 074 ; hauteur, 0ᵐ 028.
 —   0 113   —   0 096   —   0 048.
 —   0 140   —   0 127   —   0 057.
 —   0 144   —   0 124   —   0 069.

Oursin de moyenne taille, pentagonal, à angles arrondis, les latéraux antérieurs saillants presque lobiformes, à bords sinueux. Face supérieure gibbeuse, conoïde subpyramidale, peu élevée, tronquée et plus ou moins arrondie au sommet un peu déprimé, avec une marge étroite peu épaisse mais arrondie, un peu étalée du côté postérieur. Face inférieure aplanie, un peu ondulée.

Apex petit, pentagonal, en bouton dans la dépression, à pores génitaux éloignés des angles du madréporide. Pétales convexes costiformes, peu saillants, lancéolés arrondis à leur bout, subégaux, égalant les 2/3 du rayon dans les sujets trapus, les 5/7 dans les typiques et les 3/4 dans les élancés. Zones porifères déprimées et étalées sur les côtés de la côte, élargies jusqu'auprès du bout falciforme de manière à resserrer l'entrée de la zone porifère. Celle-ci convexe en anse de panier et rebordant la rangée interne de pores, un peu gibbeuse autour de la dépression apiciale assez élargie, puis assez brièvement contractée et plus gonflée saillante à l'extrémité qui forme un léger ressaut sur la marge. Tubercules des zones porifères petits, en série de 7 à 8 sur chaque costule au point le plus large (7ᵐᵐ) ; ceux des interporifères beaucoup plus gros, rapprochés et formant deux rangées transverses assez régulières sur chaque assule bigéminé. Interambulacres dans une dépression peu profonde, longuement contractés hastiformes, à branche montante peu convexe, très atténuée vers le haut et n'ayant sur une grande étendue qu'une double rangée de tubercules.

Péristome subpolygonal arrondi, assez profond et contracté au fond d'un infundibulum campanulé, assez évasé sur la face inférieure, bien échancré par des sillons ambulacraires qui se continuent en gouttière bien creusée presque jusqu'au bord même. Périprocte petit, arrondi ou elliptique en travers, séparé du bord par un intervalle égal à son diamètre. Assules ambulacraires bordant les sillons un peu bosselés. Tubercules du dessus semblables à ceux des pétales un peu moins serrés ; ceux du dessous beaucoup plus gros, fortement scrobiculés, rapprochés partout et rendant la face très rugueuse.

Cette espèce est citée dans la plupart des catalogues de fossiles miocènes, mais le plus souvent par confusion avec d'autres espèces qui n'ont de commun avec elle que la forme pyramidale plus ou moins élancée et parmi lesquelles elle est une des moins élevées. La synonymie me paraît très encombrée de citations peu certaines et je me suis borné à donner celle de Michelin. La figure de l'*Encyclopédie*, assez mauvaise, ne paraît pas lui appartenir. Parmi les variétés, on en remarque une trapue à pétales plus convexes, plus courts, plus gibbeux au sommet ; une autre plus élevée, pyramidale, à pétales plus allongés descendant plus bas, à bords moins flexueux. Les tubercules et les interambulacres sont semblables dans toutes. Notre type a une grande ressemblance avec l'exemplaire de la collection Lamarck.

Terrain helvétien : couches à mélobésies près de Nemours (Djemma Ghazaouat).

CLYPEASTER MEGASTOMA

B. Pl. LXII, fig. 1 à 7.

Longueur, 0^m 092 ; largeur, 0^m 075 ; hauteur, 0^m 039.
— 0 122 — 0 100 — 0 056.
— 0 134 — 0 115 — 0 056.

Oursin de moyenne taille, pentagonal, à angles émoussés arrondis, à bords un peu flexueux. Face supérieure gibbeuse en pyramide un peu acuminée, mais tronquée au sommet un peu déprimé, à marge étroite très convexe. Face inférieure pulvinée.

Apex convexe dans la dépression du sommet, assez grand (7^{mm}),
pentagonal, à pores génitaux assez distants des angles du madréporide. Pétales relevés en côte convexe clavellée, descendant très près
du bord, les pairs antérieurs un peu plus courts que les autres,
subégaux, égalant presque les 4/5 du rayon. Zones porifères déprimées, étalées sur les côtés des côtes interporifères, élargies insensi-
blement puis brièvement arquées falciformes pour resserrér le | étale ;
les interporifères assez convexes, longuement rétrécies vers le haut
un peu gibbeux sur la dépression apiciale, brièvement et assez fortement contractées à l'extrémité qui se continue sur la marge sans
ressaut ni bourrelet. Tubercules des zones porifères très petits, en
série lâche de 6 à 7 sur chaque costule dans la partie la plus large
(8^{mm}) ; ceux des interporifères le double plus gros, peu serrés, formant
double rangée transversale très régulière sur chaque assule. Aires
interambulacraires un peu déprimées entre les pétales, brusquement
hastées à leur base, remontant en bandelette convexe insensiblement
et très longuement atténuée et presque linéaire vers le haut.

Péristome pentagonal grand, dans un infundibulum peu profond,
assez vaste, évasé sur les interambulacres qui forment gibbosité tout
autour. Sillons ambulacraires anguleux, profonds à leur naissance,
puis s'atténuant jusqu'au bord où ils sont effacés. Périprocte arrondi
ou un peu elliptique en travers, petit, séparé du bord par un intervalle égal à son diamètre. Tubercules du dessus semblables à ceux
des pétales, mais plus espacés dans une très fine granulation miliaire
sur les interambulacres ; ceux du dessous encore bien plus gros, plus
largement scrobiculés, très serrés partout, sauf au bord des sillons.

J'ai pu observer un assez grand nombre de sujets de cette espèce ;
ils sont très semblables entre eux et indiquent un type très peu variable ; quelques exemplaires sont moins pyramidaux, mais ils ont été
certainement déformés par compression dans la gangue. Un sujet
jeune est tout aussi élevé et presque acuminé, son pourtour et son
profil sont semblables ; mais le dessous est plus pulviné entre les

sillons et la cavité buccale plus étendue proportionnellement. Les tubercules sont seulement un peu plus petits, mais semblablement distribués, les séries des costules porifères en comptent un ou deux de moins. L'apex paraît avoir été semblable.

Cette espèce est très voisine de *C. altus* et a été confondue avec lui par Agassiz et Desor. Leur moule S 37 paraît assez bien s'y rapporter et représente peut-être l'exemplaire recueilli à Oran par Deshayes. Elle en diffère par sa forme plus acuminée, ses pétales plus longs, plus étroits et subclavellés, par son péristome beaucoup plus large, dans un infundibulum moins campanulé, bien moins profond, par ses zones porifères sensiblement plus élargies dans leur moitié terminale.

Terrain sahélien : couches à spicules et diatomées des environs d'Oran.

CLYPEASTER SUBACUTUS

B. Pl. XLVII, fig. 1 à 7; Pl. LXXXIX, fig. 1 à 3.

Longueur, 0^m086;	largeur, 0^m076;	hauteur, 0^m030.
— 0 115	— 0 105	— 0 052.
— 0 152	— 0 132	— 0 092.
— 0 185	— 0 168	— 0 102.

Grand oursin subpyramidal pentagonal, à angles arrondis, les latéraux presque effacés, l antérieur plus étroit, à bords un peu flexueux. Face supérieure très élevée, un peu contractée au milieu, à dix côtes alternativement grosses et petites, étroitement tronquée au sommet déprimé, surmontant une marge haute, épaisse au bord, déclive. Face inférieure plane ou légèrement convexe, un peu déprimée autour de la fosse buccale.

Apex en petit bouton pentagonal dans la dépression du sommet, à pores génitaux plus ou moins éloignés des angles du madréporide. Pétales en côte très convexe, ondulée, subclavellés, les pairs antérieurs un peu plus courts que les autres, égalant ou dépassant un peu les 2/3 du rayon. Zones porifères fortement déprimées en gouttière

sur les côtés des côtes, étroites et falciformes, élargies à l'extrémité ;
les interporifères fortement convexes en anse de panier rebordant les
porifères, gibbeuses au sommet autour de l'apex, ou quelquefois
tronquées lorsque l'apex est à fleur, contractées et gonflées en une
bosse qui saille un peu au dessus de la marge. Tubercules petits, ceux
des zones porifères en série de 7 sur chaque costule dans la partie la
plus large (6^{mm}) ; (dans le sujet de Fig. 1, Pl. XLVII, il y en a de 5 à 6
pour une largeur de 5^{mm}) ; ceux des interporifères plus gros, peu serrés,
formant deux rangées transversales sur chaque assule, souvent irrégulières sur les grands exemplaires. Interambulacres presque immédiatement rétrécis et soulevés en côte convexe entre les gouttières
porifères, très atténués au sommet.

Péristome pentagonal au fond d'un infundibulum campanulé, plus
profond et moins évasé dans les vieux, ayant le 1/5 du diamètre
transversal. Sillons ambulacraires anguleux plus ou moins superficiels et effacés près du bord. Périprocte petit, arrondi, voisin de la
marge. Tubercules du dessus semblables à ceux des pétales, plus
espacés ; ceux du dessous un peu plus gros, plus serrés près des
bords, moins vers le milieu.

Cette espèce est probablement l'une de celles citées par les auteurs
sous le nom de *C. portentosus* ; elle en diffère par ses pétales gonflés
à leur extrémité, au lieu d'être atténués, descendant beaucoup moins
bas, par sa marge bien plus haute et moins étalée et par ses tubercules plus petits, ses côtes interambulacraires sont bien plus épaisses.
C. obeliscus dont les pétales sont bien moins convexes et les interambulacres à peine costiformes, a ses tubercules bien plus petits en
rangées transverses triples sur chaque assule ambulacraire.

J'ai sous les yeux une quinzaine d'exemplaires de toute taille ne
variant que par la hauteur de leur pyramide, plus exagérée chez les
sujets les plus âgés.

Terrain helvétien : zone à mélobésies à l'Oued Riou près d'Inkerman : à l'Ougas près du Sig.

CLYPEASTER CŒLOPLEURUS

B. Pl. XC, fig. 1 à 3.

Longueur, 0^m 110 ; largeur, 0^m 090 ; hauteur, 0^m 048.
— 0 130 — 0 110 — 0 062.
— 0 160 — 0 135 — 0 065.

Oursin de moyenne taille, pentagonal allongé, à angles très arrondis, les latéraux antérieurs très effacés, à bords plus ou moins
flexueux, surtout le postérieur. Face supérieure gibbeuse subpyramidale, étroitement tronquée au sommet un peu déprimé, à marge
continuant presque la déclivité des flancs, peu épaisse mais arrondie
aux bords. Face inférieure aplanie ou légèrement convexe, en dehors
de l'infundibulum.

Apex petit, en bouton arrondi ou subpentagonal, dans une faible
dépression du sommet, à 5 pores génitaux presque contigus au madréporide. Pétales oblongs assez fortement costés, subégaux, dépassant légèrement les 2/3 du rayon. Zones porifères déprimées, fortement déclives sur les côtés des côtes, assez élargies jusqu'auprès de
l'extrémité un peu falciforme, mais resserrant à peine le pétale ; les
interporifères assez convexes en travers en anse de panier, un peu
gibbeuses au sommet autour de la dépression apiciale, un peu contractées à leur extrémité qui fait un léger ressaut sur la marge.
Tubercules des zones porifères très petits, en série assez serrée de 7
à 8 sur chaque costule au lieu le plus large (8^{mm}) ; ceux des interporifères beaucoup plus gros, entassés, formant deux rangées transverses
un peu irrégulières sur chaque assule bigéminé. Interambulacres
bien déprimés entre les pétales, hastiformes, légèrement convexes
dans leur pointe montante qui se rétrécit longuement vers le haut et
s'aplanit entre les gibbosités des pétales.

Péristome grand, subpentagonal, au fond d'un infundibulum bien
campanulé, médiocrement profond, à côtés subplans, assez fortement
évasé sur la face, peu fortement échancré par les sillons ambulacraires presque superficiels vers le milieu du rayon et oblitérés aux bords;

pas de gibbosités aux assules ambulacraires qui bordent les sillons. Périprocte petit, arrondi, à une distance du bord égale à son diamètre. Tubercules du dessus de grosseur intermédiaire à ceux des zones porifères et des interporifères, assez espacés. sauf vers les bords; ceux du dessous beaucoup plus gros que ceux des pétales, saillants et rapprochés et rendant la surface très rugueuse.

Les trois exemplaires que j'ai sous les yeux, malgré leur grande différence de taille, ne présentent pour ainsi dire pas de différence de forme entre eux : la disposition allongée des pétales, la dépression des interambulacres, la forme pyramidale étroitement tronquée au sommet, les tubercules rugueux du dessous, le rapprochement des pores génitaux, tout est semblable.

Cette forme pyramidée et non convexe au sommet, la situation des pores génitaux contre le madréporide, la saillie et la forme oblongue des pétales, l'absence de gibbosité sur les assules ambulacraires du dessous, la forte dépression des interambulacres, le différencient notablement du *C. altus. C. subacutus* est bien plus élevé, ses interambulacres forment des côtes très marquées, ses pétales sont plus convexes, plus clavellés, et descendent beaucoup moins près de la marge et sa face inférieure est plus plane ; ses tubercules sont plus petits, etc. *C. portentosus* (Desml., Michelin) est plus élancé, a ses interambulacres non déprimés et plus convexes, ses pétales bien plus resserrés à leur bout et descendant plus bas. Dans *C. pyramidalis*, dont les tubercules paraissent bien différents, les pétales descendent encore bien plus près du bord et il n'y a pas de confusion possible.

Terrain helvétien : zone à mélobésies près d'Orléansville (Nicaise).

CLYPEASTER CURTUS

B. Pl. XXXI, fig. 1 à 6.

Longueur, 0^m 160 ; largeur, 0^m 137 ; hauteur, 0^m 076.

(Les figures 1 à 3 sont réduites de 1/10 et non de G. N. comme il est indiqué par erreur dans l'explication.)

Oursin d'assez grande taille, très gibbeux, pentagonal, à côtés peu inégaux, à angles postérieurs arrondis, l'antérieur simplement obtus,

les latéraux bien moins saillants et arrondis ; à bords assez fortement
flex ueux. Face supérieure subprismatique, tronquée arrondie en dessus avec une faible dépression au sommet, s'élevant sur une marge
assez fortement étalée, un peu amincie au bord postérieur, assez
épaisse et arrondie en avant et sur les côtés. Face inférieure aplanie,
versant un peu vers la cavité buccale.

Apex faiblement déprimé, petit, subpentagonal avec les pores génitaux assez éloignés du madréporide. Pétales oblongs lancéolés, relevés en côte peu saillante, les pairs antérieurs un peu plus courts
que les autres, égalant presque les 5/7 du rayon ; zones porifères faiblement déprimées, mais en partie déclives sur les côtés de la côte et
étalées vers l'interambulacre, larges, brièvement falciformes à l'extrémité, resserrant un peu l'entrée de la zone interporifère ; celle-ci
convexe rebordant un peu la zone porifère, un peu gibbeuse à l'origine de la convexité supérieure et s'abaissant vers la dépression apiciale, un peu contractée à l'extrémité, séparée de la marge par une
faible ondulation. Tubercules des zones porifères assez petits, en
série peu serrée de 7 à 8 sur chaque costule dans la partie la plus
large (9^{mm}) ; ceux des interporifères bien plus gros, fortement scrobiculés, rapprochés, formant deux rangées transverses sur chaque
assule. Interambulacres hastiformes déprimés à la base, à peine en
saillie au dessus des zones porifères et légèrement gonflés en côte
basse dans leur partie moyenne.

Péristome assez grand, pentagonal, profond dans un grand infundibulum faiblement campanulé, un peu évasé sur la face, à parois
planes, échancré angulairement par les sillons ambulacraires bientôt
superficiels et effacés avant le bord. Périprocte arrondi, petit, rapproché du bord. Tubercules du dessus un peu moins gros et moins
serrés que ceux des pétales ; ceux du dessous, au contraire, de 1/3
plus gros, plus largement scrobiculés, rapprochés partout.

Cette espèce a quelque analogie de faciès avec *C. gibbosus* par sa
forme turritée, tronquée au sommet ; mais elle en diffère beaucoup

par ses pétales plus longs, ses interambulacres déprimés au lieu d'être
gonflés, son bord moins aigu et surtout par ses tubercules plus gros
et ne formant que deux rangées transverses sur chaque assule.

Terrain helvétien : zone à clypéastres ; Bled Mediouna, au Dahra.

CLYPEASTER AUGUSTATUS

B. Pl. XXXVIII, fig. 1 à 8.

Longueur, 0ᵐ 155; largeur, 0ᵐ 110; hauteur, 1ᵐ 056.

Oursin de taille moyenne, pentagonal allongé, l'angle antérieur
proéminent, obtus, les postérieurs très arrondis, les latéraux un peu
effacés ; ce qui lui donne une apparence étroite. Face supérieure assez
élevée, subpyramidale, tronquée et un peu arrondie au sommet, les
angles étant formés par les côtes ambulacraires qui descendent très
bas sur une marge un peu étalée. Face inférieure légèrement concave,
assez déprimée, versante vers l'infundibulum.

Apex légèrement déprimé (mal conservé), à pores génitaux un peu
en dehors des angles du madréporide. Pétales lancéolés oblongs,
saillants en côte très convexe, inégaux, les pairs antérieurs étant plus
courts, égalant environ les 5/7 du rayon. Zones porifères déprimées,
déclives sur les côtés de l'ambulacre et un peu étalées près de l'extrémité un peu falciforme, les interporifères bien convexes, gibbeuses
vers le haut autour du sommet apical, à peine contractées à leur extrémité qui se fond dans la surface marginale. Tubercules médiocres,
ceux des zones porifères en série de 6 à 7 sur chaque costule dans la
partie la plus large (8ᵐᵐ) ; ceux des interporifères plus gros formant
deux rangées transverses sur chaque assule. Interambulacres fortement acuminés hastiformes, déprimés entre les pétales, mais un peu
convexes dans le bas, puis longuement étroits et à peine en relief
au dessus de la gouttière porifère.

Péristome pentagonal assez grand, très profond dans un infundibulum campanulé, assez évasé sur la face inférieure dont il occupe
presque le 1/3 du diamètre, peu entaillé par les sillons ambulacraires

(oblitérés sur la face). Périprocte mal conservé, voisin du bord. Tubercules du dessus un peu plus gros que ceux des zones porifères, peu serrés ; ceux du dessous peu différents de ceux des pétales, un peu plus largement scrobiculés, mais pour la plupart oblitérés.

Cette espèce, dont un seul exemplaire assez détérioré est connu, rappelle un peu par ses pétales costiformes, ses interambulacres déprimés et sa forme étroite, certains types de la section *Bunactis* ; mais elle est plus gibbeuse et ses pétales sont moins comprimés. *C. latus* qui est aussi élevé, en diffère par sa forme raccourcie et son péristome plus petit et plus abrupte. *C. soumatensis* a le même faciès mais ses pétales sont moins saillants, son péristome est plus petit et ses tubercules bien plus exigus.

Terrain cartennien : Ouillis dans le Dahra.

CLYPEASTER PACHYPLEURUS

B. Pl. XL, fig. 1 à 6.

Longueur, 0ᵐ 180 ; largeur, 0ᵐ 157 ; hauteur, 0ᵐ 067.

Grand oursin subpentagonal oblong, à angles très arrondis, les latéraux presque effacés, à bords peu ou pas flexueux. Face supérieure gibbeuse, convexe, peu élevée, assez largement déprimée au sommet; la déclivité des flancs se prolongeant sur une marge peu ou pas étalée, épaisse et fortement arrondie (le dessin est défectueux en cela) ; face inférieure un peu pulvinée, aplanie.

Apex petit, convexe, en bouton arrondi dans la dépression du sommet, les cinq pores génitaux un peu séparés du madréporide. Pétales ovales lancéolés très ouverts à leur extrémité, convexes en côte déprimée, subégaux, égalant les 2/3 du rayon. Zones porifères déprimées et étalées sur les côtés de l'ambulacre, élargies jusqu'auprès de leur extrémité un peu falciforme; les interporifères convexes, gibbeuses vers le haut, aplanies vers le bas, plus saillantes, médiocrement contractées et sensiblement gonflées pour se continuer sur l'épatement qui prolonge l'ambulacre. Tubercules des zones porifères assez petits, en série de 6 à 7 sur chaque costule dans la partie la plus large (8^{mm}) ; ceux des interporifères beaucoup plus gros, rapprochés, formant deux rangées transversales sur chaque assule. Interambulacres un peu déprimés vers le bas et entre les extrémités des pétales, puis un peu convexes costiformes dans la partie contractée et étroite qui s'aplanit vers l'extrémité.

Péristome pentagonal profond, dans un infundibulum presque abrupt peu campanulé et faiblement évasé à son bord, à côtés peu convexes, égalant le 1/5 du diamètre, un peu entaillé par les sillons ambulacraires superficiels et très atténués en s'approchant du bord. Périprocte petit, arrondi, séparé du bord par un intervalle égal à son diamètre. Tubercules du dessus presque égaux à ceux des pétales, un peu moins serrés; ceux du dessous à peine plus gros, mais plus largement scrobiculés et très serrés, ce qui donne un aspect très rugueux.

Cette espèce a une certaine ressemblance avec *C. ægyptiacus*, mais ses pétales sont plus ouverts ; elle est plus largement déprimée au sommet, ses bords sont bien plus épais et arrondis, ses tubercules plus gros sur les pétales. *C. altus* est plus atténué au sommet, ses pétales sont plus fermés et descendent plus bas, son bord est également moins épais. Elle a aussi une ressemblance d'aspect avec *C. myriophyma*, mais les très petits tubercules de celui-ci, son bord non gonflé et presque tranchant suffisent pour le distinguer.

Terrain helvétien : Sidi-Daho, à l'Est de Mascara ; Tessala ; Bab-el-Djemel, près de Marceau.

CLYPEASTER SUBELLIPTICUS

B. Pl. XXXIX, fig. 1 à 6.

Clypeaster ellipticus Pom. Explic. des planches (non Munster, nec Michelin).

Longueur, 0^m164; largeur, 0^m144; hauteur, 0^m064.

(Les figures 1 à 3 indiquées de G. N. sont réduites de 1/10e).

Oursin d'assez grande taille, gibbeux, à pourtour subelliptique un peu plus rétréci en avant, à bord légèrement flexueux sur les côtés. Face supérieure convexe subconique, un peu déprimée au sommet, à marge peu étendue, étalée, avec le bord arrondi plus épais en avant qu'en arrière. Face inférieure pulvinée, déprimée autour de la fosse buccale.

Apex assez grand, déprimé, pentagonal subétoilé, avec les pores génitaux contigus aux angles du madréporide. Pétales oblongs un peu lancéolés, faiblement costés, les pairs antérieurs un peu plus courts que les autres, ceux du trivium égalant les 5/7 et les postérieurs les 2/3 du rayon. Zones porifères déprimées en gouttière superficielle, étalées sur les côtés de l'ambulacre, insensiblement élargies jusque près de l'extrémité brièvement falciforme et en resserrant médiocrement l'entrée; les interporifères en relief sur les porifères et formant des côtes basses, convexes en anse de panier, faiblement gibbeuses vers l'inflexion et effacées près de l'apex, légèrement contractées vers l'extrémité qui passe sans à-coup vers la marge. Tubercules des zones porifères très petits, rapprochés en série de 10 à 11 sur chaque costule dans la partie la plus large (8^{mm}); ceux des interporifères notablement plus gros quoique encore petits ($0^{mm}5$), formant sur chaque assule deux rangées transverses peu serrées, irrégulières au bord de la zone. Interambulacres très contractés entre les pétales, faiblement convexes, mais formant relief au dessus de la zone porifère, sauf auprès du sommet où ils se dépriment.

Péristome pentagonal profond dans un infundibulum presque abrupt dans son fond, mais évasé campanulé et s'étendant assez sur la face inférieure. Sillons ambulacraires en gouttière dans la fosse et en dehors et s'effaçant près du bord. Périprocte médiocre, arrondi. distant du bord presque du double de son diamètre. Tubercules du dessus un peu moins gros que ceux des pétales, plus espacés dans une très fine granulation; ceux du dessous le double gros, fortement scrobiculés, très serrés.

Cette espèce s'éloigne de toutes celles du même type par son pourtour subelliptique très saillant et arrondi à l'arrière. Elle a quelque ressemblance avec *C. myriophyma,* mais ses pétales sont moins larges, ses bords plus épais, ses tubercules moins exigus et moins nombreux sur les pétales. *C. ægyptiacus* a aussi une certaine affinité ; mais outre sa forme pentagonale, il en diffère par ses tubercules bien plus petits, sa face inférieure bien moins rugueuse, son péristome moins profond, plus arrondi, dans un infundibulum plus ouvert.

Terrain helvétien : Sidi-Daho, à l'Est de Mascara.

CLYPEASTER COLLINATUS

B. Pl. XXXIII, fig. 1 à 7 J

Longueur, 0^m125 ; largeur, 0^m110 ; hauteur, 0^m054.

Oursin de taille médiocre, gibbeux subpentagonal, à angles plus ou moins effacés, surtout les latéraux, le bord postérieur étant seul un peu flexueux. Face supérieure gibbeuse, renflée, un peu déjetée en avant, à cinq côtes très convexes saillantes autour du sommet déprimé, s'élevant d'une marge à peine étalée, assez épaisse sur les bords. Face inférieure aplanie légèrement, versant vers la fosse buccale.

Apex petit, enfoncé, subpentagonal, à pores génitaux contigus au madréporide, formant avec les ocellaires un pentagone régulier. Pétales en portion d'ovoïde, un peu lancéolés, les pairs antérieurs un peu plus courts que les autres, égalant environ les 2/3 du rayon. Zones porifères un peu déprimées sur les côtés des côtes ambulacraires, un peu étalées, élargies presque jusqu'au bout un peu falciforme ; les interporifères très convexes, fortement gibbeuses autour de la dépression apiciale, surtout l'antérieure plus élevée, faiblement contractées à l'extrémité qui se continue sans ressaut dans la marge. Tubercules des zones porifères médiocres, espacés en série de 5 à 6 sur chaque costule dans la partie la plus large (6^{mm}) (trop petits dans la Fig 5) ; ceux des interporifères beaucoup plus gros, bien scrobiculés, formant deux rangées transverses très régulières sur chaque assule. Interambulacres un peu déprimés entre les extrémités des pétales, puis un peu convexes en côte basse en remontant sur les flancs, enfin aplanis dans l'étroite bandelette qu'ils forment à la partie supérieure jusqu'à l'apex.

Péristome pentagonal, profond dans un infundibulum étroitement campanulé s'évasant sur la face inférieure, à côtés presque plans, angulairement entaillé par les sillons ambulacraires qui se continuent superficiellement jusqu'à une certaine distance du bord. Périprocte arrondi, médiocre, rapproché du bord. Tubercules du dessus un peu plus petits et plus espacés que ceux des pétales ; ceux du dessous, au contraire, un peu plus gros, plus scrobiculés, rapprochés sur toutes les parties.

Cette espèce est voisine de celles du groupe de *C. altus* par ses tubercules du dos des pétales assez gros et en deux rangées transversales sur chaque assule, mais elle en diffère par ses pétales plus saillants en côtes, fortement gibbeux autour de la dépression du sommet, plus forte et plus étendue, par son apex petit ; sa face supérieure moins conique est plus épaissie vers le haut. Elle présente aussi quelque rapport avec les espèces de la section *Bunactis*, mais elle est plus élevée, plus allongée, moins marginée et ses interambulacres sont moins enfoncés.

Terrain helvétien : Bled Mediouna au Dahra.

CLYPEASTER TUMIDUS

B. Pl. XCI, fig. 1 à 3.

Longueur, 0^m 130 ; largeur, 0^m 116 ; hauteur, 0^m 068.

Oursin de taille moyenne, pentagonal, peu allongé, à angles très arrondis, à bords latéraux et postérieur très flexueux. Face supérieure pyramidale, tronquée obtuse assez largement, à faces à peine déprimées vers leur milieu, à marge étroite prolongeant la déclivité des faces, épaisse et arrondie aux bords antérieurs et latéraux, un peu amincie au postérieur. Face inférieure plane.

Apex petit, pentagonal, un peu étoilé convexe dans une dépression assez faible, à pores génitaux très petits, un peu rejetés en dehors des angles du madréporide. Pétales lancéolés ovales, bien ouverts et larges à l'extrémité, peu saillants et descendant très bas, les antérieurs pairs un peu plus longs que les autres, égalant presque les 3/4 du rayon. Zones porifères déprimées mais bien délimitées, s'élargissant insensiblement jusqu'auprès du bout brièvement falciforme, étalées, un peu déclives sur les côtés des interporifères; celles-ci convexes en anse de panier, peu gibbeuses au bord de la troncature supérieure et s'abaissant vers l'apex, à peine ondulées sur les flancs et passant sans à-coup sur la marge, un peu contractées à partir du quart terminal. Tubercules très petits, ceux des zones porifères en série très lâche de 6 à 7 sur chaque costule dans la partie la plus large (8ᵐᵐ); ceux des interporifères sensiblement plus gros, très peu serrés, formant deux rangées transversales sur chaque assule. Interambulacres un peu déprimés, minces sur la marge, largement contractés, hastiformes et formant entre les zones porifères des côtes très basses qui sur la troncature deviennent presque linéaires et effacés.

Péristome subpentagonal au fond d'un infundibulum presque abrupt, profond, à parois plus ou moins convexes, à peine évasé sur la face, bien entaillé angulairement par des sillons ambulacraires qui restent profonds, un peu évasés sur la face et ne s'oblitèrent qu'auprès du bord. Périprocte petit, arrondi, à une distance du bord presque égale à son diamètre. Tubercules du dessus semblables à ceux des pétales, mais très espacés sur les flancs, se rapprochant vers les bords : ceux du dessous à peine plus gros, un peu plus scrobiculés, distribués également sur toute la surface.

Un exemplaire provenant du même gisement est beaucoup plus élevé, avec marge nettement étalée, ce qui lui donne une apparence contractée mais encore épaisse au sommet; les zones interporifères sont plus étroites près de l'extrémité et presque oblongues, un peu plus gibbeuses vers le sommet; le périprocte est plus grand, un peu elliptique en travers ; l'apex paraît semblable, les tubercules sont de même grosseur et semblablement distribués ; le dessous est presque semblable. Ce ne sont peut-être que des différences individuelles ou de variété ; mais il faudrait connaître des exemplaires intermédiaires pour les apprécier.

Cette espèce est très voisine, par les tubercules, du groupe des *Oxypleura*, mais il n'y a que deux rangées transverses sur chaque assule et la marge est épaisse. La petitesse des tubercules l'éloigne de toutes celles connues du groupe des *Miophyma*.

Terrain helvétien : falaise de Nemours ? Teni Krempt.

OBSERVATION SUR LE GENRE *CLYPÉASTRE*.

. J'ai décrit, dans les pages qui précèdent, 68 espèces de ce genre sans avoir épuisé les matériaux dont je puis disposer. Il y aurait à dresser un tableau de cette série remarquable suivant l'ordre stratigraphique et des remarques à faire sur les affinités des espèces suivant leur gisement. Mais n'ayant pu encore utiliser, pour des raisons indépendantes de ma volonté, une collection importante non déganguée, je crois devoir attendre les résultats de cet examen et renvoyer à la fin de ce volume, sous forme de note supplémentaire, l'exposé des considérations de tout ordre auxquelles peut donner lieu ce genre remarquable.

TRIBU DES SCUTELLIDÉS

SCUTELLIENS

SCUTELLA Lamk.

Un test discoïde sinueux aux bords, mais ni entaillé ni perforé. Des pétales à larges zones porifères tendant à se fermer ; des sillons ambulacraires inférieurs ramifiés une ou plusieurs fois loin du bord ; un périprocte infra-marginal ou éloigné du bord, entre celui-ci et le péristome ; pas de cloisons internes mais de nombreux piliers rendant les bords caverneux ; tels sont les caractères essentiels de ce genre connu seulement à l'état fossile dans les terrains tertiaires. J'en ai séparé, sous le nom de *Præscutella*, un type éocène en différant par ses sillons inférieurs non ramifiés et ses pétales à zones porifères effilées au bout. C'est probablement à tort que j'en ai rapproché *S. tetragona* Grat., dont les pétales sont autrement construits et dont le périprocte paraît être marginal.

SCUTELLA SUBLÆVIS

B. Pl. XII, fig. 2, *a*, *b*, *c*,

Longueur, 0ᵐ 065 ; largeur, 0ᵐ 068 ; hauteur, 0ᵐ 008.

Petit oursin discoïde très plat, un peu plus large vers les interambulacres pairs postérieurs, faiblement tronqué au passage des aires ambulacraires ainsi qu'au côté postérieur, qui est lobulé par trois (ou cinq) sinus dont le médian est aigu. Face supérieure montrant vers l'étoile ambulacraire une faible convexité entourée d'une légère dépression, avec traces d'une côte sur le milieu de l'interambulacre impair ; face inférieure plane ou à peine déprimée, avec une légère côte qui s'accentue en se rapprochant de l'anus.

Apex assez grand, central à fleur, à 4 pores génitaux touchant au madréporide. Pétales à fleur, égalant environ la moitié du rayon, oblongs, ouverts à leur extrémité, étroits (6ᵐᵐ de large sur 16ᵐᵐ de long), à zones porifères bien striées, rétrécies et sub-aigues sans converger au bout ; la zone interporifère sublinéaire, formant à peine le tiers de la largeur du pétale. Péristome à fleur, subpentagonal, très petit, un peu excentrique en arrière. Sillons ambulacraires superficiels mais bien marqués, bifurqués à mi-longueur du rayon, les branches peu divergentes à ramifications secondaires indistinctes. Périprocte punctiforme s'ouvrant en dessous mais presque au bord postérieur dans l'échancrure de la marge. Tubercules très petits, rapprochés, ceux du dessous un peu moins microscopiques.

Cette espèce a quelque analogie avec *Scutella striatula* et surtout

avec *S. subtetragona* par ses pétales dont les zones porifères se ré‑
trécissent sans converger vers leur extrémité ; mais ses pétales ont
leur zone interporifère linéaire, moins lancéolée, et ils sont manifes‑
tement ouverts. Le grand élargissement en arrière de la dernière de
ces espèces ne permettrait, du reste, aucune confusion ; le pourtour
plus rétréci en avant, autrement sinué surtout à l'arrière et les pétales
plus courts, ainsi qu'une plus grande taille, distinguent suffisamment
la première.

Terrain éocène : Télégraphe de Tingemar, Aïn-el-Hadjar (Parmen‑
tier) au Nord-Ouest de Sidi-bel-Abbès, avec *Echinolampas clypeolus*
et *Clypeaster scutellæformis*.

SCUTELLA IRREGULARIS

B. Pl. XIII, fig. 1 à 3.

Longueur, 0ᵐ 105 ; largeur, 0ᵐ 120 ; hauteur, 0ᵐ 010.
—   0 100   —   0 100   —   0 009.

Grand oursin discoïde très plat, à symétrie très irrégulière, bien
plus large du côté gauche, au droit des aires ambulacraires antérieu‑
res paires et comme tronqué du côté opposé. (Le dessinateur n'ayant
pas dessiné au miroir, l'image est venue renversée au tirage.) Le
pourtour est sinué, anguleux au passage des différentes aires. Face
supérieure à peine et uniformément convexe, l'inférieure plane ;
bords amincis aigus.

Apex subcentral, mal conservé dans nos exemplaires. Pétales
oblongs obtus, presque fermés, dépassant beaucoup la moitié du
rayon (35ᵐᵐ de long sur 14 de large, dont 4ᵐᵐ pour la zone interpori‑
fère). Les zones porifères sont insensiblement élargies presque dès
leur naissance et se resserrent assez brusquement près du sommet où
elles tendent à devenir confluentes. La zone interporifère est linéaire-
lancéolée. Les pétales sont un peu inégaux ; le plus court est l'impair ;
les postérieurs sont les plus longs et surtout celui de droite. Péristome
à fleur, petit, un peu excentrique en avant. Sillons ambulacraires

bifurqués avant le milieu de leur longueur, superficiels; les rameaux émettant en dehors deux ramules assez étalés. Périprocte punctiforme s'ouvrant à 5 à 6^{mm} du bord. Tubercules indistincts sur nos exemplaires.

Dans le principe, j'avais attribué l'irrégularité de cet oursin à des déformations éprouvées dans les couches qui le renferment; mais la constance de cette déformation, quelle que soit la position du fossile dans la couche, indique qu'elle est congéniale. Le grand développement des pétales et surtout des zones porifères ne permettent, du reste, aucune confusion avec les congénères connus, quand cette obliquité ne serait qu'un accident tératologique.

Terrain cartennien : falaise à l'Ouest de l'Oued Bellac (Cherchel).

SCUTELLA OBLIQUA
B. Pl. XIV, fig. 1 à 2.

Longueur, 0^{m}118 ; largeur, 0^{m}135 ; hauteur, 0^{m}017.

Grand oursin discoïde arrondi, presque triangulaire par suite de l'élargissement de son bord postérieur qui présente deux lobules très distants, marqués par des sinus ambulacraires très ouverts ; le bord latéro-postérieur du côté gauche est élargi ainsi que le latéro-antérieur de droite, d'où résulte une forte obliquité du pourtour qui ne montre qu'une légère sinuosité au passage des ambulacres pairs et dont le point le plus avancé est à droite de l'impair. Face supérieure légèrement convexe dans la zone pétalée, le point le plus en relief étant derrière l'apex avec une déclivité plus forte à l'arrière.

Apex excentrique en arrière (55/100), large et peut-être un peu irrégulier, sa conservation permettant seulement de constater la présence de 4 pores génitaux en dehors du madréporide. Pétales à fleur, dépassant de beaucoup la moitié du rayon, les postérieurs en formant les 2/3, oblongs cunéiformes, tronqués à l'extrémité fermée. Zones porifères fortement striées, élargies insensiblement jusqu'à l'extrémité où elles confluent brièvement, la zone interporifère très atténuée à la base, linéaire oblancéolée. Le pétale impair et le latéral postérieur de gauche sont un peu plus longs que les autres (38^{mm} de long, 15^{mm} de large dont 3 pour la zone interporifère).

La face inférieure étant encroûtée par la gangue dans tous nos exemplaires, nous ne pouvons en donner la description. Toutefois nous avons quelques indices de la position du périprocte à 6 à 8^{mm} de la marge.

Cette espèce remarquable forme le deuxième exemple d'une scutelle oblique asymétrique ; mais au lieu d'être dilatée du côté gauche de l'avant comme dans *S. irregularis,* elle l'est du côté droit. Elle en est bien distincte par son pourtour non anguleux et à peine sinueux, son apex excentrique en arrière, ses pétales subcunéiformes, etc.

Terrain cartennien : El-Biar (M. Delage) ; Aïn-Taya, à l'Est du cap Matifou.

AMPHIOPE Ag.

Ce genre est surtout caractérisé par les deux lunules arrondies ou transverses situées à l'arrière des pétales pairs postérieurs et par des pétales amples fermés à l'extrémité, tandis qu'ils sont plutôt ouverts à leur origine avec le pore ocellaire distant et en quelque sorte isolé de ses zones porifères. Les sillons ambulacraires de la face inférieure sont ramifiés comme chez les scutelles.

Ce genre diffère de *Tretodiscus* (*Lobophora* Ag. non curtis), par ses lunules qui ne sont pas allongées dans le sens du rayon. Ces *Tretodiscus* diffèrent en outre des autres scutelliens vivants, par leurs mâchoires pivotant sur des auricules comme chez les clypéastres ; tandis que dans *Amphiope* il m'a semblé qu'on trouvait la disposition des scutelles. M. Cotteau, sans tenir compte de cette particularité et ne trouvant pas suffisante la direction du grand axe des lunules pour la caractéristique du genre, réunit les deux ensemble ; mais cette réunion ne me paraît admissible que lorsqu'on aura constaté l'identité de structure de l'appareil masticatoire. En attendant, je crois qu'il est plus naturel d'attribuer à *Tretodiscus* l'*Amphiope Agassizii* (Desml. sp.) qui en a les lunules. Ainsi conçu, ce genre n'aurait que des espèces fossiles.

AMPHIOPE PALPEBRATA

B. Pl. XI, fig. 1 à 4.

Longueur, 0^m 095 ; largeur, 0^m 100 ; hauteur, 0^m 015.
— 0 095 — 0 109 — 0 011.
— 0 080 — 0 085 — 0 011.

Oursin d'assez grande taille, suborbiculaire, un peu plus étroit à l'avant, plus large que long, émarginé par trois sinus arrondis peu profonds aux passages des ambulacres du trivium, dilaté sur les côtés et plus ou moins tronqué à l'arrière avec une émarginure plus ou moins marquée au milieu. (Notre dessin est en cela incorrect par suite de l'usure du bord du sujet). Il y a, en outre, quelques faibles sinuosités qui ne sont peut-être que des éraillures du test dont le bord est fort mince. Face supérieure le plus souvent déprimée au centre, déclive sur le pourtour plus brièvement et un peu gibbeuse à l'avant, plus longuement à l'arrière qui est relevé par la marge très saillante des lunules. Face inférieure faiblement concave avec des gouttières au droit des sinus s'atténuant vers l'intérieur et disparaissant avant la bifurcation des sillons ambulacraires ; celles qui correspondent aux ambulacres postérieurs partant des lunules et plus courts ; aucune dépression dans les aires interambulacraires.

Apex large à fleur de test, à madréporide pentagonal, avec 4 pores génitaux aux angles latéraux et 5 pores ocellaires isolés des zones porifères. Pétales à fleur ou légèrement convexes, oblongs obovés, arrondis et presque fermés à leur extrémité, l'impair un peu plus long que les autres, dépassant le milieu du rayon. Zones porifères fortement striées, s'atténuant un peu vers leur origine, ayant une tendance à confluer vers l'extrémité mais sans se fermer. Zone interporifère linéaire lancéolée, égalant environ l'une des zones porifères.

Péristome petit, subpentagonal, un peu excentrique en avant ;

sillons ambulacraires bifurqués assez prés de la bouche ($0^{mm}1$) en deux branches peu flexueuses, simples (?), divergentes jusqu'auprès du bord dans les ambulacres du trivium, arquées et convergentes derrière les lunules dans les postérieurs. Périprocte punctiforme rond assez rapproché du bord (8^{mm}). Lunules très rapprochées des pétales postérieurs, oblongues, transverses et concentriques au bord, un peu variables de grandeur, mais toùjours au moins deux fois aussi longues que larges, à extrémités très arrondies et à bords presque parallèles. La marge est très fortement rebordée saillante, surtout extérieurement, et la perforation oblique en arrière est profonde et s'évase à la face inférieure. Les tubercules sont oblitérés sur nos exemplaires.

Cette espèce a une certaine ressemblance avec *Amphiope Holandrei* ; mais celle-ci est plus mince et ses lunules exagèrent encore la forme transverse par leur plus grande longueur et une étroitesse qui les fait ressembler à des fissures ; elles ne peuvent pas être confondues ensemble. Les autres espèces connues sont bien plus différentes.

Terrain cartennien : Ras el-Abiod, entre l'Oued El-Hachem et l'Oued Bellac, à l'Est de Cherchel ; elle est très abondante mais fortement empâtée dans des grès blancs qui sont à la base du terrain sous les conglomérats.

AMPHIOPE VILLEI

B. Pl. XI *bis*, fig. 4 à 6.

Longueur, 0^m076 ; largeur, 0^m085 ; hauteur, 0^m010.

Oursin de taille moyenne, discoïde subtriangulaire, avec les angles tronqués ou arrondis, pourvu sur les bords de légères sinuosités au passage des ambulacres du trivium et d'une autre moins marquée au milieu du bord postérieur largement tronqué. Face supérieure un peu déprimée sous l'étoile ambulacraire, un peu plus convexe à l'avant sous le pétale impair, déclive sur tout le pourtour plus fortement à l'avant et plus longuement à l'arrière, avec une légère saillie de la marge des lunules. Face inférieure un peu concave avec faibles gouttières entre les rameaux du sillon ambulacraire, sans dépression sur les aires interambulacraires.

Apex presque central à large madréporide, à fleur, avec quatre pores génitaux contigus à ses angles et les pores ocellaires isolés des zones porifères. Pétales un peu convexes, l'impair plus grand, oblong obové, les autres obovés, les pairs antérieurs égalant la moitié du rayon, tous bien arrondis à l'extrémité presque fermée ; les zones porifères fortement striées, insensiblement élargies jusqu'auprès de l'extrémité courbée subconfluente ; zone interporifère oblongue, atténuée vers l'origine assez brusquement resserrée, presque deux fois aussi large que l'une des porifères.

Péristome un peu excentrique en avant, très petit ; les sillons ambulacraires ramifiés assez près de leur naissance, à branches divergeant en ogive, s'effaçant assez loin du bord avec les ramules indistincts, les pairs postérieurs contournent les lunules et convergent à mi-distance entre elles et la marge. Périprocte punctiforme s'ouvrant à 8^{mm} de la marge. Lunules peu distantes des pétales presque semilunaires ou semi-ovales, le côté le plus large en dehors, la convexité en arrière et le grand diamètre concentrique au bord ; la marge forme un faible bourrelet du côté du pétale, mais elle se relève assez fortement en arête du côté extérieur ; elles ont de 10 à 11^{mm} de long sur 6 à 7^{mm} de large ; la perforation assez profonde est oblique en arrière et peu évasée à la face inférieure. Les tubercules sont oblitérés dans nos exemplaires.

Cette espèce est très voisine de *A. palpebrata* : mais elle en diffère par plusieurs caractères importants qui ne permettent pas de les confondre. Elle est constamment plus petite, plus rétrécie à l'avant, ses lunules sont plus courtes et plus larges, moins rebordées, ses pétales plus ovales, bien plus courts, ont leurs zones porifères beaucoup plus larges et l'antérieur est relativement beaucoup plus grand que les autres. La largeur et la brièveté des pétales, la forme des lunules, ne permettent de la confondre avec aucune autre de ses congénères connues.

Terrain cartennien : baie de Tazouan chez les Traras (Ville) ; Tizi-Renif, près de Dra-el-Mizan (M. Ficheur) ; Tiklat, vallée de l'Oued Sahel (M. Ficheur).

AMPHIOPE DEPRESSA

B. Pl. XII, fig. 1, *a*, *b*, *c*; Pl. XIV, fig. 3-4.

Longueur, 0^m115 ; largeur, 0^m126 ; hauteur, 0^m016.

Assez grand oursin discoïde, à bord anguleux et sinué, plus élargi en arrière qu'en avant, les sinus très marqués au passage des ambulacres du trivium ; le côté postérieur comme rostré par deux lobules peu saillants, mais très accusés. Face supérieure plus ou moins déprimée sous l'étoile ambulacraire, convexe dans son ensemble et plus fortement au tiers antérieur, le pourtour plus fortement déclive en avant, plus longuement en arrière ; les lunules formant légèrement saillie par leur rebord postérieur. Face inférieure presque plane dans son ensemble, mais montrant des dépressions en gouttière de moins en moins large et profonde entre les branches des sillons ambulacraires et d'autres qui se creusent sur les aires interambulacraires du voisinage de la bouche.

Apex grand un peu déprimé, presque central, à madréporide pentagonal, avec cinq pores génitaux contigus à ses angles. Pétales un peu convexes, inégaux, obovés, plus ou moins oblongs ; l'antérieur dépassant la moitié du rayon, les pairs antérieurs l'égalant environ, les postérieurs les plus courts. L'exemplaire de Pl. XII avait quelques défectuosités à cet égard, qui n'en ont pas laissé saisir les vraies proportions. Zones porifères bien striées, très larges, notablement séparées à leur origine, presque confluentes et fermant l'extrémité du pétale très obtuse et même un peu tronquée, surtout dans les postérieurs. Zone interporifère largement linéaire oblancéolée, plus étroite que l'une des zones porifères ; dans les postérieurs qui sont larges de

13^{mm} elle a 3^{mm} seulement ; mais dans les antérieurs elle est relativement un peu plus large, sans dépasser 4^{mm}. Lunules situées au 1/3 de la distance du pétale à la marge, étroitement oblongues, transverses concentriquement, un peu plus élargies du côté externe, à bord antérieur déprimé sensiblement, le postérieur saillant en côte obtuse, relativement petites (10 à 11^{mm} sur 4), obliquement perforées et s'évasant à la face inférieure.

Péristome très petit, presque central, pentagonal, sensiblement déprimé entre les légers bourrelets interambulacraires, derrière lesquels se creusent des dépressions assez étendues mais allant en s'effaçant. Sillons ambulacraires très accusés se bifurquant en ogive aiguë très près de la bouche, les branches plus ou moins flexueuses peu divergentes vers la marge, tandis que celles des ambulacres postérieurs, après s'être rapprochées, s'arrondissent pour contourner la lunule et confluer derrière elle ; les ramules sont indistincts. Tubercules très petits, très serrés, comme une fine granulation.

Cette espèce est remarquable par sa taille, par ses pétales larges et inégaux, par ses dépressions interambulacraires de la face inférieure, par ses lunules relativement petites et étroites, transversales et enfin par ses cinq pores génitaux. Je ne connais aucune espèce avec laquelle elle puisse être confondue. *A. Villei* qui a ses pétales inégaux, en diffère par ses lunules plus grandes, moins étroites, par ses quatre pores génitaux seulement et l'absence de dépressions interambulacraires à la face inférieure.

Terrain helvétien : zone à clypéastres, Aïn-el-Arba (Mléta) ; Aïn-Sefra au Tessala.

AMPHIOPE PERSONATA
B. Pl. XI *bis*, fig. 1 à 3.

Longueur, 0^m 130 ; largeur, 0^m 150 ; hauteur, 0^m 011.
—   0 118   —   0 134   —   0 010.
—   »   —   0 095   —   0 008.

Grand oursin discoïde, très plat, à pourtour sub-orbiculaire fortement sinué au passage des ambulacres du trivium, dilaté et anguleux

au droit des interambulacres pairs latéraux, tronqué et faiblement
sinué à la partie postérieure (mal conservée dans nos exemplaires).
Face supérieure à peu près régulièrement convexe mais très faiblement, parfois un peu déprimée au centre, mais sans doute par compression dans le terrain. Face inférieure presque plane avec de larges
gouttières presque superficielles entre les branches des sillons ambulacraires ; des dépressions bien creusées, à fond anguleux brièvement
bifurqué au bout occupent la moitié de la longueur des aires interambulacraires du côté de la bouche.

Apex à peine excentrique en avant, grand, détruit dans nos exemplaires qui ne laissent voir que les pores génitaux antérieurs. Pétales
obovales, paraissant être à fleur de test, un peu inégaux, l'impair
dépassant notablement le milieu du rayon et plus oblong que les
autres, les pairs antérieurs égalant la moitié du rayon, les postérieurs
à peine plus courts, tous arrondis et presque fermés à l'extrémité.
Zones porifères s'élargissant insensiblement dès l'origine jusque près
de l'extrémité où elles confluent faiblement pour fermer le pétale.
Zone interporifère oblongue sublancéolée, presque aussi large que les
deux zones porifères réunies (pour un pétale de 15^{mm} de large elle en
a 7). Lunules grandes subcirculaires ou en triangle curviligne, rapprochées des pétales postérieurs, à pourtour très légèrement rebordé
en arrière, très peu évasé à la face inférieure.

Péristome petit, faiblement déprimé au bord, à sillons ambulacraires très marqués, bifurqués en ogive très près du centre, en branches
un peu flexueuses s'effaçant près du bord et à ramules indistincts. Le
fond des dépressions interambulacraires semble occupé par un sillon
formé par la confluence de deux ramules descendant du voisinage de
la bifurcation et se divisant de nouveau à sa terminaison en deux
ramules superficiels très divergents, dont un paraît s'effacer bientôt
tandis que l'autre se continue assez loin, plus ou moins parallèlement
au rameau principal voisin, du moins sur les interambulacres pairs.
Autour des lunules les rameaux ambulacraires principaux se cour-

bent pour les contourner en partie du moins. Périprocte très petit, s'ouvrant à 1 centimètre de la marge. Tubercules très petits, mal conservés par place, ressemblant à une fine granulation serrée.

Par sa grande taille, ses pétales inégaux et assez courts, par les dépressions interambulacraires de sa face inférieure, cette espèce avoisine *Amphiope depressa*, mais elle en diffère beaucoup par ses grandes lunules arrondies et par la forme si singulière des dépressions interambulacraires dont les sillons sont manifestement une dépendance du système ambulacraire, tandis qu'il n'y a dans *A. depressa* aucune trace de ces sillons. Je ne connais, du reste, aucun autre exemple d'un pareil envahissement chez les scutelliens vivants et fossiles, et notre espèce, à ce point de vue, constitue un type exceptionnel.

Terrain cartennien : Tizi-Renif (M. Ficheur) ; Mustapha-Supérieur, campagne Laperlier et villa du Sahel (M. Delage).

ROTULOIDEA Etheridge.

Discoïde subcirculaire. Apex central avec quatre pores génitaux contigus. Bord mince en avant et subentier, crénelé à l'arrière par douze lobules un peu épaissi. Pétales à fleur ouverts, étendus presque jusqu'au bord, égaux, à zones porifères étroites effilées. Péristome central à fleur ; sillons ambulacraires ramifiés près de leur origine et vers leur milieu. Périprocte un peu plus rapproché de la bouche que du bord. Tubercules homogènes.

ROTULOIDEA FIMBRIATA Eth.

Quart. journ. geol. soc. vol. 28, 1872, p. 98, figures dans le texte.

Longueur, 0ᵐ032 ; largeur, 0ᵐ029 ; hauteur, 0ᵐ007.

Petit oursin déprimé, un peu plus long que large, aminci en avant, un peu épaissi à l'arrière, convexe dessus, un peu concave dessous. Apex central petit, subpentagonal, avec 4 pores génitaux. Pétales égaux à zones grêles, celles des pairs correspondant chacune à un lobule du bord postérieur, chacun de ces lobules terminant la demi-zone de chacune des aires. Péristome dans une légère dépression, subpentagonal, à bords légèrement épaissis. Les sillons ambulacraires sont peu enfoncés et leurs ramifications s'étendent presque jusqu'au bord, correspondant aux sinus qui séparent les lobes. Périprocte punctiforme, entre la bouche et le bord postérieur, un peu plus éloigné de celui-ci. Tubercules scrobiculés, contigus, homogènes. Les crénulations du bord postérieur sont un peu inégales, les six postérieures correspondant au trivium étant plus épaisses et séparées par des sinus plus marqués.

Cet oursin est très remarquable par ses rapports avec les genres *Rotula* et *Echinotrochus* : le premier est plus profondément digité en arrière, le second a des lunules interambulacraires antérieures et les digitations sont dilatés au bout avec tendance à former des lunules. L'apex est autrement construit, les pores génitaux étant situés dans des sinus et les ocellaires placés aux angles saillants à l'inverse de l'habitude.

Terrain ? (miocène d'après l'auteur) : à 5 kilomètres environ au Sud de Safi (Maroc). La rencontre possible de cette espèce en Algérie permettrait de préciser l'âge de son gisement.

TRIBU DES FIBULARIDÉS

SCUTELLINIENS

SISMONDIA Desor.

Ce genre est un peu anormal dans cette série par ses pétales à pores conjugués, tandis qu'ils ne le sont pas dans les autres genres. Ce caractère les rapproche des scutellidés ; mais son péristome un peu enfoncé, l'absence de rosette et de tubes buccaux, ne permettent pas de le leur rapporter.

SISMONDIA DESORII

Coquand, *Géol. pal. Constantine*, p. 273, Pl. XXXI, fig. 17 à 19.
Cott. Pér. Gauth. *Echin. éocènes d'Algérie*, p. 87.

Longueur, $0^m 011$; largeur, $0^m 010$; hauteur, ?
— 0 007 — 0 0065 — $0^m 002$.

Petit oursin pentagonal à pourtour onduleux, un peu plus long que large, à bords renflés, avec le sommet médian et relevé en bouton ; face inférieure un peu concave, à quatre pores génitaux contigus au madréporide. Pétales subégaux, ouverts à leur extrémité, légèrement costés, à zones porifères étroites, bien striées par les sillons de conjugaison, à zones interporifères plus larges que les porifères. Péristome central subcirculaire, d'où partent des sillons ambulacraires simples et peu marqués. Périprocte très petit, arrondi, infra-marginal.

Terrain éocène : Zouï, Aïn-Ougrab, au Sud-Est de Krenchela.

Scutulum Tournouër doit être substitué à *Porpitella* dans le *Genera*.

FIBULARIENS

ECHINOCYAMUS Van Phels.

Des pétales très imparfaits consistant en un petit nombre de paires de pores plus gros non conjugués, espacées, suivies de pores suturaux en rangées transverses ; un périprocte voisin du péristome ; dix cloisons intérieures aux limites des ambulacres et des interambulacres ; tels sont les caractères essentiels de ce genre, dont les espèces sont très difficiles à bien différencier et sont assez nombreuses.

ECHINOCYAMUS DECLIVIS

D. Pl. X, fig. 1 à 4.

Longueur, $4^{mm} 5$; largeur, 4^{mm} ; hauteur, 2^{mm}.

Très petit oursin ovoïde pyriforme, longuement atténué à l'avant, élargi sur les côtés et presque anguleux au tiers postérieur et arrondi à l'arrière. Face supérieure plus épaisse et plus convexe au quart antérieur, longuement déclive et amincie vers l'arrière. Face inférieure concave au milieu, pulvinée sur les bords.

Apex à fleur, peu distinct, à peine excentrique en avant, pourvu de 4 pores génitaux presque disposés en carré. Pétales courts très ouverts, subégaux, formés d'un petit nombre de paires de pores ronds de 5 à 6 dans chaque zone, disposés obliquement ; les sutures des assules ambulacraires qui suivent sont assez visibles, mais leurs pores sont indistincts ; celles de la face inférieure le sont à peine. Péristome assez grand, subpentagonal arrondi (l'angle antérieur est manqué dans le dessin), excentrique en arrière, son bord antérieur étant au milieu de la longueur. Périprocte petit, arrondi (mal figuré), situé environ au tiers du bord postérieur à la bouche. Tubercules petits, peu scrobiculés, épars en dessus, plus serrés en dessous.

Cette espèce, par sa petite taille, son profil très haut en avant, fortement abaissé en arrière, qui se termine par une faible apparence de rostre et par la position assez reculée de son péristome et de son périprocte, me paraît bien différer de ses congénères connus.

Terrain cartennien : Sidi Saïd, chez les Beni-Zenthis au Dahra.

ECHINOCYAMUS UMBONATUS

B. Pl. X, fig. 5 à 8.

Longueur, $6^{mm}0$; largeur, $4^{mm}5$; hauteur, ?
   — 4 5   — 4   — $1^{mm}5$.
   — 4   — 3 5   — 1 2.

Très petit oursin à pourtour ovale, plus ou moins rétréci et arrondi à l'avant, à partie postérieure plus large également arrondie. Face supérieure convexe, déprimée faiblement autour d'un bouton légèrement saillant formé par l'apex, à bords arrondis assez épais. La face inférieure un peu concave au milieu est pulvinée aux bords. Apex excentrique en avant de toute sa longueur, bien limité, pourvu de 4 pores génitaux presque disposés en carré et de quelques petits tubercules. Pétales larges et bien ouverts, formés dans chaque zone de cinq paires de très petits pores non conjugués, obliquement placés. Au-delà, les sutures porifères ne sont évidentes que sur les sujets déformés et les pores y sont invisibles. Péristome arrondi, subanguleux, assez grand, à peu près central. Périprocte petit, rond, un peu plus rapproché de la marge que de la bouche. Tubercules très petits, peu serrés, assez saillants, de manière à rendre la surface finement granuleuse, un peu plus rapprochés sur les côtés, plus gros et peu serrés en dessous.

Cette espèce a quelque analogie avec *E. pusillus*; mais elle en diffère par sa plus petite taille, plus de saillie dans le bouton apical, des tubercules plus fins en dessus, un périprocte plus rapproché du bord.

Terrain sahélien : couches à bryozoaires, derrière la Kasba d'Oran.

ECHINOCYAMUS STRICTUS

B. Pl. X, fig. 9 à 10.

Longueur, 2ᵐᵐ5 ; largeur, 1ᵐᵐ 7 ; hauteur, 0ᵐᵐ5.

Très petit oursin ovoïde, oblong, légèrement plus large à l'arrière qu'à l'avant et arrondi. Face supérieure médiocrement convexe, à profil régulier ; bord arrondi, assez épais. Face inférieure peu concave. Apex marqué par une faible saillie à peu près centrale, mais ne montrant aucun pore génital. Ambulacres non distincts et probablement réduits à un très petit nombre de paires de pores, car les sutures porifères commencent très près de cet apex ; leurs pores sont également invisibles. Péristome central arrondi, médiocre ; périprocte punctiforme à peine plus rapproché de la marge que de la bouche. Tubercules très petits, homogènes, assez rapprochés.

Cet oursin est particularisé par sa très petite taille et sa forme oblongue très étroite ; le peu de développement des pétales indique de jeunes sujets (j'en ai deux), peut-être un peu déformés et qui pourraient bien n'être qu'une variété de *E. umbonatus*.

Terrain sahélien : Sidi-Amadi (Nord de Bou-Tlélis), dans les conglomérats de la base.

ECHINOCYAMUS PLIOCENICUS

B. Pl. XIV, fig. 5 à 8.

Longueur, 0ᵐ 009 ; largeur, 0ᵐ 008 ; hauteur, 0ᵐ 004.
—   0 007   —   0 006   —   0 0025.
—·   0 006   —   0 005   —   0 002.
—   0 004   —   0 003   —   0 0015.

Très petit oursin largement ovale, subdiscoïde, peu épais, médiocrement convexe dessus, arrondi aux bords, peu concave dessous, légèrement déprimé autour de la bouche. Apex peu distinct formant un très petit bouton au sommet de figure et vers le milieu de la longueur ; pores génitaux oblitérés. Pétales peu distincts paraissant formés de 4 à 5 zygopores, à pores arrondis, obliquement disposés par paires : la zone interporifère parfois un peu en saillie dans les plus grands sujets. Quatre ou cinq sillons suturaux porifères entre les pétales et le bord, surtout marqués à la partie postérieure, chaque assule portant une série de 4 à 5 tubercules vers l'ambitus.

Péristome arrondi, un peu excentrique en arrière, au 4/7 environ. Périprocte bien plus petit, situé sensiblement en arrière du milieu de la distance qui sépare la marge de la bouche. Tubercules homogènes petits, peu serrés, mais bien saillants et étroitement scrobiculés.

Je n'oserais affirmer que tous les exemplaires rapportés à cette espèce et trouvés dans le même gisement lui ont réellement appartenu. Les plus petits sont ovales bien convexes, les plus grands sont bien plus larges, plus elliptiques, plus déprimés et presque discoïdes. La plupart de ces exemplaires, recueillis dans un sable tuffacé, assez grossier, sont médiocrement conservés et les détails des ambulacres sont plus ou moins oblitérés. Dans de pareilles conditions la spécification est très difficile.

Notre espèce diffère de *E. declivis* par son profil moins gibbeux en avant, par son pourtour plus large du même côté, son profil en courbe régulière en dessus, par ses tubercules plus espacés moins saillants. Il ressemble davantage à *E. umbonatus*, mais son apex forme un bouton plus petit, son péristome est moins central, ses tubercules sont plus serrés, plus saillants. Il ressemble beaucoup aussi à *E. tarenti-nus*, mais ses pétales ont moins de zygopores, ses tubercules sont plus petits, beaucoup plus étroitement et moins fortement scrobiculés; ce qui lui donne une tout autre physionomie.

Terrain pliocène : molasses sablonneuses au-dessus de la campagne Laperlier, près du tunnel de l'aqueduc; Beni-Messous (M. Delage).

ECHINOCYAMUS TARENTINUS ? Lam.

B. Pl. X, fig. 15 à 18 ; ? fig. 11 à 14.

Longueur, 0ᵐ006 ; largeur, 0ᵐ005 ; hauteur, 0ᵐ002.
— 0 0035 — 0 003 — 0 0015.

Très petit oursin ovale en forme de galet, convexe médiocrement en dessus, épais et arrondi sur les bords, pulviné dessous et déprimé autour de la bouche. Apex presque à fleur ; tubercules un peu excentriques en avant, à pores génitaux bien ouverts, distants, les antérieurs plus rapprochés entre eux. Pores des pétales très petits, punctiformes, en 5 à 6 paires obliquement disposées ; les sillons suturaux au-delà des pétales peu marqués sinon sous le bord. Péristome arrondi, un peu excentrique en arrière. Périprocte beaucoup plus petit, à mi-distance entre la bouche et la marge. Les tubercules sont assez gros, pourvus d'un large scrobicule qui les fait paraître rapprochés, épars sur toute la surface ou sans ordre apparent, un peu plus gros et plus espacés en dessous.

Un exemplaire plus petit est plus déclive en arrière, plus aigu atténué en avant (moins cependant qu'il ne le paraît d'après notre figure qui est un peu trop obtuse en arrière) ; mais sa surface est décortiquée, ses rares zygopores et sa petite taille indiquent qu'il est jeune et ce n'est peut-être qu'une forme de la même espèce, ayant été trouvée dans le même gisement.

Parmi les espèces décrites plus haut, c'est à *E. pliocenicus* qu'elle ressemble le plus. Mais elle en diffère suffisamment par ses tubercules bien plus gros, plus largement scrobiculés, moins saillants et ne paraissant pas sériés sur les assules ambulacraires de la marge. *E. tarentinus* est réuni, par certains auteurs, à *E. pusillus* de l'Atlantique. Je n'ai pas eu les matériaux nécessaires pour me faire une opinion à cet égard, et je ne pourrais même affirmer l'identité de notre fossile avec l'espèce de la Méditerranée, dont les tubercules du dessus sont moins fortement scrobiculés et plus petits.

Terrain quaternaire : Oued Rha, près de Gouraya de Cherchel.

FAMILLE DES GLOBIFORMES

TRIBU DES PHYMOSOMIDÉS

HÉLIOCIDARIENS

STRONGYLOCENTRUS Brandt; Gray.

STRONGYLOCENTRUS LIVIDUS Brandt.

C. Pl. XII, fig. 9 à 13; Pl. XIII, fig. 1 à 2.

Echinus lividus Lamk.
Toxopneustes lividus Ag. et Desor, *Syn.* p. 63.

Diamètre, 0ᵐ 060; hauteur, 0ᵐ 030.
— 0 025 — 0 012.
— 0 010 — 0 005.

Oursin subhémisphérique circulaire ou tendant à prendre un pourtour subpentagonal, par suite de la saillie des aires ambulacraires. Face supérieure régulièrement convexe; l'inférieure un peu tronquée, pulvinée, peu déprimée autour du péristome.

Apex petit (détruit dans nos exemplaires). Zones porifères formées de séries de cinq paires de pores échelonnées obliquement et peu flexueuses, les inférieures de plus en plus obliques et rapprochées de manière à élargir la zone qui a une apparence presque lisse, malgré les petits tubercules inégaux dont les séries sont entremêlées. Tuber-

cules ambulacraires fortement mamelonnés en deux séries principales
flanquées chacune d'une double série de tubercules granuliformes
mais bien mamelonnés et dont la rangée externe est intercalée entre
les premiers pores. Tubercules interambulacraires disposés en double
série de principaux, un peu plus gros que les ambulacraires surtout
en haut, flanquées de séries de secondaires inégales au nombre de
2 à 3 suivant l'âge, celles touchant à la zone porifère plus développées que les autres ; des granules et des tubercules granuliformes
forment cercle autour du scrobicule et sont plus abondants dans la
zone médiane suturale. Radioles grêles aciculés assez longs.

Péristome assez grand, 1/3 du diamètre, arrondi, subpentagonal,
à encoches branchiales superficielles en forme d'émarginure, à lèvres
très inégales, l'interambulacraire arrondie, égalant environ la moitié
de l'ambulacraire presque droite, mais un peu émarginée sur la
suture et donnant au pourtour une apparence de polygone à quinze
côtés. Le périprocte est inconnu.

Les sujets jeunes sont plus circulaires, les tubercules interambulacraires secondaires ne forment qu'une série un peu complète de chaque côté de la principale ; dans les plus jeunes encore, au diamètre de
1 centimètre, les tubercules secondaires forment encore une rangée
de chaque côté des principales mais ils sont granuliformes. Le profil
reste le même à tous les âges, la hauteur étant moitié de la largeur.
Les uns et les autres ne présentent aucune différence avec les âges
correspondants de l'espèce vivante, encore abondante sur les côtes
barbaresques.

Terrain quaternaire : Oued Rha, près Gouraya de Cherchel ; ferme
Beauséjour, sous le Krob er-Roumia ; Fort-de-l'Eau.

—

SPHÆRECHINUS Desor.

Ce genre a été caractérisé par son auteur par les pores au nombre de quatre paires pour chaque arc. Mais il peut en avoir cinq et même six, comme *Strongylocentrus (Toxopneustes)*. Il diffère de ce dernier non-seulement par ses rangées multiples de tubercules subégaux, mais aussi par ses fortes entailles en scissure pour le passage des branchies buccales. Ce dernier caractère s'oppose à ce qu'on rattache, ainsi que le fait M. A. Agassiz. ce type à *Strongylocentrus* comme sous-genre.

SPHÆRECHINUS GRANULARIS A. Ag.

C. Pl. XXII, fig. 14 (non 13)

Echinus granularis Lamk.
Sphærechinus brevispinosus Desor (Risso).

Assez gros oursin subglobuleux, un peu pentagonal ou circulaire, à face inférieure un peu aplanie autour du péristome.

Je n'en possède que des fragments ou des sujets encroûtés qui ne permettent pas une description détaillée.

Le fragment figuré montre bien les caractères de l'espèce. Deux rangées subégales de tubercules ambulacraires dans chaque zone, de cinq à six de tubercules interambulacraires en séries transverses, presque semblables. Cinq paires de pores ambulacraires dans chaque arc, mais ces arcs sont coupés en deux tronçons, l'un de deux paires obliquement disposées sous chaque tubercule ambulacraire, un autre de trois paires séparé du précédent par un tubercule et formant arc contre la suture avec l'interambulacre, en sorte que la zone porifère forme comme deux bandes distinctes, l'une comprenant les doubles paires, l'autre les triples paires. C'est la même structure que dans l'espèce encore vivante dans la Méditerranée.

Terrain quaternaire : Oued Rha, près Gouraya de Cherchel ; falaise de la Salamandre, près de Mostaganem.

ANAPESUS Holmes.

Ce nom a été proposé pour des oursins à pores trigéminés, c'est-à-dire en échelons de trois paires, et à péristome pourvu de scissures bien nettes mais médiocrement profondes, et dont le facies est particularisé par une dénudation de la partie supérieure du milieu des interambulacres qui, dans le reste de leur étendue, portent des tubercules homogènes en séries transversales. Ceux de *Lytechinus* A. Agassiz et de *Psilechinus* Lutken expriment le même caractère et se rapportent au même type encore vivant.

J'avais moi-même proposé le nom de *Schizechinus* pour des fossiles n'en différant que par l'absence de la dénudation et fait ressortir le peu de valeur de ce caractère, en raison de la difficulté de tracer ses limites. J'ignorais alors que ces espèces vivantes avaient déjà servi de type à des genres que je ne connaissais que de nom, et sans cela je me fusse abstenu de créer un nouveau nom jugé inutile. Cependant, en constatant combien le type *Schizechinus* à vestiture homogène était constant à l'état fossile, je pense qu'il serait opportun de retenir ce nom à titre sous-générique ou de section du genre principal pour désigner ces fossiles.

A. Agassiz ne sépare pas ces espèces du genre *Toxopneustes* Ag. (1841 non 1847), *Boletia* Desor). Dans celui-ci, les pores sont en effet trigéminés, mais en série transversale et non en échelon, de manière à figurer trois rangées méridiennes très nettes de zygopores : les scissures branchiales sont plus profondes et la membrane buccale est nue. Ces caractères me paraissent suffisants pour les différencier. Plus récemment, M. Cotteau a attribué une espèce de ce genre à celui de *Stomechinus* Desor *(S. Bazini)*, qui se serait perpétué dans les terrains tertiaires. Mais le péristome de ces oursins secondaires est autrement construit, les lèvres ambulacraires sont fortement élargies au contraire des interambulacraires réduites à une saillie angulaire, séparées par une entaille très ouverte. Le péristome a un aspect pentagonal très ample avec les sommets tronqués par la saillie interambulacraire. Le *Stomechinus Bazini* n'est que le *Schizechinus* ou *Anapesus Marii* Desor (sp.) absolument semblable au type de la collection de Verneuil.

ANAPESUS TUBERCULATUS

C. Pl. V, fig. 1 à 6; Pl. XIII, fig. 4 à 6.

Schizechinus tuberculatus Pom. *olim.*

Diamètre, 0^m 065 ; hauteur, 0^m 030.
— 0 060 — 0 . 028.
— 0 005 — 0 023.

Oursin de taille médiocre, à pourtour circulaire, à face supérieure peu élevée, convexe ou légèrement conoïde, le diamètre vertical plus court que le rayon. Face inférieure subtronquée, pulvinée sur les bords, déprimée faiblement vers le péristome.

Apex peu caduc, ayant les deux ocellaires postérieures dans le cadre, ornées de granules ainsi que la génitale postérieure, les deux génitales de gauche pourvues de tubercules mamelonnés. Zones porifères, presque à fleur, à échelons de trois paires de pores rapprochées, pourvus d'un gros granule contre le tubercule principal, tandis que la paire extérieure s'appuie sur un petit tubercule de l'interambulacre. Aires ambulacraires pourvues d'une double rangée de tubercules principaux rapprochés et assez développés, et de deux rangées internes un peu moins développées vers leurs extrémités qui s'arrêtent ou se transforment en granules avant d'atteindre les pôles de l'aire. Ces rangées internes remplissent d'une façon égale l'intervalle des principales. Aires interambulacraires présentant dans chaque zone une rangée de tubercules principaux un peu plus gros que ceux de l'ambulacre, flanquées de chaque côté de deux autres rangées de plus en plus courtes, dont les tubercules presque égaux dans la région du pourtour forment des séries transverses régulières de cinq avec quel.

quefois des germes d'une rangée suturale, qui ne laisse aucun espace
nu contre la zone porifère. La suture est flexueuse, très rapprochée,
et les échelons de zygopores semblent s'appuyer sur les tubercules de
la rangée externe qui, dans les jeunes sujets, est sensiblement moins
forte. De gros granules peu saillants encadrent plus ou moins com -
plètement le scrobicule de chaque tubercule dans les ambulacres
comme dans les interambulacres. Radioles inconnus.

Péristome circulaire subdécagonal, égalant les 31/100 du diamètre,
à lèvres inégales séparées par des scissures très nettes et rebordées
un peu en cornet. Périprocte elliptique oblong, à axe oblique.

Je crois devoir provisoirement considérer comme un jeune sujet de
la même espèce un exemplaire de Pl. XIII ; il est un peu plus globuleux et ses dimensions sont $0^m 025$ sur $0^m 013$. Il n'a encore que deux
rangées bien séparées de tubercules ambulacraires, avec quelques
granules suturaux dans leur intervalle ; chaque zone interambulacraire n'a également que trois rangées de tubercules, une de chaque
côté de la principale, et elles ne sont bien développées qu'à l'ambitus
et au-dessous. Les granules scrobiculaires sont relativement plus
gros et plus saillants. A la face supérieure, les rangées principales
sont surtout en évidence par suite de la petitesse des rangées secondaires ; il n'y a pas cependant de vraie dénudation. Les entailles du
péristome sont mal conservées, mais elles paraissent moins étroites
et plus profondes. Or, la plupart de ces caractères rapprocheraient
notre fossile du *Psammechinus astensis*, dont les tubercules secondaires paraissent cependant plus petits, surtout à la face inférieure.
De meilleurs exemplaires seraient nécessaires pour trancher la question.

Terrain helvétien : zone à mélobésies à l'Oued-Riou, près Inkerman : le jeune au barrage des Grands-Cheurfas du Sig (M. Carrière).

ANAPESUS INTERRUPTUS

C. Pl. V, fig. 7 à 9 ; Pl. XIII, fig. 7 à 10.

Schizechinus interruptus Pomel *olim.*

Diamètre, 0^m055 ; hauteur, 0^m022.
— 0 028 ; — 0 014.

Oursin de taille médiocre, à pourtour circulaire, à face supérieure peu élevée convexe ou subconoïde, à face inférieure tronquée et un peu déprimée autour du péristome.

Apex inconnu caduc. Zones porifères sensiblement déclives sur les côtés d'ambulacres un peu en relief, à échelons de trois zygopores bien obliques, chaque paire étant séparée de la voisine par une costule très marquée, souvent pourvue d'un petit granule du côté interne. Une série de gros granules se montre le long de la suture, au bout de chaque échelon ; vers l'ambitus ils se développent en petits tubercules mamelonnés qui, dans d'autres espèces, appartiennent à l'interambulacre. Tubercules ambulacraires petits, serrés, saillants, formant deux rangées principales ; dans leur intervalle, deux rangées de secondaires incomplètes de telle sorte que lorsque l'une s'interrompt sur une zone l'autre reprend sur la zone voisine de manière à former une seule série déjetée, très effacée aux deux extrémités ; la partie non tuberculée porte des granules les uns scrobiculaires, les autres un peu plus gros et mamelonnés. Interambulacres non dénudés portant dans chaque zone une rangée principale de tubercules moins serrés et un peu plus gros que les ambulacraires, flanqués du côté interne de deux rangées inégales de secondaires presque aussi développées en volume et du côté externe contre la zone porifère d'une rangée de secondaires, plus petits même que les ambulacraires, aussi serrés et s'effaçant loin des pôles. Dans la région du pourtour ces rangées forment des séries transverses presque homogènes ; chaque tubercule étant entouré de granules scrobiculaires inégaux, dont l'un placé sous la suture entre les rangées est plus gros et mamelonné. Dans le sujet plus

petit, la rangée interambulacraire interne n'est pas développée et celle
de l'ambulacre l'est très peu. Radioles de 8^{mm} de long sur 1 de large,
à anneau saillant finement crénelé, à tige cannelée un peu atténuée
au bout.

Péristome circulaire à peine décagonal, égalant le 1/3 du diamètre,
à lèvres inégales tronquées en arc, séparées par des fissures étroites
et rebordées. Périprocte inconnu.

Les ambulacres de cette espèce la différencient suffisamment de la
précédente. *A. Duciei* aurait plus de ressemblance, mais ses tubercules sont plus serrés, les rangées internes de l'ambulacre sont incomplètes, mais pas alternantes.

Terrain helvétien : zone à mélobésies à Tafaroui (Rocard) ; aux
Grands-Cheurfas du Sig (M. Carrière).

ANAPESUS SAHELIENSIS

C. Pl. III, fig. 1 à 7.

Schizechinus saheliensis Pomel *olim.*

Diamètre, 0ᵐ 053 ; hauteur, 0ᵐ 027.

Oursin de taille médiocre, à pourtour circulaire convexe en dessus,
tronqué pulviné en dessous (tous nos exemplaires sont déformés par
compression).

Zones porifères un peu déclives sur les côtés de l'ambulacre légèrement en relief. Zygopores obliquement échelonnés par trois, séparés
par une costule portant çà et là de très petits granules, la paire inférieure semblant s'appuyer sur un granule mamelonné qui, à l'ambitus, devient un vrai tubercule seulement un peu plus petit que les
secondaires de l'ambulacre et forme une rangée qui, ordinairement
appartient à l'interambulacre. Ambulacres pourvus de deux rangées
de tubercules rapprochés, bien saillants, entre lesquelles s'en trouvent
deux autres secondaires, un peu irrégulières, s'effaçant bien avant
d'atteindre le pôle et remplacées par de simples granules. Interambulacres non dénudés dans le haut, portant deux rangées principales de

tubercules un peu plus gros et plus espacés que les ambulacraires, flanquées d'une rangée externe et d'une interne ne remontant pas au sommet, presque aussi développées en grosseur et d'une autre encore plus courte le long de la suture dans les sujets plus âgés. Il en résulte des séries presque homogènes, transverses de quatre ou de trois sur chaque zone ; ces tubercules bien séparés sont encadrés par de petits granules scrobiculaires, dont un plus fort, bien saillant, est sous la suture entre les rangées verticales. Radioles courts, 7ᵐᵐ sur 1, à couronne finement crénelée, à tige subaciculée finement cannelée.

Péristome subdécagonal à lèvres inégales, les ambulacraires un peu arrondies, les interambulacraires tronquées, séparées par des scissures obliques bien marquées mais peu profondes et bordées. Périprocte inconnu.

Cette espèce a quelque affinité avec *C. alternans* dans la constitution de ses zones porifères et de ses ambulacres, mais les rangées secondaires de tubercules y sont plus ou moins complètement doubles, et les tubercules du dessus sont plus homogènes dans leur ensemble, moins rapprochés dans chaque rangée.

Terrain sahélien : zone à spicules et bryozoaires du ravin d'Oran.

ANAPESUS MAURUS

C. Pl. VII, fig. 1 à 9.

Schizechinus maurus Pomel *olim*.

Diamètre, 0ᵐ054 ; hauteur, 0ᵐ027.

Oursin de taille médiocre, à pourtour circulaire presque hémisphérique en dessus, tronqué en dessous et pulviné, très peu déprimé vers le péristome.

Ambulacres à peine saillants, à zone porifère légèrement déclive, formée d'échelons obliques de trois zygopores séparés par des costules parsemées de granules ; ceux sur lesquels s'appuie le bas de chaque échelon sont mamelonnés, grossissant vers l'ambitus et formant une véritable rangée verticale de petits tubercules. Tubercules ambulacraires gros, rapprochés, formant deux rangées principales encadrant deux rangées de secondaires, un peu plus petits, s'atténuant vers le pôle où ils remontent très haut ; leur intervalle comporte encore à l'ambitus des rangées de gros granules. Interambulacres ayant dans chaque zone une rangée de tubercules principaux plus gros et un peu moins serrés que les ambulacraires, flanquée intérieurement de deux rangées de secondaires presque aussi volumineux, la plus interne la plus courte, et d'une rangée extérieure d'autres tubercules plus petits que les ambulacraires, surtout vers le haut, où ils s'atténuent fortement. Les cercles scrobiculaires, plus ou moins granuleux, portent le long des sutures horizontales et vis-à-vis chaque intervalle de tubercule des granules gros et mamelonnés, plus que dans les autres espèces. Radioles courts, de 8^{mm} sur 1, à couronne finement crénelée et saillante, à tige finement cannelée et un peu aciculée.

Péristome circulaire subdécagonal, à lèvres inégales, les interambulacraires tronquées, les ambulacraires plus larges, un peu arrondies et saillantes, séparées par d'étroites rainures profondes bordées en cornet. Périprocte inconnu.

Cette espèce est voisine du *S. tuberculatus* par ses tubercules plus développés sur les ambulacres ; elle en diffère par la rangée de gros granules mamelonnés de la zone porifère et par les gros granules scrobiculaires qui encadrent les tubercules.

Terrain sahélien : zone à silex, sur la rive gauche du Sig, vers le petit barrage.

ANAPESUS SERIALIS
C. Pl. IV, fig. 1 à 7.

SCHIZECHINUS SERIALIS Pomel *olim.*

Diamètre, 0^m 080 ; hauteur, 0^m 045 ?
— 0 075 — 0 040.

Oursin globuleux subhémisphérique, convexe en dessus, tronqué arrondi, pulviné en dessous et assez déprimé autour du péristome, à pourtour régulièrement circulaire.

Apex inconnu. Zones porifères étroites, non élargies vers la base, presque à fleur, chaque échelon de trois zygopores séparé de ses voisins par deux petits tubercules, le plus petit touchant au tubercule primaire, le plus gros contigu à l'interambulacre. Ambulacre à peine saillant, portant deux rangées primaires de tubercules bien mamelonnés, flanquées du côté interne d'une rangée d'autres tubercules presque aussi gros, mais s'effaçant avant les extrémités des zones ; la bande médiane, lorsqu'elle s'élargit, occupée par une cinquième rangée encore plus courte, appartenant à l'une ou à l'autre des demiaires. Tubercules interambulacraires peu volumineux, presque homogènes, en nombreuses rangées régulières, la principale de chaque zone s'étendant d'un pôle à l'autre, flanquée du côté interne de trois autres de longueur inégale, la plus courte vers la suture, mais de volume peu différent ; du côté externe sont deux autres rangées, la plus courte contre la zone porifère, formées de tubercules un peu plus petits, plus nombreux et ne continuant pas les séries transverses des autres quatre rangées. Des granules le long des sutures horizontales et quelques rugosités en travers tracent imparfaitement l'encadrement des scrobicules.

Péristome ayant environ les 29/100 du diamètre, arrondi, subdécagonal, à lèvres ambulacraires arrondies et émarginées ; plus larges que les interambulacraires tronquées en arc, séparées par des scissures très développées, étroites, bordées d'une aile calleuse tordue en cornet. Périprocte inconnu.

La grande taille de cette espèce et ses tubercules nombreux subhomogènes, ne laissant aucune surface dénudée, la distinguent de la plupart de ses congénères. *A. Marii* qui a aussi de nombreuses rangées de tubercules, en diffère par ses rangées secondaires montant moins haut et surtout par sa forme resserrée conoïde vers le haut.

Terrain pliocène : molasses du Sahel d'Alger et de l'Oued Knis : couches coquillères de Douéra ; col de Sidi Moussa, au pied du Chenoua.

ANAPESUS ANGULOSUS

C. Pl. VI, fig. 1 à 5.

Schizechinus angulosus Pomel *olim.*

Diamètre, 0ᵐ 064 ; hauteur, 0ᵐ 042.

Oursin subglobuleux pentagonal au pourtour, les angles très obtus correspondant aux ambulacres ; dessus bien convexe assez élevé ; dessous tronqué, pulviné sur les bords, un peu déprimé autour du péristome.

Apex petit persistant, à madréporide un peu gonflé, les occllaires entrant dans le cadre du périprocte, moins l'impaire et l'antérieure de droite. Zone porifère étroite, non élargie en dessous, à séries de trois zygopores très obliques, parsemées de quelques très petits tubercules. Tubercules subhomogènes, médiocres ; ceux des ambulacres en double série sur chaque zone, l'interne plus courte rapprochée de l'externe et laissant au milieu de l'ambulacre une bande presque égale au tiers de la largeur, occupée seulement par des granules épars près des sutures. Quelques autres granules entre les rangées de tubercules formant rudiment de cercle scrobiculaire. Aires interambulacraires à tubercules médiocres, peu serrés, disposés vers le pourtour en séries transverses un peu chevronnées par suite de leur obliquité, formant dans chaque zone une rangée principale d'un pôle à l'autre, puis trois rangées internes décroissantes de longueur et peu de volume, et deux rangées externes, dont la plus courte touche à la zone porifère ; ces dernières ont leurs tubercules plus petits et plus nombreux que ceux des internes.

Péristome égalant le tiers du diamètre, un peu enfoncé, décagonal, très sinueux par la plus forte saillie des lèvres ambulacraires, plus larges que les interambulacraires en quelque sorte émarginées ; scissures branchiales rebordées en cornet, assez profondes. Périprocte petit, elliptique à axe oblique.

Cette espèce est bien voisine de *A. serialis* dont elle n'est peut-être qu'une variété. Elle en diffère par son pourtour pentagonal, par la bande nue du milieu de l'ambulacre, par la disposition chevronnée de ses séries transverses de tubercules, par son péristome à pourtour plus sinueux.

Terrain pliocène : base des molasses à Tixeraïn, près d'Alger.

ANAPESUS? AFER

C. Pl. III, fig. 8 à 11,

Schizechinus afer Pomel *olim*.

Diamètre, 0ᵐ 020 ; hauteur, 0ᵐ 008.

Petit oursin subrotulaire, convexe dessus, tronqué pulviné dessous, à pourtour circulaire. Apex inconnu. Ambulacres convexes en côte de melon par suite de la dépression de la zone porifère en forme de sillon. Les zygopores n'ont laissé que des traces incomplètes, ils paraissent avoir été échelonnés peu obliquement par trois. Quatre rangées de tubercules rapprochés subégaux dans l'aire interporifère ; les demi-aires interambulacraires portent une rangée principale de tubercules rapprochés, une rangée secondaire interne et presque aussi forte mais plus courte et seulement développée à l'ambitus, une deuxième rangée interne et une externe longeant la zone porifère à tubercules un peu plus petits et plus nombreux. Ces quatre rangées forment des séries transverses presque régulières, surtout à l'ambitus. On ne voit pas la manière dont elles se comportent vers le sommet, mais elles paraissent s'y prolonger aussi serrées.

Péristome circulaire égalant presque la moitié du diamètre, montrant les empreintes des auricules qui étaient grêles, mais aucune trace des scissures branchiales qui devraient cependant avoir laissé leur empreinte sur le moule.

Cette espèce n'est connue que par son moule interne et l'empreinte extérieure d'une partie de son test dont les détails sont assez mal conservés. Sa détermination laisse beaucoup de doute ; la dépression et l'étroitesse de la zone porifère et l'absence supposable d'encoches en scissures pour les branchies indiquent une certaine affinité avec les *Arbacina* ; mais les tubercules sont plutôt ceux des *Anapesus*, ou ceux des *Psammechinus* quoique plus régulièrement sériés transversalement que chez ces derniers ; de plus la zone porifère ne paraît pas s'élargir près du péristome qui est plus large que dans les *Psam-. mechinus* typiques. On ne pourra résoudre cette question qu'à l'aide de nouveaux matériaux.

Terrain pliocène : Perrégaux, près du col des Juifs, rive gauche de l'Habra.

OLIGOPHYMA Pom.

Ce genre présente les caractères de *Anapesus* dans la structure du péristome, et si ses scissures branchiales sont moins profondes, elles n'en sont pas moins nettes. La disposition des tubercules est au contraire celle des *Echinus* et *Psammechinus* et la prédominance des rangées principales lui donne des apparences de carènes comme chez *Stirechinus*; mais dans ces trois genres les entailles branchiales sont obsolètes.

OLIGOPHYMA CELLENSE

C. Pl. X, fig. 1 à 7.

Diamètre, 0ᵐ018 ; hauteur, 0ᵐ009.

Petit oursin à pourtour circulaire subhémisphérique en dessus, tronqué pulviné en dessous et à peine déprimé autour du péristome.

Apex persistant à génitales très inégales, celle du madréporide plus grande, un peu gonflée, les autres portant un gros granule en dedans du pore ; ocellaires postérieures dans le cadre du périprocte, toutes portant trois granules très petits. Zones porifères étroites, un peu creusées, formées de zygopores échelonnés obliquement par trois, séparés par des costules qui rayonnent de la base du tubercule ambulacraire. Deux rangées de tubercules ambulacraires bien saillants et simulant une carène méridienne par le gonflement de leur base ; ces tubercules sont surmontés de trois granules très petits avec un ou deux autres dans la zone miliaire assez large, vers la suture de laquelle paraissent encore quelques gros granules, rudiments d'une rangée de tubercules secondaires. Interambulacres portant deux rangées principales de tubercules rapprochés saillants avec la même apparence de carène que pour les ambulacraires. Il y a en outre dans chaque zone deux rangées secondaires, l'interne la plus courte et la plus forte, l'externe plus longue formée de tubercules plus petits, plus nombreux touchant à la zone porifère. Il y a aussi des granules épars peu nombreux traçant vaguement un cercle scrobiculaire.

Péristome assez grand (4/9 du diamètre), à lèvres inégales tronquées séparées par des scissures rebordées. Périprocte petit, oblique, en ellipse tronquée du côté du madréporide.

Terrain helvétien : zone à mélobésies à l'Oued Riou, près Inkerman.

OLIGOPHYMA ORANENSE

C. Pl. X, fig. 8 à 14 (1/2 et non G. N.)

Diamètre, 0^m012 ; hauteur, 0^m006.

Cette espèce a une très grande ressemblance avec la précédente ; mais ses dimensions ne sont pas les mêmes. Elle en diffère par ses zones porifères dont les échelons de zygopores s'appuient sur un granule bien développé, au moins dans la région moyenne; par les ambulacres dont la zone miliaire porte des granules un peu plus nombreux et plus homogènes ; par ses interambulacres dont la rangée extérieure de tubercules est plus développée et dont les granules sont plus gros et plus saillants.

L'apparence carénée donnée à ces espèces par la saillie des rangées principales de tubercules indique une affinité avec *Stirechinus Scillæ*, qu'augmente encore la hauteur des assules. Mais ce dernier a ses interambulacraires pourvus de granulations rapprochées et nombreuses entre les tubercules et les entailles branchiales y sont obsolètes, ainsi que le montrent les fig. 15 et 16 de Pl. X.

Terrain sahélien : couches à spicules du ravin d'Oran.

PSAMMECHINIENS

ECHINUS Desml.

ECHINUS ALGIRUS

C. Pl. VIII, fig. 1 à 5.

Diamètre, 0^m080 ; hauteur, 0^m046.

Assez grand oursin circulaire, subglobuleux, convexe en dessus, tronqué en dessous et déprimé autour du péristome.

Ambulacre légèrement en relief, à zone porifère à fleur presqu'également large dans toute sa longueur formée de zygopores échelonnés un peu obliquement par trois, peu serrés, séparés par des costules grêles portant quelques granules épars. Deux rangées de tubercules principaux assez rapprochés encadrant une assez large zone miliaire où sont épars de très petits secondaires inégaux et sans ordre apparent, dans une granulation obtuse irrégulière qui trace plus ou moins bien les cercles scrobiculaires. Interambulacre portant dans chaque zone une rangée principale de tubercules plus gros, plus espacés que les ambulacraires et s'espaçant encore davantage vers le haut où quelques-uns s'atrophient. Nombreux petits tubercules secondaires qui dans le bas des zones sont plus gros et ont des tendances à se sérier horizontalement, du moins les internes, formant deux à trois rangées verticales, les externes plus petits et plus irrégulièrement disposés, avec quelques plus petits encore épars sur une granulation mousse irrégulière formant un cercle scrobiculaire radié autour des tubercules primaires.

Péristome décagonal à lèvres inégales, séparées par une légère encoche formant bourrelet marginal, assez petit (2/7 du diamètre).

Cette espèce est assez voisine de *E. Melo*, mais elle est beaucoup plus petite et beaucoup plus basse, moins gibbeuse.

Terrain pliocène : molasses à *Terebratula ampulla* ; El-Achour, Dély-Brahim.

ECHINUS DURANDOI

C. Pl. IX, fig. 1 à 5.

Diamètre, 0ᵐ070 ; hauteur, 0ᵐ050.

Cette espèce est très voisine de la précédente et peut-être n'en diffère-t-elle pas. Elle est à pourtour pentagonal par suite de la saillie des ambulacres. Son profil est plus conoïde vers le dessus, ses tubercules ambulacraires sont plus saillants et leur intervalle est plus étroit et moins nu. Les tubercules interambulacraires principaux sont en série régulière jusqu'au sommet, les secondaires sont plus développés vers le haut et la rangée interne qui touche à la principale plus développée, plus régulière ; la granulation entre les tubercules est plus fine et ne forme pas de cercle scrobiculaire rayonnant. L'aspect général est beaucoup plus tuberculé.

Terrain pliocène : couches inférieures falunières à Douéra.

PSAMMECHINUS

Ce genre est limité aux espèces dont la membrane buccale est couverte de squammes, dont les entailles branchiales sont superficielles, ce qui le distingue de *Anapesus* et dont les tubercules sont plus nombreux et plus sériés que dans les vraies *Echinus*.

PSAMMECHINUS SUBRUGOSUS

C. Pl. XII, fig. 1 à 4.

Diamètre, 0ᵐ020 ; hauteur, 0ᵐ009.

Petit oursin subrotulaire, convexe dessus, tronqué dessous et à peine déprimé vers la bouche. Zone porifère superficielle formée de zygopores échelonnés obliquement par trois et peu serrés. Une rangée de tubercules ambulacraires dans chaque zone, chacune surmontée d'un gros granule et bordée de trois autres contigus à la suture médiane. Une rangée principale de tubercules interambulacraires plus gros, entourés de granules scrobiculaires et flanquée de deux rangées

de secondaires bien plus petits, les externes surtout qui longent la
zone porifère, les internes un peu moins, ne s'élevant que fort peu
au dessus de l'ambitus.

Péristome circulaire égalant presque la moitié du diamètre, marqué de très faibles encoches pour les branchies buccales. Périprocte
inconnu.

Terrain sahélien : couches à spicules du ravin d'Oran.

PSAMMECHINUS LÆVIOR

C. Pl. XII, fig. 5 à 8.

Diamètre, 0ᵐ019 ; hauteur, 0ᵐ008.

Petit oursin rotulaire un peu plus convexe en dessus qu'en dessous,
où il est légèrement déprimé autour du péristome. Zone porifère à
fleur formée de zygopores peu serrés, échelonnés obliquement par
trois. Ambulacres portant deux rangées de tubercules principaux,
rapprochés, accompagnés d'un assez gros granule touchant à l'angle
de la suture médiane. Interambulacres portant deux rangées de tubercules principaux un peu plus gros que les ambulacraires, ceux du
haut surmontés de trois granules touchant la suture, flanquées de
deux rangées de tubercules secondaires très petits, l'interne s'élevant
presque jusqu'au haut, l'externe contiguë à la zone porifère.

Péristome circulaire égalant presque moitié du diamètre, marqué
d'entailles branchiales superficielles mais assez étendues, formant un
petit bourrelet.

Cette espèce est très voisine de la précédente ; elle en diffère par un
contraste moins grand dans la grosseur des tubercules ambulacraires
et interambulacraires, par un bien plus petit nombre de granules
mieux limités, ce qui lui donne l'apparence d'être plus lisse ou moins
rugueuse. La rareté des gros granules mamelonnés et le peu de développement des tubercules secondaires distinguent bien les deux
espèces du *P. miliaris* vivant dans la Méditerranée.

Terrain sahélien : couches à spicules du ravin d'Oran.

ARBACINA Pom.

Ce genre comprend de petits oursins globuleux remarquables par le développement de la granulation miliaire qui efface plus ou moins les tubercules secondaires et par la zone porifère logée dans un étroit sillon et dont les zygopores espacés sont presque en série unique, les échelons de trois à peine obliques, se faisant presque suite dans le sillon. C'est un type qui est encore représenté dans nos mers par une espèce que M. A. Agassiz a rapportée au genre *Cottaldia*, dont elle n'a pas le péristome ample, mais au contraire petit et arrondi. L. Agassiz réunissait les *Arbacina* aux *Cottaldia* dans le genre *Arbacia*, qui n'était pas celui de Gray. Desor les réunissait, au contraire, aux *Psammechinus* dont elles sont très distinctes par leur granulation et leur zone porifère. Toutes ces espèces ont les tubercules principaux surmontés d'un groupe de trois granules allongés dont le médian linéaire correspondant à trois granules courts de la base du tubercule suivant et la suture qui les sépare paraît impressionnée.

ARBACINA NICAISII

C. Pl. XI, fig. 15.

Diamètre, 0ᵐ 011 ; hauteur, 0ᵐ 007.
— 0 010 — 0 006.
— 0 009 — 0 005.

Petit oursin subglobuleux, un peu tronqué en dessous et déprimé autour du péristome. Apex à fleur, assez grand, le tiers du diamètre, pentagonal, bisérié, les génitales presque égales, l'antérieure de droite portant un madréporide globuleux, les ocellaires encastrées dans les angles des génitales. Zones porifères un peu creusées en sillon étroit et droit, à zygopores peu serrés. Ambulacres portant deux rangées de tubercules contigus au sillon porifère, surmontés des trois granules habituels et flanqués du côté interne de 3 à 4 autres granules entassés occupant toute la zone miliaire ; les granules du bord inférieur peu distincts. Interambulacres portant une double

rangée de tubercules à peine plus gros que les ambulacraires, entourés en outre des supérieurs et des inférieurs habituels, du côté interne
de deux à trois et du côté externe de quatre à cinq gros granules, ces
derniers alternant en deux rangées, qui les séparent du sillon porifère;
il reste souvent sur le milieu de l'aire un étroit espace libre en forme
de petit sillon. La décortication produit fréquemment un sillon sutural
entre les tubercules; elle amène également, parfois, une apparence
voisine de celle qui a servi à caractériser le genre *Coptechinus* Cotteau.

Péristome dépassant un peu le tiers du diamètre, circulaire, à entailles buccales obsolètes. Périprocte occupant le tiers du diamètre de
l'apex, pentagonal comme lui.

Terrain pliocène : couches inférieures à Douéra, couches moyennes
à Mustapha-Supérieur et au ravin de la Femme Sauvage.

ARBACINA SAHELIENSIS

C. Pl. XI, fig. 9 à 13.

Diamètre, 0^m 009 : hauteur, 0^m 005.

Très petit oursin subrotulaire assez épais, presque également convexe sur les deux faces. Apex petit (détruit) ; zones porifères déprimées en sillon étroit et rectiligne, à zygopores peu serrés. Tubercules
ambulacraires en double série, touchant au sillon porifère, ayant en
outre des granules caractéristiques du dessous et du dessus, trois autres granules scrobiculaires du côté interne et un tubercule secondaire
bien mamelonné entre deux autres granules angulaires. L'interambulacre a une rangée principale de tubercules à peine plus gros que
les ambulacraires, flanqués dans chaque zone d'une double rangée
de secondaires ressortant très bien au milieu des gros granules,
qui s'entassent sur l'assule ; la rangée extérieure touchant à la principale et séparée du sillon porifère, l'intérieure entre la principale et
la suture.

Péristome subcirculaire assez grand (11/23 du diamètre), à entailles
obsolètes.

40

Cette espèce se distingue nettement de la précédente et des suivantes par ses rangées de tubercules secondaires qui, quoique noyés en quelque sorte dans la granulation grossière recouvrant tout le test, s'en distinguent par leur mamelon bien conformé.

Terrain sahélien : couches à bryozoaires du ravin d'Oran.

ARBACINA ASPERATA
C. Pl. X, fig. 5 à 8.

Diamètre, 0ʳ 006 ; hauteur, 0ᵐ 003.

Très petit oursin convexe dessus, tronqué dessous, à pourtour circulaire (ordinairement déformé). Zones porifères déprimées en étroit sillon rectiligne, à zygopores peu serrés. Ambulacres portant une double série de tubercules primaires bordant le sillon porifère, entourés en dessus et en dessous des granules caractéristiques du genre et de deux autres occupant la zone miliaire. Interambulacres portant une double rangée de tubercules à peine plus gros que les ambulacraires et flanquées, en outre des habituels, de deux gros granules de chaque côté comme pour constituer un cercle scrobiculaire complet ; il reste le long de la suture miliaire une étroite zone dénudée. Péristome circulaire assez grand (moitié du diamètre), sans entailles.

Les tubercules moins encombrés de granulation pavimenteuse paraissent plus en relief et donnent à cet oursin un facies particulier ; mais il se pourrait que cette simplicité tînt à ce que nos échantillons sont jeunes et imparfaits.

Terrain sahélien : couches à bryozoaires du ravin d'Oran.

ARBACINA BADINSKII
C. Pl. XI, fig. 1 à 4.

Diamètre, 0ᵐ 009 ; hauteur, 0ᵐ 005.

Petit oursin subglobuleux rotulaire, presque également arrondi en dessus et en dessous, à péristome presque à fleur.

Zones porifères déprimées en sillon étroit rectiligne, à zygopores assez espacés. Ambulacres portant une double rangée de tubercules

touchant au sillon porifère et entourés des granules caractéristiques
du genre et en outre de deux gros granules scrobiculaires occupant
la zone miliaire ; interambulacres portant une double rangée de tubercules semblables, séparés de la zone porifère par deux rangées
verticales de gros granules, deux à trois par rangée sur chaque assule, et flanqués du côté interne par un gros granule au dessous de
trois à quatre plus petits avec une granulation plus diffuse au dessous.

Péristome circulaire petit (1/3 du diamètre), avec des encoches
branchiales obsolètes.

Cette espèce est bien différente de *A. saheliensis* par l'absence des
rangées secondaires de tubercules mamelonnés. Elle diffère de *A. Nicaisii* par le plus grand nombre des gros granules des interambulacres et leur disposition différente. *A. monilis* ressemblerait davantage
à *A. saheliensis* si les plus gros granules formant une série ambulacraire et deux séries interambulacraires étaient mamelonnés. Il y a,
en outre, une autre disposition de ces granules que nos dessins expli-
queront mieux que des phrases.

A. Spadæ, d'après les exemplaires typiques de la collection de
Verneuil, présente un aussi grand nombre de granules grossiers que
A. monilis, mais ils sont presque homogènes sans aucune tendance
à passer au tubercule mamelonné ; trois séries verticales irrégulières
du côté de la zone porifère, deux ou trois du côté de la suture médiane.
Ces deux espèces diffèrent sans aucun doute de la notre.

Terrain helvétien ? (ou peut-être sahélien) : chez les Tadjena, près
de Ténès (Badinski).

ARBACINA WELSCHII

Diamètre, 0ᵐ 012 ; hauteur, 0ᵐ 009.

Petit oursin globuleux, un peu déprimé au dessus et en dessous.
Zones porifères du genre. Deux rangées de tubercules ambulacraires
touchant au sillon porifère, séparés par des séries de granules scrobiculaires oblitérés par la fossilisation. Deux rangées de tubercules in-

terambulacraires à peine plus gros paraissant séparés par un ou deux
rangs de granules de la zone porifère, et flanquée du côté de la zone
miliaire de groupes de trois à quatre ; mais ces granules sont plus
saillants, moins serrés, moins obtus, se rapprochant de ceux des
Psammechinus. Les tubercules ambulacraires présentent du reste les
granules caractéristiques du genre, qui les relient entre eux comme
une chaîne.

Cette espèce n'est connue que par un seul exemplaire mal conservé ;
mais sa forme plus haute et ses granules moins serrés la différencient
des précédentes.

Terrain helvétien : zone à clypéastres à l'Oued Moula, à l'Est de
Bou-Medfa (M. Welsch).

ARBACIA MASSYLEA
C. Pl. XIV, fig. 1 à 3.

Diamètre, $0^m 014$; hauteur, $0^m 009$?

Petit oursin probablement globuleux (nos exemplaires sont déformés). Apex inconnu ; zones porifères logées dans un léger sillon, à
zygopores assez peu serrés presque en série droite. Tubercules ambulacraires touchant au sillon, entourés de gros granules en haut et
du côté interne, ceux-ci formant un groupe de quatre dont un angulaire un peu plus gros. Tubercules interambulacraires à peine plus
gros, bien évidents sur les granules très petits des zones miliaires,
séparés de la zone porifère par deux séries verticales obliques de trois
granules égaux, flanqués du côté interne d'un groupe de 7 à 8 granules semblables, dont un un peu plus gros et peut-être mamelonné
près de l'angle sutural. Tous ces granules sont rapprochés et donnent
à la surface un aspect très rugueux.

Le péristome et le périprocte sont ceux du genre ; ils sont déformés
sur nos sujets.

Cette espèce diffère des précédentes par sa granulation moins
épaisse, assez égale qui fait se détacher nettement les séries principales. Le grand nombre des granules la rapproche de *A. Spadæ* et de

A. monilis. Dans le premier, il n'y a pas de rangée interne submamelonnée ; dans le second, cette rangée est contiguë à la principale, et celle-ci, dans les deux, est presque médiane et plus éloignée de la zone porifère.

Terrain cartennien : Marsa Tazouan, chez les Traras (Ville).

TRIBU DES DIADÉMATIDÉS

DIADÉMATIENS

Un des caractères les plus remarquables des oursins de cette sous-tribu est d'avoir les radioles fistuleux formés d'éléments verticillés rappelant les prêles. Ce caractère, à la vérité, leur est commun avec les *Echinothuridés*, animaux abyssicoles, à assules non soudés et qu'il n'y a pas lieu de chercher dans des gisements de mer peu profonde.

DIADEMA Gray.

On a d'abord rangé sous ce nom un grand nombre d'oursins fossiles pourvus de zones porifères simples, de tubercules ambulacraires presque aussi développés que les interambulacraires, les uns et les autres crénelés et perforés. Puis on s'est aperçu que les radioles fistuleux et verticillés des espèces vivantes n'accompagnaient jamais les prétendus *Diadèmes* fossiles ; ceux-ci devaient donc en être distincts et Desor les sépara sous le nom de *Pseudodiadema*. Cette réforme fut tellement acceptée comme légitime, qu'on ne pensa plus aux vrais *Diadèmes* comme pouvant se trouver également à l'état fossile, et l'on trouve la description et la figure d'une espèce de ce type sous le nom de *Pseudodiadema fragile* Wiltshire, dans le bel ouvrage de M. Wright sur les *Échinodermes* anglais (page 341, Pl. LXXX, 1882). Ce lapsus est d'autant plus singulier que l'auteur figure à côté un radiole fistuleux et verticillé parfaitement caractérisé comme radiole de *Diadématien*.

Par ses entailles branchiales superficielles mais étendues, par ses pores ambulacraires en série simple dans une grande étendue de l'ambualcre, il appartient au genre des *Diadèmes*; mais ses zygopores inférieurs se tronçonnent en échelons obliques de trois, ce qui indique un passage à *Centrostephanus* dont tous les zygopores sont ainsi disposés ; les tubercules interambulacraires ne forment que deux rangées principales un peu plus fortes que les ambulacraires, accompagnées chacune de deux rangées secondaires incomplètes et bien réduites comme dans *Centrostephanus*, au lieu de former plusieurs rangs d'égal volume comme dans les vrais *Diadèmes*. Tous les tubercules sont remarquablement petits pour la taille de l'oursin et les ambulacres paraissent avoir été à fleur. Ce fossile constitue donc un type sous-générique qu'on pourrait dénommer *Palæodiadema fragile*.

Ce fossile a été trouvé dans la craie supérieure de Gravesend.

DIADEMA SAHELIENSIS

C. Pl. XII, fig. 15 à 17.

Test inconnu. Radioles très grêles fistuleux ; facette articulaire concave, crénelée. Bouton subcylindrique lisse, long de 1^{mm}, contracté sous l'anneau; celui-ci en tronc de cône renversé, long de $1^{mm}5$, finement cannelé, à bord aigu ; pas de collerette, tige cylindrique épaisse de $1^{mm}5$ lorsque le bouton a 2^{mm}, finement striée (une trentaine de stries) à verticilles rapprochés ($1/2^{mm}$), très légèrement coniques pour marquer la séparation des articles par une légère saillie des bâtonnets qui les constituent. Dans un autre radiole dont la tige n'a que 1^{mm} d'épaisseur, le bouton et l'anneau n'ont ensemble que 2^{mm} de long ; la partie conservée de la tige, longue de 16^{mm}, compte 32 verticilles, soit $1/2^{mm}$ pour chaque. Un autre radiole ayant à peine 2/3 de millimètre d'épaisseur a son bouton et l'anneau longs d'un millimètre à peine, et ce dernier est plus court au lieu d'être plus long, mais de même forme ; le tronçon de la tige, long de 6^{mm}, compte 22 articles et la facette articulaire est presque sans crénelures.

Il serait très hardi de certifier que ce radiole appartient plutôt à un *Diadema* qu'à un *Centrostephanus*, par exemple, et en raison de sa petite taille, c'est pour ce dernier genre que je pencherais ainsi que je l'ai fait dans l'explication des planches ; mais en présence de cette incertitude, je préfère énumérer l'espèce sous le nom du genre princeps du groupe. On peut plus certainement affirmer qu'il n'a pas appartenu à un *Échinothuridé*, ce dernier type n'ayant pas encore montré de tubercule crénelé.

Terrain sahélien : zone à bryozoaires du ravin d'Oran.

DIADEMA FICHEURI
C. Pl. XIV, fig. 4 à 7.

C'est dans le même sens très étendu que ci-dessus qu'est faite cette attribution générique pour un fossile très incomplètement connu par des empreintes de portions de test, qui paraît avoir été très flexible, et sur lesquelles il ne m'a pas été possible de reconnaître de traces de pores ambulacraires, ni le plus souvent de forme bien limitée d'assule interambulacraire. Il paraîtrait même que ces assules auraient pu être du type tessélé, si l'on s'en rapportait à certaine empreinte probablement fallacieuse, indiquant des cassures plutôt que des sutures. Ces empreintes indiquent des tubercules superficiellement mais bien scrobiculés, à col saillant, crénelé par des granules et à mamelon perforé ; ces tubercules sont de plusieurs ordres, les plus grands ont 1 millimètre de diamètre, il paraît y en avoir deux sur certains assules ; d'autres ont moitié de cette dimension et sont deux ou trois fois plus nombreux et dispersés d'une manière en apparence inordinée, toutefois plus rapprochés en certaines places et laissant d'autres places plus nues ; il y a, en outre, de très nombreuses empreintes punctiformes profondes sans scrobicule apparent, mais correspondant à des granules mamelonnés, perforés et probablement aussi crénelés. Les intervalles paraissent avoir été à peine ruguleux.

Des radioles assez nombreux ont laissé leurs empreintes ; les plus

gros, longs de 6 à 7^{mm}, ont une tige grêle épaisse d'un quart de millimètre, cylindrique ou parfois comprimée, indiquant un radiole fistuleux ; elle est finement striée, verticillée d'une façon peu visible sur
certains, mais incontestable sur d'autres ; la couronne est obconi-
que, sur un bouton presque globuleux ; elle a un demi-millimètre de
diamètre. C'est bien un radiole de diadème. Un exemplaire montre
une sorte de faisceau de radioles un peu plus petits, insérés sur une
empreinte de test, probablement sur des tubercules de second ordre ;
quant à ceux insérés sur les granules, il faut peut-être les voir dans
des empreintes filiformes.

Ce type a peut-être plus d'analogie avec les *Astropyga*, mais de
nouveaux exemplaires sont nécessaires pour permettre de serrer de
plus près les affinités. Il est très probable qu'il formera un genre
spécial. L'état très disloqué de certaines empreintes m'avait fait
d'abord penser aux *Échinoturidés*, mais aucun de ces derniers n'a
ses tubercules crénclés.

Terrain éocène supérieur : marnes schisteuses de la base, Boghni
et Tizi-Renif (M. Ficheur).

TRIBU DES CIDARIDÉS

CIDARIENS

CIDARIS Lamk.

C'est un des plus anciens genres et des plus nombreux. J'en ai
distrait les *Tylocidaris* qui n'ont pas leur mamelon perforé. Il y reste
des espèces à tubercules lisses dominant à l'époque triasique et à l'é-
poque crétacée, rares à l'époque jurassique, persistant dans nos mers ;
puis des espèces à tubercules crénelés (section *Plegiocidaris*), abondants à l'époque jurassique, rares à l'époque crétacée et aux suivantes.

CIDARIS DESMOULINSII E. Sismonda.

C. Pl. II, fig. 11 et 12 (1/2 G. N.)

Desor, *Synopsis*, Pl. VII, fig. 1.

Petit radiole cylindrique, finement granuleux en séries longitudinales, à bouton lisse, court, à couronne saillante, avec collerette bien marquée, courte. Ce n'est probablement pas un *Cidaris*.

Terrain sahélien : ravin d'Oran.

CIDARIS (PLEGIOCIDARIS) AVENIONENSIS Desml.

C. Pl. II, fig. 19 à 23.

CIDARIS STEMMACANTHA Ag., *Ech. suisses.*

Test inconnu pour le type algérien. (Scrobicules grands, granules scrobiculaires mamelonnés très apparents, quatre rangées de granules ambulacraires).

Radioles robustes atteignant jusqu'à 8^{mm} de diamètre, à bouton court crénelé, souvent cassé à la couronne, le radiole présentant alors une apparence de facette articulaire concave. Couronne obtuse assez saillante; collerette courte mais bien marquée; tige cylindrique un peu comprimée, s'épaississant sensiblement au dessus de la collerette, se terminant dans le haut par une empaumure en couronne un peu digitée, dans quelques-uns au moins d'entre eux. L'une des faces, et souvent les deux, hérissées de saillies coniques étalées peu serrées et assez irrégulièrement disposées, de 1^{mm} d'épaisseur et d'autant en saillie. Les intervalles sont finement rugueux. Dans d'autres exemplaires, une des faces plus déprimée porte des tubercules plus petits, granuliformes, qui tantôt sont peu régulièrement distribués, rapprochés, tantôt forment six à sept rangées séparées entre elles, mais presque contigus sur la rangée en chapelet ou en arête crénelée. Dans ces radioles les épines latérales se développent davantage et se présentent un peu en dent de scie. Il est probable que les *C. variola*

et *C. Munsteri* de Sismonda ne sont que les deux faces différentes
de ces mêmes radioles.

La grande épaisseur de ces radioles, leurs épines et même la différence de ces épines sur les deux faces rappellent fortement les *Rhab·
docidaris*; mais j'ignore quelle forme prennent les zygopores qui
seuls permettraient de trancher l'attribution.

Terrain cartennien : Amraoua (Badinski) ; Beni bou Mileuk
(M. Schopin) ; Djebel Djambcida, près Cherchel (partout avec des
Pétrospongiaires).

CIDARIS (PLEGIOCIDARIS) PRIONOPLEURA
C. Pl. II, fig. 13 à 18.

Test inconnu, sauf un assule interambulacraire, portant un mamelon médiocre sur un tubercule conique bien saillant, lisse ou seulement marqué d'une ondulation concentrique, fortement crénelé ; le
cercle scrobiculaire est détruit.

Radioles longs, assez grêles diversiformes, à facette articulaire
bien crénelée, à bouton court mais très épais, surmonté d'une couronne saillante finement striée oblique, la collerette très allongée est
quelquefois noueuse à la base, atténuée ou contractée au dessus jusqu'au revêtement dense, qui commence par une zone lisse sur une
longueur un peu supérieure au diamètre. Pour un radiole comme
celui de Fig. 13, connu sur un fragment de 55^{mm}, le bouton sous la
couronne est large de 5^{mm}, la couronne de 7^{mm} et la tige seulement de
3^{mm}. Cette tige est hérissée de petites épines en dent de scie ordinairement éparses tout autour, quelquefois remplacées d'un côté par des
lignes âpres denticulées ou bien entières formant cannelures ; souvent
ces cannelures se forment tout autour vers le sommet qui s'étale et se
creuse en cupule denticulée. Certains radioles sont tétragones, avec
les dents sur les angles, d'autres s'aplatissent en rame également
épaissie et cupulée au bout et cannelée ou plutôt costulée, soit sur les
deux faces, soit sur une seule, et les épines sont reléguées sur les

bords dentés en scie. Nous n'avons pas assez de ces radioles et surtout d'assez complets pour chercher quelle pouvait être leur distribution sur le test.

Il y a quelque analogie entre cette espèce et la précédente, et l'un de nos radioles tronçonné aux deux bouts rappelle, à s'y méprendre, un des plus grêles à deux faces dissemblables de *C. avenionensis;* leur dissemblance toutefois ne peut laisser de doute. Les radioles en scie rappellent aussi beaucoup *Porocidaris schmiedeliana*, mais le scrobicule n'est pas impressionné et notre fossile n'est pas un *Porocidaris.*

Terrain sahélien : ravin d'Oran ; Bled-Touaria.

GONIOCIDARIENS

DOROCIDARIS A. Agassiz.

Ce genre, qui a pour type le *Cidaris hystrix* de la Méditerrannée, a été différencié du genre typique par les bandes suturales creuses et dénudées de ses interambulacres. C'est, je pense, un caractère de peu de valeur et susceptible de transitions. Il m'a paru qu'on pourrait plutôt le justifier par la présence de lignes impressionnées transverses à travers les granules miliaires et passant souvent d'une zone à l'autre par dessus la suture ; c'est un acheminement aux *Temnocidaris* qui ont en plus dès fossettes éparses dans la granulation. Il est difficile d'apprécier la valeur taxonomique de cette disposition ; mais dans un groupe si vaste et si homogène, il importe de créer des divisions qui reposent sur une structure nettement définie ; ainsi caractérisé, *Dorocidaris* au moins comme sous-genre à côté des *Goniocidaris*, permettra de grouper ensemble un certain nombre d'espèces qui ont entre elles des affinités incontestables.

Largement représenté dans les mers crétacées, ce type a persisté pendant les temps tertiaires jusqu'à nos jours.

DOROCIDARIS SAHELIENSIS

C. Pl. 1, fig. 1 à 20.

Cidaris saheliensis Pomel *olim*.

Diamètre, 0^m030 ; hauteur, 0^m020.
—   0 040 ;   —   ?

Oursin de taille médiocre, globuleux subcylindroïde, déprimé aux deux pôles. Ambulacres étroits, un peu flexueux, plus vers le haut que vers le bas, pourvus de deux rangs de granules mamelonnés principaux entre lesquels sont deux autres rangs de granules secondaires en nombre double, contigus, et quelquefois, dans les sujets de plus grande taille, une ou deux rangées supplémentaires internes très petites. Zone porifère en sillon étroit, peu flexueux, à zygopores rapprochés, séparés chacun par une costule et dont les pores ovales sont séparés par une bosselure oblique granuliforme affleurant plus ou moins les costules. Interambulacres très convexes, portant dans chaque rangée sept tubercules croissant en volume, depuis ceux qui touchent au péristome jusqu'à celui qui précède le plus élevé ; scrobicules elliptiques profonds, montrant souvent une ondulation ou une légère saillie concentrique vers le milieu du tubercule ; cercles scrobiculaires les plus inférieurs nuls, puis réduits à une ligne âpre entre les tubercules, complets au pourtour et formés de granules bien mamelonnés ; les plus supérieurs sont même séparés par quelques granules. Zones miliaires étroites, déprimées sur la suture, formées de granules mamelonnés décroissants depuis le cercle scrobiculaire jusqu'à la suture et divisés en séries transverses plus ou moins régulières par des lignes impressionnées. La zone granulée est étroite du côté de l'ambulacre et même réduite au cercle scrobiculaire dans le bas, mais un peu plus large sur les assules supérieurs. Péristome circulaire égalant les 2/5 du diamètre. Périprocte inconnu.

Radioles très polymorphes, tous à bouton assez court, lisse, à couronne assez saillante très finement striée, à collerette courte égalant environ le diamètre, à tige plus ou moins finement cannelée, les arêtes des cannelures hérissées de dentelures ou épines en forme de scie, le sommet se terminant en troncature cupulée, dentée au bord. Les uns sont courts, étalés en rame, plats ou ondulés et à trois ailes, la dépression du sommet formant une gouttière, ce sont les plus inférieurs ; d'autres qui suivent, sans doute, sont moins dilatés dans le haut, mais plats ou à trois ailes et on passe insensiblement aux plus élevés qui sont cylindriques et même un peu atténués vers le haut. La saillie des dentelures est variable, le nombre de ces dentelures aussi et le nombre des cannelures.

Terrain sahélien : ravin d'Oran ; Zurich, près Cherchel (Nicaise).

DOROCIDARIS PUNGENS

C. Pl. II, fig. 1 à 10.

CIDARIS PUNGENS Pomel *olim*.

Diamètre, 0^m029 ; hauteur, 0^m016.

Oursin de taille médiocre, globuleux, un peu rotulaire. Ambulacres étroits, peu flexueux, à zone interporifère pourvue d'une double rangée de granules mamelonnés et d'une double rangée interne moins développée. (Notre exemplaire étant un peu usé, les mamelons n'ont pas été vus par le dessinateur qui a en outre représenté la rangée interne trop petite). Zone porifère peu déprimée, à zygopores assez rapprochés séparés par une costule, les deux pores étant dans un sillon et séparés par une saillie granuliforme plus ou moins en relief.

Interambulacres assez convexes, portant dans chaque rangée sept tubercules croissant en volume depuis les inférieurs jusqu'à ceux qui précèdent les supérieurs ; scrobicules peu profonds à base du tubercule bien conique, saillante, surmontée d'un mamelon assez petit, les inférieurs un peu elliptiques, les supérieurs circulaires occupant environ la moitié de la largeur de la zone miliaire ; celle-ci peu ou pas déprimée sur la suture médiane occupée entièrement par des granules mamelonnés peu inégaux partant du cercle scrobiculaire et divisés en séries transverses par des lignes impressionnées. Le cercle scrobiculaire incomplet autour des tubercules inférieurs, complet autour des supérieurs est séparé de la zone porifère seulement au pourtour par une ou deux séries de granules.

Péristome égalant les 2/5 du diamètre ; périprocte inconnu ainsi que l'apex, dont le cadre est grand, égalant la moitié du diamètre.

Radioles assez robustes, longs, aciculés, à bouton assez court, lisse ou pourvu de quelques crénelures d'un côté, à couronne épaisse, à collerette courte égalant le diamètre, à tige lisse plus ou moins atténuée en épine, un peu resserrée à partir de la collerette.

Cette espèce se distingue suffisamment de la précédente par le test ; ses tubercules plus coniques, ses mamelons plus petits et ses sutures moins enfoncées ne laissent aucun doute ; mais les radioles seraient surtout caractéristiques, s'il était certain qu'ils lui appartiennent. Ces derniers rappellent ceux des *Leiocidaris*, mais ils ne sont pas cylindriques. Ces *Leiocidaris* sont des *Rhabdocidariens*. C'est d'après le degré de fréquence dans les mêmes gisements qu'ont été rapportés les radioles aux test ; il ne reste pas de doute pour *D. saheliensis ;* mais pour *D. pungens*, il n'en est pas de même, et c'est aux radioles que doit s'appliquer le nom spécifique.

Terrain sahélien : couches à spicules du ravin d'Oran.

DOROCIDARIS PSEUDOHYSTRIX

C. Pl. XIV, fig. 8 à 13.

Diamètre, 0^m 045 ; hauteur, 0^m 030.

Oursin de taille médiocre, globuleux, élevé. Ambulacres un peu flexueux, étroits, portant une double rangée de granules mamelonnés en dedans desquels est une autre double rangée de plus petits en égal nombre dans le bas, en nombre double dans le haut, contiguës sur la suture médiane. Zones porifères déprimées en étroit sillon, avec des zygopores assez rapprochés, séparés par une costule avec les deux pores dans un sillon, séparés par un granule plus ou moins en relief.

Interambulacres bien convexes portant sept tubercules grossissant assez fortement des plus inférieurs à ceux qui précèdent les plus supérieurs. Scrobicules circulaires assez profonds présentant une ondulation concentrique s'élevant sur le tubercule. Mamelon médiocre perforé saillant au dessus du bord scrobiculaire. Cercle scrobiculaire complet, sauf aux tubercules les plus inférieurs, simple entre les tubercules du bas, double entre ceux du pourtour et même additionné de granules entre les supérieurs. Zone miliaire un peu déprimée sur la suture médiane mais sans sillon manifeste, un peu plus étroite que les scrobicules voisins, formée de granules de plus en plus petits à partir des scrobiculaires, serrés occupant toute la surface, divisés en séries transverses par des lignes impressionnées qui se prolongent par dessus la suture ; la zone miliaire externe présente la même structure, mais elle est plus étroite et plus convexe surtout vers le bas, où il n'y a plus que quelques granules épars entre le sillon porifère et le cercle scrobiculaire. Péristome égalant environ les 2/5 du diamètre, apex inconnu à peu près de même étendue. Radioles cylindriques allongés, cannelés avec aspérités sur les arêtes, à bouton conique court, avec ou sans traces de crénelures d'un côté, à couronne épaisse finement striée, à collerette courte (1/2 du diamètre).

Dorocidaris hystrix, très voisin, en diffère par ses ambulacres qui n'ont que deux rangées complètes de granules, par ses interambulacres dont la suture médiane est creusée en gouttière et dénudée et par ses radioles dont les cannelures sont plus larges, moins creusées et les arêtes moins échinulées.

Terrain pliocène : molasses à bryozoaires, Chéragas (Nicaise) ; Dély-Brahim (Delage) ; Bir-Traria ; Mustapha-Supérieur.

DOROCIDARIS WELSCHII

C. Pl. XIV, fig. 14.

Diamètre, 0ᵐ 033 ; hauteur, 0ᵐ 019.

Oursin de médiocre taille, subglobuleux. Ambulacres étroits légèrement flexueux, pourvus d'une double rangée de très petits granules mamelonnés serrés, entre lesquels sont deux autres rangées très rapprochées, beaucoup plus petits encore et en nombre double laissant entre eux un léger sillon médian. Zone porifère déprimée en sillon assez large, à zygopores séparés par une costule, les pores dans chaque sillon étant séparés par un granule assez saillant.

Tubercules ambulacraires au nombre de huit en chaque rangée, médiocres, croissant peu en volume, bien saillants, à scrobicules circulaires presque confluents pour les tubercules inférieurs. Cercle scrobiculaire peu en relief formé de petits tubercules mamelonnés peu serrés. Zones miliaires à suture médiane à peine marquée à fleur, toute couverte de petits granules s'atténuant à partir du scrobicule, et divisés en séries transverses par des lignes impressionnées. La zone miliaire est seulement un peu plus étroite du côté de l'ambulacre. La petitesse des tubercules, la largeur de la zone miliaire non déprimée, l'étroitesse de la zone interporifère de l'ambulacre ne permettent pas de confondre cette espèce avec les précédentes, malgré l'état incomplet de notre échantillon.

Terrain pliocène : couches coquillières de la base au col de Sidi-Moussa (M. Welsch).

ORDRE DES STELLÉRIDES

Les animaux de cet ordre ont une organisation qui permet rarement leur conservation à l'état fossile suffisante pour une détermination exacte. Le rôle qu'ils ont joué aux anciennes époques n'a pas non plus une grande importance et leur connaissance ne peut guère contribuer à améliorer leur classification. Je me contenterai de renvoyer aux généralités exposées au commencement de ce livre et je passerai immédiatement à la description de l'unique espèce algérienne susceptible d'être déterminée.

LEPTOGONIUM

Ce genre diffère principalement de *Astropecten* et *Goniodiscus* par la confluence des pièces marginales des bras à une petite distance du disque, au lieu qu'elles restent séparées jusqu'à leur extrémité. Ces bras sont tétragones, formés de chaque côté par deux rangs superposés de grandes pièces. Le dos est couvert de paxilles qui ne s'étendent que sur la base des rayons, dont l'extrémité montre les grands ossicules contigus sur une grande longueur, au contraire des genres précités où la zone paxillée s'étend jusqu'à l'extrémité. On voit bien le madréporide, mais il est impossible de reconnaître si l'anus existait ou non et de déterminer si le genre avait plus d'affinité avec *Goniodiscus* qui en est pourvu. ce qui me paraît probable, qu'avec *Astropecten* dont l'estomac est en cul-de-sac.

LEPTOGONIUM MAURITANICUM

D. Pl. I, fig. 1 à 8.

Leptogonium saheliensis Pomel *olim*.

Petit diamètre du disque, 0^m 060 ; longueur du rayon, 0^m 150.

Assez grande étoile à longs rayons séparés par des sinus arrondis. Face supérieure présentant un disque étoilé couvert de paxilles, paraissant avoir été moins serrés que dans *Astropecten*, à en juger par les deux lambeaux conservés ; l'un d'eux montre un madréporide strié de 5^{mm} de large, carré et un peu excentrique. Les ossicules du rayon forment une série continue sur les sinus où ils paraissent un peu réduits de largeur ; ils s'élargissent d'abord un peu jusqu'à la confluence des deux séries et diminuent ensuite insensiblement jusqu'à l'extrémité (inconnue) ; ils sont ainsi en contact sur les 2/3 de la longueur du rayon. Leur surface est très finement granulée. La rangée inférieure d'ossicules règne sous toute l'étendue de la rangée supérieure, de même épaisseur et en même nombre, les pièces étant opposées ; leur surface est également granulée et chacune porte en dessous à chaque angle un tubercule articulé. Ces pièces sont moins développées en travers que les dorsales pour laisser la place aux organes intérieurs et à la gouttière ambulacraire. Cette dernière est formée par deux rangs contigus d'ossicules bien plus petits, cuboïdes, dont la rangée interne porte près de son bord un peu aminci trois rangées serrées et imbriquées de petites baguettes en massue, articulées sur des fossettes. C'est sur ce rang interne que repose l'assule ambulacraire perforé pour un seul tentacule, ainsi que le montre le schéma de Fig. 7.

La gouttière ambulacraire se continue jusqu'à la bouche où les derniers ossicules adambulacraires portent les deux pièces plus allongées faisant fonction de dent. Mais au point où par suite de l'élargissement du rayon, le sillon ambulacraire s'en sépare, la rangée intermédiaire semble se dédoubler pour suivre le rang marginal et la rangée adambulacraire. L'espace ainsi laissé libre à la face inférieure du disque paraît occupé par de petits paxilles rapprochés. La bouche est petite, pentagonale, autant qu'on en peut juger sur une partie un peu détériorée.

Cette espèce est remarquable par sa taille, la longueur de la partie contiguë des pièces des rayons. C'est la seule de ce genre qui ait été étudiée ; mais il se pourrait qu'on dût en rapprocher certains *Astrogonium* dont les rayons présentent le même caractère d'après les descriptions.

Terrain sahélien : collines au dessus de Zurich, près Cherchel.

ORDRE DES OPHIURIDES

Comme pour l'ordre des *Stellérides*, je renverrai et pour les mêmes raisons aux généralités dont l'exposition commence cet ouvrage. Cet ordre a joué un rôle très peu important aux époques géologiques et j'aurai juste assez de matériaux pour constater son existence en Algérie à l'époque tertiaire.

OPHIURIENS

Cette tribu comprend des genres à tégument revêtu d'écailles, ayant le disque couvert de plaques dures et une seule fente génitale de chaque côté des bras. Les pièces vertébrales sont appendiculées en dessous pour former des canaux tentaculaires. L'estomac est pourvu de dix cœcum courts.

OPHIOMA

J'ai cru devoir créer ce genre provisoire pour une espèce que je ne pouvais avec certitude attribuer à l'un des genres connus (*Ophiolepis*, *Ophiura*, ou autre), mais plutôt en raison de l'imperfection de mes matériaux d'étude que pour les difficultés réelles de la détermination.

OPHIOMA JULIENSIS
D. Pl. II, fig. 1 à 5.

Largeur du bras, 0ᵐ 003 ; épaisseur du même, 0ᵐ 002.

Fragment de bras subcylindrique grêle, sans doute très allongé, un peu déprimé, portant quatre rangs alternes d'écailles dermiques, lisses, imbriquées d'arrière en avant, les supérieures et inférieures sub-hexagonales dans leur partie découverte, plus arrondies au sommet que ne le montre le dessin, plus larges que les latérales qui empiètent un peu sur les faces et portent à leur bord supérieur, sur une légère troncature denticulée, sept petits appendices linéaires contigus, appliqués sur l'écaille suivante et très inégaux entr'eux, les plus longs égalant les 2/3 de la longueur de l'écaille ; le premier en dessus est très court et le troisième le plus long ; les trois suivants décroissent un peu et le septième est tuberculiforme protégeant l'orifice tentaculaire.

La figure 5 montre un ossicule vertébral par sa face postérieure avec ses deux cavités cotyloïdes et les appendices inférieurs, qui avec les pièces dermiques limitent la cavité ambulacraire intérieure.

Terrain sahélien : collines au dessus de Zurich, près de Cherchel.

EURYALIENS

Cette tribu a les poches cœcales de l'estomac plus divisées, les pièces vertébrales non appendiculées en dessous et ne réservant pas de canal tentaculaire. Le tégument est inerme et granuleux.

ASTROPHYTON Link.

Genre surtout caractérisé par la division de ses bras en dichotomies nombreuses.

ASTROPHYTON SAHELIENSIS

D. Pl. II, fig. 6 à 9.

Je n'ai, de cette espèce, que des pièces vertébrales isolées, mais elles suffisent bien, sinon pour caractériser l'espèce, du moins pour certifier le genre. Fig. 7 est une vertèbre de dichotomie ; 6 et 8 sont des vertèbres de ramification dont les condyles sont moins saillants que dans 9 qui est une vertèbre de base de bras ; on y remarque quelques rugosités transverses à la base. Sa taille est environ celle de l'espèce de la Méditerranée.

Terrain sahélien : couches à bryozoaires d'Oran.

ORDRE DES CRINOÏDES

Cet ordre joue un rôle bien effacé dans les formations tertiaires et l'étude des espèces qui y ont été observées en Algérie ne peut apporter aucun document nouveau pour l'amélioration des classifications. Je me bornerai à renvoyer aux généralités qui forment l'introduction de ce livre.

FAMILLE DES ENCRINIDÉS

Cavité viscérale recouverte par un simple tégument mou et non protégée par une sorte de dôme constitué par des pièces tessellées.

TRIBU DES COMATULIDÉS

Calice libre à l'état adulte portant cinq bras plus ou moins ramifiés.

COMATULIENS

Un verticille de radiales sur la basale; des cirrhes sous le calice pour fixer l'animal aux corps sous-marins.

ANTEDON Fréminville.

ANTEDON CARTENNIENSIS

D. Pl. II, fig. 10 à 12.

Diamètre, 0ᵐ 004 ; hauteur, 0ᵐ 0034.
— 0 003 — 0 0025.

Très petit calice à basale subhémisphérique moins haute que les radiales, disposées en pyramide pentagonale dont les arêtes rectilignes sont marquées d'un faible sillon sutural. Ces radiales forment entre elles une cavité hypocratériforme petite à surface ridée un peu gonflée.

Basale un peu moins haute que son diamètre, couverte de fossettes inégales contiguës, portant au centre un petit tubercule perforé pour l'articulation d'un cirrhe. Sur une petite partie du centre de 5 à 6 granules parfois obsolètes sans fossette. Radiales montrant sur la facette articulaire une fossette transversale semilunaire, limitée par une arête qui porte deux pores superposés vers son milieu, et au dessus une paire de fossettes en triangle obtusangle séparées sur la ligne médiane jusqu'au bord supérieur par un intervalle sublinéaire déprimé qui contourne leur rebord jusqu'à la marge souvent un peu sinuée du calice.

Terrain cartennien : versant Sud du Djebel Sidi Saïd (Dahra).

ANTEDON GLOBOSUS
D. Pl. II, fig. 13 à 14.

Petit calice de même dimension que le précédent, mais en différant par la basale plus convexe, plus épaisse portant de 47 à 48 fossettes articulaires, laissant au milieu un étroit espace finement granulé.

Radiales un peu débordantes sur la base, séparées entr'elles par un sillon sutural très marqué, beaucoup moins hautes que la basale, ayant les deux fossettes supérieures de l'articulation séparées par une dépression triangulaire étendue jusqu'au bord du calice et dont le milieu est marqué d'un petit granule parfois peu évident. Calice très peu creusé, rugueux se prolongeant en étroit foramen.

Ces différences me paraissent suffisantes pour la spécification de ces deux formes.

Terrain cartennien : versant Sud du Djebel Si Saïd (Dahra).

ANTEDON AMBIGUUS
D. Pl. II, fig. 15.

Calice à peu près de même dimension que les précédents, moins convexe en dessous que celui de *A. globosus*, presque aussi étalé que celui de *A. cartenniensis* mais plus épais, à radiales bien plus hautes que dans le premier, autant que dans le second mais différent des deux par la contraction de la pyramide des radiales au dessus de leur origine ; le dessous de la basale est comme tronqué au milieu sur une faible surface, pourvu de fossettes articulaires presque partout, mais plus petites ; les latérales très développées. Les angles des radiales correspondant à la crête transverse de l'articulation sont saillants et contribuent à la contraction ; la dépression supérieure de la facette articulaire descend moins profondément entre les fossettes latérales que dans *A. cartenniensis;* elle les déborde plus longuement en dessus et la cavité caliculaire est superficielle, contractée en un canal central.

Cette espèce a des formes intermédiaires aux deux précédentes, mais également des caractères propres.

Terrain cartennien : versant Sud du Djebel Si Saïd (Dahra).

ANTEDON LINEATUS
D. Pl. II, fig. 16 à 18.

Diamètre, 0ᵐ003 ; hauteur, 0ᵐ002.

Très petit calice subhémisphérique en dessous, en pyramide pentagonale largement tronquée en dessus, la basale et les radiales étant d'égale hauteur. Basale portant une trentaine de fossettes articulaires pour cirrhes, son milieu étant simplement granuleux sur une assez grande étendue.

Radiales un peu débordantes sur la basale, séparées entre elles par un sillon bien net, à fossettes condyliennes supérieures triangulaires courtes, séparées par un espace déprimé, relevé de linéoles partant des angles et du milieu pour converger du côté du pore, le rebord supérieur de la facette affleurant presque le bord du calice. Celui-ci pentagonal assez ouvert en entonnoir.

Cette espèce diffère surtout des précédentes par la cavité viscérale plus ouverte et par les linéoles saillantes de la partie supérieure de la facette articulaire.

Terrain sahélien : couches à bryozoaires du ravin d'Oran.

ANTEDON SOLUTUS

D. Pl. II, fig. 22 à 24 et 27 ($\times$ 10 et non $\times$ 5).

Diamètre, 0ᵐ0015 ; hauteur, 0ᵐ005.

Très petit calice réduit à sa basale très plate, faiblement convexe
en dessous, portant une trentaine de petites fossettes articulaires pour
cirrhes avec un espace restreint simplement granulé au centre. La
face supérieure est divisée en cinq facettes par des lignes en arête
partant d'une cavité centrale à cinq crénelures, dont les sinus extérieurs sont au droit des arêtes.

Radiales désarticulées paraissant avoir été plus hautes que larges,
dont la facette articulaire a les fossettes du haut séparées par une
dépression triangulaire et débordées assez fortement par un bord
émarginé d'où semble partir une linéole obsolète. Cette pièce a appartenu à un sujet plus grand que les basales figurées. Les figures 25
et 26 représentent des pièces de dichotomies qui accompagnaient les
calices.

Il se pourrait que les différences signalées ne soient dues qu'au
jeune âge incontestable des exemplaires étudiés ; dans ce cas, il faudrait rattacher cet *Antedon* à *A. lineatus.*

Terrain sahélien : couches à bryozoaires du ravin d'Oran.

ANTEDON ROSACEUS Norm. ?

D. Pl. II, fig. 19 à 21.

Diamètre, 0ᵐ003 ; hauteur, 0ᵐ002.

Très petit calice très convexe dessous, en pyramide pentagonale
très largement tronquée en dessus, les radiales étant sensiblement
plus hautes que la basale. Celle-ci porte une trentaine de fossettes
articulaires bien développées pour les cirrhes, avec un espace médian granulé et légèrement en relief.

Radiales légèrement débordantes sur la basale, séparées entr'elles
par un étroit sillon ; leur facette articulaire a ses fossettes cotyloïdes

supérieures en triangle presque équilatéral, ainsi que la dépression qui les sépare et qui est à peine débordée au sommet par le bord de la cavité viscérale ; celle-ci assez ouverte, mais médiocrement creusée.

Cette espèce diffère de *A. lineatus* par ses radiales dont la dépression supérieure de la facette est plus simple, de *A. globosus* par une épaisseur bien moindre de la basale, de *A. ambiguus* et de *A. cartenniensis* par ses radiales moins élevées et autrement cernées sur la facette articulaire. Elle ne montre pas de différence avec l'espèce de la côte barbaresque que j'attribue avec doute à l'*Antedon rosaceus*.

Terrain quaternaire : Oued Rha, près Gouraya de Cherchel.

ANTEDON SPECIOSUS
D. Pl. III, fig. 1 à 4 et ? 5 à 10.

Diamètre, 0m 010 ; hauteur, 0m 008.

Calice d'assez forte taille en pyramide pentagonale largement tronquée, s'élevant d'une base débordante lobulée et subcirculaire, convexe en dessous sous les bords et déprimée concave au centre sur une étendue égalant moitié du diamètre. Trois rangs alternes concentriques de fossettes pour cirrhes, montrant au centre une perforation entourée d'un assez large mais peu saillant bourrelet. La dépression centrale a une surface bosselée par des petits creux, peut-être d'anciennes articulations de cirrhes, mais un encroûtement de bryozoaire ne permet pas de s'en assurer.

Les radiales n'affleurent la basale que vers leurs angles de suture latérale où celle-ci est peu marquée ; dans l'intervalle la radiale se creuse, la suture avec la basale rentre et se laisse déborder en bourrelet par la marge de la basale. La facette articulaire diffère notablement de celle des calices des espèces de petite taille ; la côte qui limite la facette cotyloïde inférieure s'épaissit en massue et se contracte fortement pour recevoir dans une échancrure les deux perforations séparées par un mince linéament ; la fossette inférieure est très étroite, presque linéaire : les deux fossettes supérieures sont un peu diffuses sur notre exemplaire, largement séparées par une surface un peu rugueuse sur laquelle se prolonge un sillon partant des perforations. Le bord du calice est obtus, échancré sur la suture des radiales par le sillon qui se prolonge dans la cavité viscérale. Celle-ci est assez grande, pentagonale, rugueuse à la surface et évasée ; elle paraît s'élargir de nouveau au bas de l'étranglement. J'ai fait figurer diverses pièces de bras ou de cirrhes de crinoïdes qui, trouvées dans le même gisement, doivent avoir appartenu à la même espèce ; elles sont en tout cas de trop forte taille pour l'*A. lineatus*. Je ne connais pas d'espèce dont on puisse la rapprocher.

Terrain sahélien : couches à bryozoaires du ravin d'Oran.

TRIBU DES PYCNOCRINIDÈS

PENTACRINIENS

PENTACRINUS

PENTACRINUS FLAMANDI

C. Pl. XIV, fig. 15 à 17.

Épaisseur de la tige, 0^m 005 ; hauteur des articles, 0^m 002.

Tige prismatique pentagonale à angles arrondis et à faces creusées d'un sillon longitudinal en gouttière superficielle. On pourrait encore mieux la définir comme constituée par cinq surfaces cylindriques d'un rayon plus court que le demi-diamètre et se soudant suivant une ligne déprimée. Les articles sont lisses, unis, égaux ; leur surface articulaire mal conservée ne montre de crénelures évidentes que sur la marge extérieure ; un très petit canal est au centre. Très voisin du *P. subbasaltiformis*, il en diffère par ses articles plus hauts à crénelures limitées au pourtour.

Terrain cartennien : marnes métamorphisées du cap Djinet (M. Flamand).

PENTACRINUS PIERREDONI

C. Pl. XIV, fig. 18 à 20.

Epaisseur de la tige, 0ᵐ008; Hauteur des articles, 0ᵐ002 et 0ᵐ0015.

Tige obtusément pentagonale à faces planes ou peu déprimées dans les parties inférieures, puis un peu déprimées en gouttière peu profonde dans le haut. Articles lisses extérieurement, alternativement un peu inégaux, les sutures montrant de très fines dentelures et une fossette anguleuse dans chaque sillon. On remarque deux grandes fossettes pour insertion de cirrhes sur le dernier article d'un fragment qui en compte 13 sans avoir d'autre verticille appendiculaire.

L'articulation montre cinq dépressions triangulaires bordées d'un bourrelet crénelé de stries, circulaire et plus épais au bord, droit et plus étroit, moins fortement crénelé sur les côtés, avec un sillon séparant les triangles voisins. Une perforation punctiforme au centre.

Cette espèce et la précédente resteront nominales, malgré les quelques particularités qu'elles présentent, jusqu'à ce que des pièces plus complètes et plus caractéristiques soient découvertes.

Terrain éocène : suessonien ? de Rebaïa, au Sud de Berrouaghia (M. Pierredon).

CLASSE INCERTAINE

TESSELARIA AMBIGUA

D. Pl. III, fig. 11 à 18.

Corps pour moi énigmatique, rampant, rameux stoloniforme, formé de plaquettes calcaires tessellées, irrégulières de forme, à surface unie, quelquefois percée de pores solitaires ou par paires, présentant de distance en distance des élargissements correspondant à des saillies coniques creuses, dont les bords se terminent par des facettes d'articulation avec d'autres plaques qui devaient prolonger encore la saillie, soit en la fermant plus ou moins, soit en la prolongeant en tube. Cette structure tessellée calcaire avait d'abord donné l'idée d'un rapprochement avec le type *Échinoderme* ; mais cette attribution ne paraît justifiée par aucun autre caractère. Les figures qui en sont données représentent très bien la structure problématique de cet organisme et me dispensent d'y insister. Il n'en est question ici que parce qu'il figure dans une planche consacrée à des *Crinoïdes*.

Terrain sahélien : couches à bryozoaires du ravin d'Oran.

TABLE ALPHABÉTIQUE DES GENRES ET DES ESPÈCES

	Pages.
Agassizia Val.	64
Nicaisii Pom.	64
Tissoti Pom.	65
Amphidetus Ag.	6
mediterraneus Forb.	6
Amphiope Ag.	280
depressa Pom.	284
palpebrata Pom.	281
personnata Pom.	285
Villei Pom.	282
Anapesus Holm.	297
afer Pom.	306
angulosus Pom.	305
interruptus Pom.	300
maurus Pom.	302
saheliensis Pom.	301
serialis Pom.	303
tuberculatus Pom.	298
Antedon Frém.	333
ambiguus Pom.	334
cartenniensis Pom.	333
globosus Pom.	334
lineatus Pom.	335
rosaceus Norm.	336
solutus	336
speciosus Pom.	337
Arbacina Pom.	312
asperata Pom.	314
Badinskii Pom.	314
massylea Pom.	316
Nicaisii Pom.	312
saheliensis Pom.	313
Welschii Pom.	315
Astrophyton Link	332
saheliense Pom.	332

	Pages.
Brissaster Gray	91
Brissomorpha Laube	27
Welschii Pom.	27
Brissoma Pom.	41
latipetalum Pom.	45
milianense Pom.	43
saheliense Pom.	44
speciosum Pom.	47
Rocardi Pom.	46
tuberculatum Pom.	48
Brissopsis Ag.	50
Boutyi Pom.	53
Delagei Pom.	56
depressa Pom.	52
incerta Pom.	58
lata Pom.	50
Nicaisii Pom.	54
oranensis Pom.	57
Pouyannei Pom.	51
Tissoti Pom.	55
Brissus Klein	38
Gouini Pom.	39
Cidaris Lamk.	320
avenionensis Desml.	321
Desmoulinsii Sism.	322
prionopleura Pom.	321
Clypeaster Lamk.	171
acclivis Pom.	210
acuminatus Des.	241
ægyptiacus Wright.	236
alticostatus Mich.	243
altus Lamk.	261
angustatus Pom.	269
atavus Pom.	172

	Pages.
CLYPEASTER Atlas Pom	252
Badinskii Pom	212
Beringeri Pom	199
bunopetalus Pom	204
cartenniensis Pom	246
Cinalaphi Pom	197
cæloplcurus Pom	266
collinatus Pom	273
confusus Pom	190
crassicostatus Ag	206
cultratus Pom	231
curtus Pom	267
decemcostatus Pom	235
Delagei Pom	200
Demaeghti Pom	225
disculus Pom	188
doma Pom	223
expansus Pom	182
Ficheuri Pom	186
insignis Pom	238
intermedius Desml	202
Laborici Pom	179
latus Pom	219
Letourneuxii Pom	232
megastoma Pom	262
myriophyma Pom	228
obeliscus Pom	244
obesus Pom	259
obtusus Pom	247
Ogicianus Pom	181
paratinus Pom	195
parvituberculatus Pom	229
pachypleurus Pom	270
peltarius Pom	185
petalodes Pom	250
petasus Pom	193
Pierredoni Pom	216
pileus Pom	194
planicostatus Pom	220
plioconicus Pom	174
Pouyannoi Pom	189
productus Pom	253
pulvinatus Pom	214
rhabdopelatus Pom	208

	Pages.
CLYPEASTER scutellæformis Pom.	173
Scyphax Pom	233
Simoni Pom	217
simus Pom	176
sinuatus Pom	177
soumatensis Pom	249
subacutus Pom	264
subconicus Pom	256
subellipticus Pom	271
subfolium Pom	184
subhemisphæricus Pom	221
suboblongus Pom	192
superbus Pom	257
tesselatus Pom	178
tumidus Pom	274
turgidus Pom	226
Welschii Pom	239
CONOLAMPAS Pom	160
Letourneuxii Pom	161
DIADEMA Gray	317
Ficheuri Pom	319
saheliensis Pom	318
DOROCIDARIS Ag	323
pseudohystrix Pom	326
pungens Pom	325
sahelicusis Pom	324
Welschii Pom	327
ECHINANTHUS Desor	120
Badinskii Pom	121
ECHINOCARDIUM Gray	6
algirum Pom	6
nummuliticum P. et G	8
ECHINOCYAMUS V. Phels	289
declivis Pom	289
plioconicus Pom	292
strictus Pom	291
tarentinus Lamk	293
umbonatus Pom	290
ECHINOLAMPAS Gray	127
abreviatus Pom	138
algirus Pom	158
cartenniensis Pom	136

— 343 —

	Pages.			Pages.
ECHINOLAMPAS chelone Pom....	157		MACROPNEUSTES Ag.............	37
claudus Pom...............	145		abruptus Pér. et Gauth......	38
clypeolus Pom..............	151		elongatus Pér. et Gauth......	38
costatus Pom..............	140			
flexuosus Pom.............	146		NINA Gray..................	87
florescens Pom.............	128			
Hayesianus Des.............	144		OLYGOPHYMA Pom.............	307
icosiensis Pom.............	149		cellense Pom..............	307
inæqualis Pom.............	137		oranense Pom..............	308
insignis Pom...............	153		OPHIOMA Pom...............	331
Jubæ Pom.................	160		juliense Pom..............	331
Nicaisii Pom...............	135		OPISSASTER Pom.............	104
polygonus Pom.............	139		declivis Pom..............	107
pyguroïdes Pom.	152		insignis Pom..............	105
Raymondi Pom.............	142		polygonalis Pom...........	106
soumatensis Pom...........	148		OVA Gray..................	70
subhemisphæricus Pom......	155			
sulcatus Pom..............	133		PENTACRINUS Miller...........	338
ECHINOSPATAGUS Breyn.........	3		Flamandi Pom.............	338
cordiformis Breyn..........	4		Pierredoni Pom............	339
mauritanicus Pom..	5		PERIBRISSUS Pom.............	62
ECHINUS Rondelet.............	309		sahelicnsis Pom...........	63
algirus Pom................	309		PERICOSMUS Ag..............	110
Durandoi Pom..............	310		Ficheuri Pom..............	113
EUPATAGUS Ag..............	10		Icosii Pom................	114
cruciatus Gauth............	10		Nicaisii Pom..............	111
			subæquipetalus Pom........	112
HAIMEA Desor...............	115		PAGIOBRISSUS Pom...........	34
Delagei Pom...............	116		Pomeli Delage.............	34
HEMIPATAGUS Desor.	25		PLESIOLAMPAS Pom...........	122
Ficheuri Pom...............	26		Delagei Pom..............	123
HYPSOCLYPUS Pom.............	162		Ficheuri Pom..............	124
doma Pom.................	163		Welschii Pom.............	125
latus Pom.................	167		PSAMMECHINUS Ag............	310
oranensis Pom.............	168		lævior Pom...............	311
Ponsoti Pom...............	166		subrogosus Pom...........	310
Pouyannei Delage...........	169		PSEUDOPYGAULUS Coq..........	118
HYPSOPATAGUS Pom...........	32		buccalis Pér. Gauth........	119
Arnaudi Coq. sp............	33		Marcoii Pér. Gauth.........	120
Baylei Coq. sp..............	32		Trigeri Coq...............	119
LEPTOGONIUM Pom............	329		ROTULOÏDEA Ether............	287
mauritanicum Pom..........	329		fimbriata Ether............	287

	Pages.			Pages.
Sarsella Pom	1	Sismondia Des	288
Fichouri Pom	3	Desorii Coq	289
mauritanica Pom	1	Spatangus Klein	12
Schizaster Ag	66	asper Pom	16
barbarus Pom	75	excisus Pom	14
Bocchus Pom	81	Flamandi Delage	24
Bogud Pom	83	oranensis Pom	22
cavernosus Pom	76	pauper Pom	23
Christolii Pom	84	saheliensis Pom	13
concinnus Pér. Gauth	94	simus Pom	17
cruciatus Pom	98	subinermis Pom	19
curtus Pom	78	tessclatus Pom	12
Fichouri Delage	99	varians Pom	18
Letourneuxii Pom	79	Sphærechinus Des	296
Mac-Carthyi Pom	91	granularis A. Ag	296
maurus Pom	87	Strongylocentrus Brandt	294
Mesloi Pér. Gauth	93	lividus Brandt	294
numidicus Pom	103		
Phrynus Pom	101	Trachyaster Pom	108
Rocardi Pom	86	globosus Pom	109
saheliensis Pom	72	Trachypatagus Pom	28
speciosus Pom	70	brevis Pom	32
subcentralis Pom	96	Gouini Pom	31
vicinalis Ag	89	oranensis Pom	30
Schizobrissus Pom	59	tuberculatus Pom	29
mauritanicus Pom	59	Tuberaster Pér. Gauth	8
saheliensis Pom	61	tuberculatus P. G	9
Scutella Lamk	276		
irregularis Pom	278	—	
obliqua Pom	279	Tesselaria ambigua Pom	339
sublævis Pom	277		

ERRATA GRAVIORA

Page 41, ligne 5, lire : **BRISSOMA** Pom., au lieu de : **BRISSOMA** Ag.

— 169, — 18, lire : *POUYANNEI*, au lieu de : *POUYANEI*.

— 236, — 13, lire : *PUNCTULATUS*, au lieu de : *PUNCTALATUS*.

— 269, — 5, lire : *ANGUSTATUS*, au lieu de : *AUGUSTATUS*.

— 285, — 27, lire : *PERSONNATA*, au lieu de : *PERSONATA*.

Alger. — Imprimerie de l'Association ouvrière, P. Fontana et Cie.